설비 보전을 위한

리 공학

차흥식 · 박은서 · 공성일 공저

 일진사

머 리 말

최근의 설비들은 자동화(automation)되고 고도의 기능화 · 다기능화 · 대형화되고 있다. 노동 집약적에서 이젠 기술 집약적으로, 사람의 두뇌로 제어하던 것에서 컴퓨터 제어로 변화되어 가고 있다. 또한 설비를 하나의 유닛(unit)으로 취급하지 않고 몇 개의 유닛을 조합시키고 있음에 따라 시스템(system) 공학적인 연구 방법을 취해야 한다.

설비 관리란 유형 고정 자산의 총칭인 설비를 활용하여 기업의 최종 목적인 수익성을 높이는 활동을 말하는 것이다. 설비 관리의 개념은 설비 계획에서 보전에 이르는 '종합적 관리'를 의미한다. 즉, 설비 관리는 설계가 끝난 설비의 사용 중 보전도 유지를 포함한 생산 보전 활동으로, 기존 설비 또는 신규 개발이나 구매되는 설비의 설계와 연계되는 보전도 향상과 설비 자산의 효율적 관리 등을 위한 체계적인 관리 기능과 지원 기능 확립, 기술 개발 그리고 실시 능력 향상을 위한 경영 활동이다.

이 설비 관리 과목은 대학에서 산업공학과와 시스템 제어 정비과에서만 다루는 한 개의 이론적 교과목이었던 것이 산업 현장에서 필수 교과목으로 바뀌었으며, 또한 '기계정비 산업기사' 국가 기술 자격 검정에서 '설비보전기사'로 새롭게 국가 기술 자격 종목이 개설됨으로써 이 설비 관리가 이제는 설비 보전에서 없어서는 안 되는 필수 과목이 되었다. 이에 대학의 강의뿐만 아니라 국가 기술 자격 검정에 필요한 텍스트북을 만들기 위해 이 책에서는 다음과 같이 구성하였다.

첫째, 광의의 설비 관리를 다루었다.
둘째, 각 장별로 대학에서 필요한 것과 국가 기술 자격 검정에서 필요한 내용을 다루었다.
셋째, 그 내용이 난해한 부분은 그림 또는 산업 현장에서 사용하는 표나 서식 등을 실어 이해하기 쉽게 만들었다.

부디 이 책으로 독자 여러분의 목표를 달성하기를 기원하면서, 혹시 잘못되거나 부족한 내용 또는 불필요한 부분을 지적하여 주시면 개편할 것을 약속드리며, 어려운 출판업계의 사정에도 불구하고 기꺼이 출판을 허락해 주신 **일진사** 모든 분께 감사드린다.

남한산성을 바라보는 연구실에서
편저

차   례

제 1 장   설비 관리 개론

제 2 장   설비 계획

제 3 장   설비 보전의 계획과 관리

제 4 장 공장 설비 관리

제 5 장 종합적 생산 보전

제1장 설비 관리 개론

1. 설비 관리의 개요

1-1 설비 관리의 의의와 발전 과정

(1) 설비 관리의 의의

설비 관리란 유형 고정자산의 총칭인 설비를 활용하여 기업의 최종 목적인 수익성을 높이는 활동을 말하는 것이다. 설비 관리의 협의적 개념은 '설비 보전 관리'이며, 넓은 의미로 설비 계획에서 보전에 이르는 '종합적 관리'를 뜻한다.

설비 관리는

첫째, 설계가 끝난 설비의 사용 중의 보전도 유지를 포함한 생산 보전 활동

둘째, 기존 설비 또는 신규 개발이나 구매되는 설비의 설계와 연계되는 보전도 향상

셋째, 설비 자산의 효율적 관리

등을 위한 체계적인 관리 기능과 지원 기능 확립, 기술 개발 그리고 실시 능력 향상을 위한 경영 활동이다.

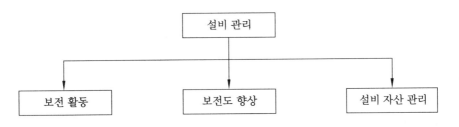

[그림 1-1] 설비 관리의 의의

최근의 설비들은 자동화(automation)되어 설비가 하나의 유닛(unit)으로 되어 있지 않고 몇 개의 유닛으로 조합되고 있음에 따라 시스템(system) 공학적인 연구 방법을 적용해야 한다. 시스템이란 '다종의 구성 요소가 유기적으로 질서를 유지하고, 동일 목적을 향해서 행동하는 것'이라고 정의한다. 즉, 설비 시스템은 어떤 목적을 향해서 정보(information), 에너지, 물질, 인간 등에 대한 많은 문제점들을 처리하기 위해서 두 가지 이상의 요소를 유기적으로 조합시킨 것이다.

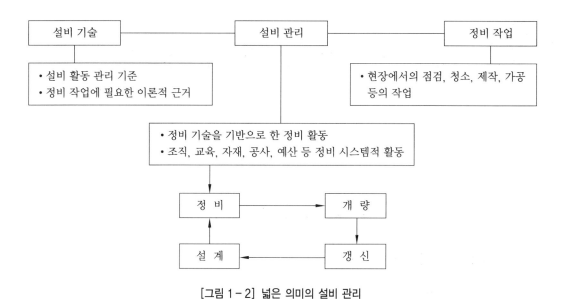

[그림 1 - 2] 넓은 의미의 설비 관리

일반적으로 시스템을 구성하는 기본적 요소로는 [그림 1-3]과 같이 투입(input), 산출(output), 처리 기구, 관리, 피드백(feedback)으로 되어 있다.

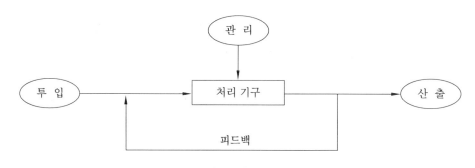

[그림 1 - 3] 시스템의 요소

이것을 설비의 시스템에 맞추어 생각하여 본다면,

① 투입 : 원료

② 산출 : 제품

③ 처리기구 : 설비

④ 관리 : 운전 조작 · 운전 조건

⑤ 피드백 : 제품 특성의 측정치 등

시스템 공학적인 관점에서 설비를 중심으로 하는 시스템에서 넓은 의미로 설비 관리란 '설비 고유 기술+시스템 공학'이라고 단정지을 수 있다. 설비를 시스템 공학의 본질에서 접근해 보면, 시스템의 탄생에서 사멸에 이르기까지의 라이프 사이클(life cycle)은 〈표 1-1〉과 같이 4단계로 나누어 관찰할 수 있다.

① 제1단계 : 시스템의 개념 구성과 규격 결정

② 제2단계 : 시스템의 설계, 개발

③ 제3단계 : 제작, 설치

④ 제4단계 : 운용, 유지

〈표 1 - 1〉 시스템의 라이프 사이클

시스템의 탄생에서 사멸까지의 라이프 사이클		시스템 연구의 방법	의사 결정 단계
제1단계 ↓ 제2단계 ↓ 제3단계 ↓ 제4단계	시스템의 개념 구성과 규격 결정	시스템 해석 (system analysis)	최고(top) 관리의 전략적 의사 결정
	시스템의 설계 · 개발	시스템 공학 (system engineering)	중간(middle) 관리의 전략적 의사 결정
	제작 · 설치	시스템 관리 (system management)	제일선의 일상적 의사 결정
	운용 · 유지		

이 4단계에 대한 시스템 연구(system study)는 제1단계 시스템 해석, 제2단계 및 제3단계가 시스템 공학, 제3단계 및 제4단계는 시스템 관리라고 할 수 있다. 이것을 의사 결정의 과정과 비교해 보면, 시스템 해석은 최고 관리(top management)의 전략적인 의사 결정을, 시스템 공학은 중간 관리(middle management)의 전략적 의사 결정을, 시스템 관리는 제일선의 일상적인 의사 결정의 단계에 해당하는 것으로 볼 수 있다.

최고 관리의 전략적 의사 결정은 곧 경영 의사 결정이며, 여기서 가장 중요한 변수인 자본 투자, 생산 능력 또는 실 생산액(생산고)에 대한 문제는 생산성에 직접 영향을 미치는 인자들로서 생산성 변화에 민감하게 작용한다. 생산성은 어느 기간 동안 생산한 총 생산량을 그 기간에 투입된 총 사람 수로 나눈 것으로 다음과 같이 나타낼 수 있다.

$$생산성 = \frac{생산량}{사람\ 수} = \frac{자본\ 투자}{사람\ 수} \times \frac{생산\ 능력}{자본\ 투자} \times \frac{생산량}{생산\ 능력}$$

여기서 생산성은 세 가지 인자, 즉 1인당 자본 투자율, 자본 투자에서의 생산 능력에 대한 투자비 중 일정한 생산 능력 하에서의 실 생산량에 의해 결정된다는 것을 알 수 있다.

설비의 라이프 사이클은 [그림 1-4]와 같으며 설비 투자 계획(조사, 연구), 건설(설계, 제작, 설치), 조업(운전, 보전, 폐기)의 3과정으로 나눌 수 있다.

따라서 설비 관리의 광의적 정의는 '설비의 조사, 연구, 설계, 제작, 설치, 운전, 보전, 폐기에 이르기까지 설비의 라이프 사이클을 통하여 설비를 잘 활용함으로써 기업이 생산성을 높일 수 있게 하는 활동'이라고 할 수 있다.

즉, 설비 투자 계획과 건설 과정은 설비가 탄생하기까지의 단계를 말하며, 조업 과정은 협의의 설비 관리로서 활약(活躍) 단계이다. 인간의 성격에 선천적인 것과 후천적인 것이 있듯이 설비에

도 선천적인 성질과 후천적인 성질이 있다. 따라서 설비를 완전 가동함으로써 기업의 생산성 향상에 기여하기 위해서는 탄생 이후의 문제만을 다루는 협의의 설비 관리만으로는 불충분하므로 광의의 설비 관리, 즉 탄생하기 전의 문제점과 그 이후의 종합적 설비 관리에 대해서 다루어야 한다.

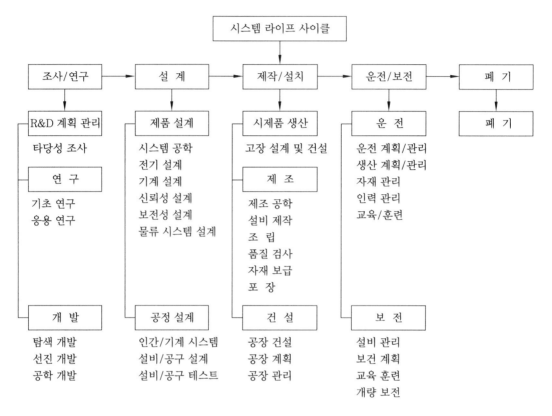

[그림 1- 4] 설비의 라이프 사이클

(2) 설비 관리의 발전 과정

설비가 고장을 일으키게 되면, 생산이나 서비스에 지장을 주므로 고장을 예방하기 위해 예방 보전(preventive maintenance)이라는 용어가 미국에서 탄생하였으며, 그 머리글자를 따서 PM이라고 한다.

그 이후 1954년에 미국의 GE사(General Electric Co.)가 생산 보전(productive main-tenance)이라는 것을 제창하여 용어를 쓰기 시작했으며, 이 용어는 오늘날 널리 쓰이고 있다. 즉, 생산 보전은 예방 보전까지 포함하는 것으로서 '생산의 경제성을 높이기 위한 보전'의 총칭이라고 할 수 있다. 생산 보전과 예방 보전의 머리글자가 PM이므로 이들 두 가지의 뜻 중 어느 쪽을 가리키는가에 대해서 명확히 사용하여야 한다.

예방 보전이 지나치게 되면 너무 예방적으로 되어서 오히려 비용(cost)이 높아질 위험성이 있어 본래의 목표인 경제성이 상실되므로 이의 해결책으로 방법론적인 예방 보전보다는 목적 자체를 나타낸 생산 보전이 대두되었다.

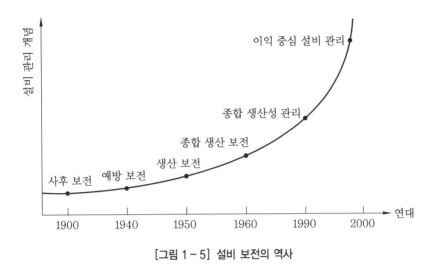

[그림 1 – 5] 설비 보전의 역사

예방 보전은 설비에 대한 예방 의학적인 것이며, 정기적인 건강 진단인 점검, 검사와 조기 치료인 열화 부위의 사전 교체를 하는 것이다. 따라서 예방 보전을 하는 데에도 비용이 들게 되지만 비용을 쓰더라도 설비의 기능 저하, 기능 정지 등에 의한 손실인 생산 감소, 품질 저하, 수율 저하, 납기 지연, 안전 저하, 사기 저하 등 열화 손실이 크다면 예방 보전을 하는 편이 경제적이다.

그러나 고장이 발생된 다음 수리하는 편이 더 경제적인 경우도 있는데, 이와 같은 경우에는 사후 보전(BM : breakdown maintenance)을 하는 것이 효과적이다.

예방 보전을 좀 더 발전시키면 설비 자체의 체질 개선(수명이 길고, 고장이 적으며, 보전 절차가 없는 재료나 부품을 사용할 수 있도록 개조, 갱신)을 해서 열화 손실 혹은 보전에 쓰이는 비용을 인하하는 편이 유리하며, 체질 개선에 투자를 하더라도 투하된 만큼의 비용 이상으로 손실이나 보전비가 감소할 수 있을 경우에는 그것이 오히려 경제적이라고 할 수 있다. 이러한 설비에 대한 체질 개선을 개량 보전(CM : corrective maintenance)이라고 하며, 예방 보전의 확립에 뒤이어 개량 보전을 하게 되었다. 이후 새로운 설비일 때부터 고장이 일어나지 않도록 하여 보전비가 소요되지 않는 설비, 이른바 보전 예방(MP : maintenance prevention)이라는 것이 1960년경부터 널리 강조되기 시작하여 새로운 관리 기술로 등장하였다. 그 후 설비 효율을 최고로 하는 것을 목표로 하여, 설비 라이프 사이클을 대상으로 한 PM의 종합 시스템(total system)을 확립하고, 설비의 계획 부문, 사용 부문, 보건 부문 등 전 부문에 걸쳐 최고 경영자로부터 제일선 종업원에 이르기까지 전원이 참가하여 동기 부여, 즉 그룹별 자주 관리 활동에 의하여 PM을 추진하는 종합적 생산 보전(TPM : total productive maintenance)이 1971년 지프(JIPE)에 의해서 제창되었다. 따라서 QC(quality control)가 TQC(total quality control)로 발전하고 있는 것과 같이 PM도 TPM으로 발전되었다.

이상과 같이 설비에 대한 보전은 '사후 보전 – 예방 보전 – 생산 보전 – 개량 보전 – 보전 예방 – 종합적 생산 보전'이라는 순서로 발전되어 왔으나, 궁극적으로는 생산 보전이 목적이므로 나머지 기법들은 생산 보전을 위한 수단인 것이며, 구체적인 활동을 가리키는 것이라고 하겠다. 즉, 생산 보전이란 '설비의 라이프 사이클에 걸쳐서 설비 자체의 비용, 설비의 운전 유지에 사용되는 제 비용, 설비의 열화 손실과의 합계를 인하하는 것에 의해서 기업의 생산성을 높일 수 있는 보전 방식'인 것이다.

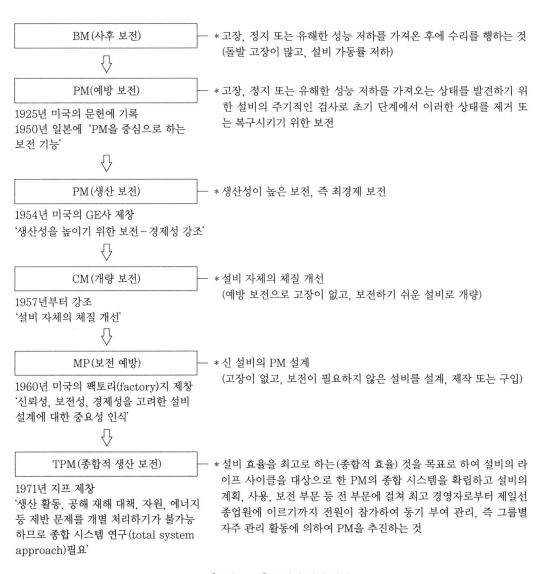

[그림 1 – 6] 보전의 발전 과정

① 사후 보전(breakdown maintenance)

1930년대까지의 주 보전 형태로 비 계획 보전(unscheduled maintenance)이며 설비 및 장치, 기기가 기능이 저하되었거나 기능이 정지, 즉 고장 정지된 후에 보수나 교체를 실시하는 것으로 경제성을 고려하지 않고 상황이 발생하는 대로 적당히 처리하며 우리나라 기업 중 70% 이상이 적용하고 있다.

설비 고장에 따른 원인 규명이 불가능하기 때문에 기계 고장을 천재지변이나 원인 불명에 의한 고장으로 분류하고 있어 대외 경쟁력 약화의 원인이 되고 있다.

㈎ 사후 보전의 단점

㉮ 대형 설비 사고의 위험 가능성이 존재한다 : 대형 회전기기의 돌발 고장은 모터 소손, 베어링 파손으로 연결되는 경우가 많다. 이 경우 밸런싱이나 베어링 교체 등을 통해 쉽게 해결할 수 있는 것을 대형 설비 사고로 진행시키는 경우가 많다.

㉯ 돌발일 경우 수리 시간 예측이 어렵다 : 돌발 고장일 경우 고장의 원인이나 필요 부품 파악이 어렵고, 필요 부품 수급이 곤란하며, 부품 확보 시간을 포함한 수리 시간 예측이 어렵고 그 시간만큼 생산 손실이 발생된다.

㉰ 보전 요원의 기능 및 기술 향상이 어렵다 : 기계가 고장이 발생될 때까지 보전 요원은 할 일이 없다. 아무런 측정 장비도 없고, 단지 경험에 의해 설비를 점검하기 때문에 고장 징후를 발견하더라도 설비에 대한 지식이 없는 상사로부터 묵살당하기 쉽다.

㉱ 제품 불량률이 높고, 같은 고장의 반복적 발생 빈도가 높다 : 기계 내부의 결함으로 타 요소기기에 영향을 미치게 되고, 본래의 내부 원인보다는 외부 요인을 기계 고장으로 판단했을 때 계속적으로 같은 고장이 발생할 경우가 많다. 아울러 기계 내부에서 진동이 증가하면 그 진동으로 인해 제품의 불량률을 높게 할 가능성도 많다.

㈏ 사후 보전이 최적인 경우

㉮ 기계 고장이 적고 영향도 적을 때

㉯ 기계의 예비기가 준비되어 있을 때

㉰ 기계 고장이 생산에 영향을 미치지 않을 때

㉱ 대부분 전기 장치일 때

㉲ 특정 종류의 제어계일 때

㉳ 돌발 고장형 기계일 때

② 예방 보전(preventive maintenance)

세계 2차 대전 전후의 산업 현장은 자동화의 적극적인 도입과 무기 제조 기계의 효율적인 이용을 위하여 기계가 고장이 나기 전에 부품 교체, 청소 및 수리 등을 함으로써 기계 고장을 미리 방지하는 보전 방법으로 일상 보전, 장비 점검, 예방 수리로 구성되어 있다. 이것은 계획 보전(scheduled maintenance)으로 특정 운전 상태를 계속 유지시키는 보전 방법이다.

[그림 1-7] 예방 보전

⑺ 예방 보전의 구분 : 시간 기준 보전과 상태 기준 보전으로 구분된다.

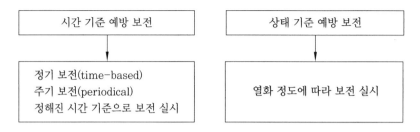

[그림 1 – 8] 예방 보전의 구분

㉮ 시간 기준 예방 보전(TBM : time based maintenance)
- 과거의 경험이나 통계적인 데이터를 기준으로 정해진 일정 주기로 보전을 실시하는 것
- 보전 주기 즉, 예방 보전 주기 t_p, 고장 밀도 함수 $f(t)$의 관계를 보면 시간 기준 예방 보전은 고장 밀도가 2%인 지점을 선택하여 2%는 사후 보전, 나머지 98%는 t_p 시간을 주기로 보전하는 형태를 의미한다. 2%의 예상치 못한 고장으로 생산에 큰 영향을 미칠 수도 있다.

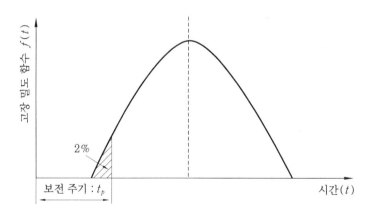

[그림 1 – 9] 시간과 고장 밀도 함수와의 관계

㉯ 상태 기준 예방 보전(예지 보전, CBM : condition based maintenance)
- 설비의 상태를 기준으로 보전 주기를 결정하는 방법, 즉 열화를 나타내는 파라미터가 변화하지 않으면 보전하지 않는 보전
- 설비 진단 기술에 의해 설비 구성품의 열화 상태를 정량적으로 파악하고, 그 부품의 열화 특성, 가동 상황 등을 기초로 열화 진행을 정량적으로 예지·예측하며 보수·교체를 계획하고 실시하는 보전
- 이 CBM에서는 점검 주기마다 간이 진단에 의해 진동이나 온도 등의 징후 파라미터를 충실히 측정하며 시간에 대해서 그린다. 이것을 열화 경향 관리 또는 트렌드 관리

라고 한다.

- 측정된 징후 파라미터가 처음에 정한 주의 수준에 도달했을 때 정밀 진단을 실시하며 위험 수준에 도달할 때까지의 시간을 예측하여 최적 예지 보전 시기를 결정한다.
- 즉, TBM(시간 기준 예방 보전)에서는 예방 보전이 일정 주기로 실시되지만 CBM에서는 일정 주기마다 상태 측정으로 대체하여 측정 파라미터가 변화를 나타낼 때마다 수시로 한다.

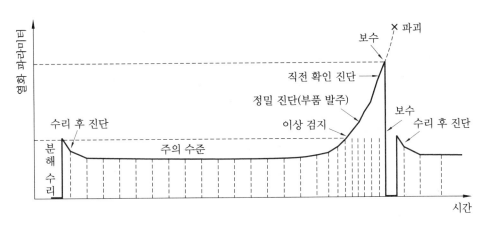

[그림 1-10] 예지 보전

(ㄱ) 예지 보전의 특징
- 적용할 수 있는 기계 설비의 비율이 크다(90% 정도).
- 복잡한 구조의 기계에 대해서 효과가 크다.
- TBM으로는 대응이 어려운 불규칙 고장형 설비에 대해서도 효과가 크다.

(ㄴ) 예지 보전의 도입 효과
- 플랜트 가동률을 향상시켜 설비 트러블에 의한 생산 손실을 감소시킨다.
- 시스템이나 기계 및 부품의 계획 수리를 감소시켜 평균 고정 간격 MTBF가 향상된다.
- 설비의 상태에 운전 조건을 접합할 수 있어 조업과 품질이 안정된다.
- 초기 고장이나 잠재 결함을 배제하여 돌발 고장에 의한 라인 정지가 감소한다.
- 보전비나 보전 인력을 절감할 수 있다.
- 플랜트의 안정성을 향상시켜 사람에 의한 손실을 감소시킨다.
- 에너지 이용률이 향상되어 생산비가 감소한다.
- 설비의 보전 계획 정도가 향상되어 제품 공급이 안정화된다.

※ MTBF(mean time between failures) : MTBF란 평균 고장 간격이며 이것은 수리하여 가면서 사용하는 제품(기기, 장치)의 작동 시점부터 고장이 나기까지의 시간을 평균한 값으로 신뢰성을 대표하는 중요한 파라미터이다.

(나) 예방 보전의 단점

    ㉮ 경제적 손실이 크다 : 내부 결함이나 상태를 모르는 상태에서 일정 주기별 부품을 교체하거나 수리가 필요하지 않은 정상적인 상태의 기계를 분해해 청소 후 재조립함으로써 발생하는 경제적인 손실이 크다.

    ㉯ 돌발 발생이 생길 수 있다 : 주기적 수리가 모든 요소 기계의 내부 결함이나 상태를 수리하는 것은 아니기 때문에 주기별 부품 교체가 있어도 교체하지 않은 부품의 결함으로 인한 돌발 고장의 가능성이 항상 있다.

    ㉰ 보전 요원의 기술 및 기능이 약화된다 : 예방 보전을 주로 하는 보전 요원은 설비 관리를 대수리 완료로 보는 경향이 있고 돌발 고장은 어쩔 수 없는 것이라고 판단한다. 이 정기적 수리에 의존하는 경우 보전 기술 및 기능이 약화되고 고장 원인 분석은 돌발 시에나 하는 것으로 여기기 때문에 기술 향상에 장애가 되기도 한다.

    ㉱ 대수리(overhaul) 기간 중에 발생되는 생산 손실이 크다 : 발전소 터빈이나 대형 압축기 등 대형 회전기계의 대수리는 20~45일 정도 소요된다. 물론 예비기가 준비된 경우는 생산 손실이 없으나 발전기의 경우 대수리 기간 중에 전력 생산을 중단하므로 그에 대체할 전력량이 있어야 하나, 주요 생산 설비의 대수리인 경우 생산 자체를 중단하면 수리 기간 동안 생산이 중단되는 손실을 감수해야 한다.

③ 생산 보전(productive maintenance)

  1954년 미국의 GE사가 제창한 개념으로 설비 라이프 사이클에 걸쳐 설비 자체의 비용, 보전비, 유지비 및 설비 열화 손실과의 합계를 낮춰 기업의 생산성을 높일 수 있도록 하는 보전으로, 설비에 드는 비용과 열화 손실 곡선의 교차점이 최소 한계 비용 선정 포인트이다.

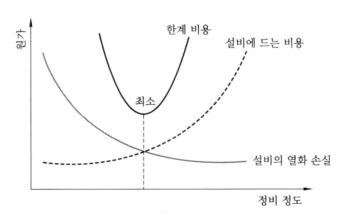

[그림 1 – 11] 최소 한계 비용

(가) 생산 보전의 목적 : 비용은 최소화하고 성능은 최고로 하는 것

$$\text{생산 보전의 목적} = \frac{\text{성능 최고} \leftarrow \text{목적을 최고}}{\text{비용 최소} \leftarrow \text{수단을 최고}}$$

(나) 생산 보전의 구분 : 유지 활동과 개선 활동으로 구분
- 유지 활동 : 일상 보전, 예방 보전, 사후 보전으로 분류
- 개선 활동 : 개량 보전(신뢰성과 보전성)

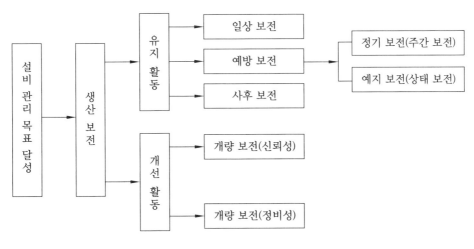

[그림 1-12] 생산 보전

④ 개량 보전

설비를 개량하여 열화 손실이나 보전비를 감소시키는 설비의 체질 개선책으로 설비의 신뢰성, 보전성, 안정성 등의 향상을 목적으로 현존 설비의 나쁜 점을 계획적·적극적으로 개선하여 열화, 고장을 감소시키고 보전이 필요하지 않은 설비를 만드는 것을 목표로 하는 보전 방식이다.

⑤ 종합적 생산 보전(TPM : total productive maintenance)

1970년대 이후 보전 기능을 기업의 중요한 전략적 활동이라고 인식하면서 설비의 라이프 사이클에 소요되는 비용에 대한 요소와 설비 이용 효율을 높이기 위한 전사적 보전 방법이다. 자세한 것은 제5장에서 다루기로 한다.

1-2 설비 관리의 목적과 필요성

(1) 설비 관리의 목적

기업의 경영은 본래 사람, 돈, 물건이라고 하는 세 가지 요소의 기본 바탕 위에 존재하므로 기업의 조직적 활동은 이 요소를 무시하면서는 목적 달성이 불가능하다.

설비 관리도 물건이라는 요소 내의 설비를 통하여 기업 경영 목적 달성에 기여하는 것은 틀림없다. 설비 관리의 목적은 최고의 설비를 선정·도입하여 설비의 기능을 최대한으로 활용함으로써 기업의 생산성 향상을 도모하는 데 있다.

즉, 설비 관리의 목표는 기업의 생산성 향상이며 일반적으로 생산성은

$$생산성 = \frac{산출}{투입}$$

이므로 설비 계획 단계에서는 최소의 투자로 최대의 수익을 얻을 수 있는 계획 수립이 필요하고, 설비 보전 단계에서는 최소의 보전비로써 최대의 제품을 생산할 수 있도록 관리하는 일이 무엇보다도 중요한 것이다. [그림 1-13]은 설비 관리의 목적과 효과를 나타낸 것이다.

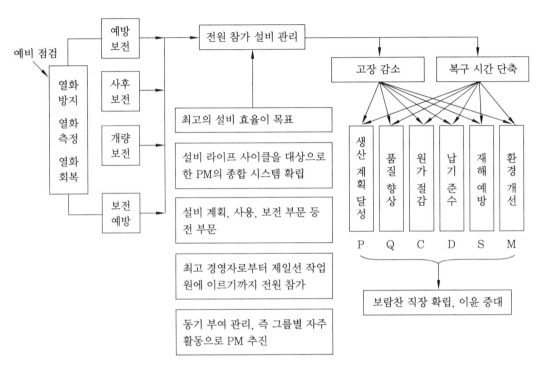

[그림 1-13] 설비 관리의 목적과 효과

즉, 최고 경영자로부터 제일선 종업원에 이르기까지 전원이 참가하여 설비 관리를 함으로써 ① 생산 계획 달성 ② 품질 향상 ③ 원가 절감 ④ 납기 준수 ⑤ 재해 예방 ⑥ 환경 개선 등을 이루어 종업원의 근무의욕을 높일 수 있고, 회사의 이윤 증대 효과를 꾀하는 것이 설비 관리의 목적이다.

(2) 설비 관리의 필요성

설비가 자동화 시스템으로 발전하고 생산의 주체가 인간에게서 설비로 넘어감으로써 제품의 질, 양, 가격 등이 모두 설비에 의하여 좌우된다. 또한, 내열성, 내압성, 내식성 등 설비의 성능에 대한 요구가 고도화됨에 따라서 설비의 설계제작이나 그 성능의 유지에 대해서도 고도의 기술이 필요해지고 동시에 설비 유지에 대한 투자도 더욱 거액화되고 있다.

이러한 상황에서 기업이 생산성을 높이기 위해서는 적정 우량 설비를 적절한 시기에 갖추고,

그 설비를 최고도로 활용하기 위한 방안이 매우 중요하다. 만약 설비의 돌발적 고장이 발생한다면 그것은 기업에 큰 손실이며, 그 손실을 열거하면 다음과 같다.

⑺ 생산 정지 시간의 감산에 의한 손실

⑻ 돌발 고장 시 수리비의 지출

⑼ 정지 기간 중 작업자가 작업이 없어서 기다리는 시간 손실

⑽ 가동 중 원재료의 손실

⑾ 제품 불량에 의한 손실

⑿ 품질 저하에 따른 손실

⒀ 고장 수리 후부터 정상적인 생산에 들어가기까지의 복구 기간 중의 저 능률 조업에 따른 복구 손실

⒁ 생산 계획 착오로 인한 납기 연장, 신용 저하 등에서 오는 유형·무형의 손실

이와 같은 손실은 기술의 발전에 따라 설비로서의 부하가 높아짐과 함께 중요성이 증가되고 설비 계획의 과오에 의한 손실과 함께 기업의 흥망을 좌우한다.

그리고 기술 혁신에 좌우되는 생산 방식이나 설비 자체의 발전으로 점점 설비 관리의 중요성이 커졌으며 기업 경영에서 큰 자리를 차지하게 된다.

이와 같은 관점에서 볼 때 설비 관리의 필요성을 그림으로 나타내면 [그림 1-14]와 같다.

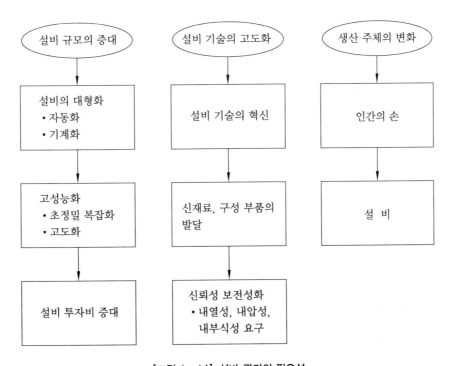

[그림 1 - 14] 설비 관리의 필요성

1-3 설비 관리 기능

[그림 1 - 15] 설비 관리 기능

(1) 일반 관리 기능

① 보전 정책 기능

(가) 설비 제작 또는 구매에 관련된 의사 결정

(나) 관리 기준 설정

(다) 보전 수준, 방법 및 보전 정책 설정

(라) 중점 관리 대상 설비 선정

(마) 생산, 기술, 구매, 지원 부서와의 기능 정의 및 정책 협조

② 보전 조직과 시스템 수립

(가) 조직 형태의 장단점을 파악하여 집중 보전, 지역 보전, 부분 보전, 절충 보전 조직 중 적정 조직 선택

(나) 보전 주문(maintenance request)의 대응책 수립

(다) 보전 요원의 적정 수준 결정

(라) 설비 관리 규정의 제정 및 갱신

③ 보전 업무의 계획, 일정 계획 및 통제

(가) 예방 보전을 위한 연간 계획 및 관리

(나) 설비 종류에 의한 주유 계획 또는 일정 계획 수립

(다) 수리 수준 결정 및 관리

④ 보전 요원의 교육 훈련 및 동기 부여

(가) 기능 향상을 위한 기술 교육 계획 개발

(나) 사내 또는 사외 교육 훈련 계획

(다) 보전 요원의 다기능화를 위한 계획 및 관리

(라) 동기 부여를 위한 이벤트 행사 또는 평가 및 포상

⑤ 보전 자재 관리 및 공구와 보전 설비의 대체 분석

(가) 보전 자재에 대한 재고 관리

(나) 보전 수준에 적정한 자재 계획

(다) 보전용 공구 및 보전 설비

(라) 시험장비 관리 계획

⑥ 보전 업무를 위한 외주 관리

    ㈎ 자사 또는 외주 결정에 대한 보전 업무 설정

    ㈏ 외주 업자 선정을 위한 평가 기준 제정

    ㈐ 계약 관리 및 품질 보증

⑦ 공급망 관리(supply chain management)에서의 설비 역할 규명

    ㈎ 글로벌 공급망 관리를 위한 생산과 기호 논리학(logistics) 전략 수립에서의 설비 네트워크 결정

    ㈏ 설비 종류 결정

    ㈐ 설비 성능 결정

    ㈑ 설비 위치 결정

    ㈒ 설비 간의 정보 및 이용 결정

⑧ 자산 관리와 연동된 설비 관리 시스템 수립

    ㈎ 설비 투자에 대한 자금 흐름의 규명과 추적

    ㈏ 설비 생산성과 기업 이윤과의 관계 연동화

    ㈐ 기업의 목표, 기술 수준 및 설비와의 연계

⑨ 예산 관리

    ㈎ 보전 조직을 위한 연간 예산 수립

    ㈏ 하위 조직의 활동 분석 및 예산 활동

    ㈐ 보전 요원의 업무 실적에 대한 능력 급여금 예산 산정

⑩ 보전 전산화 계획 및 관리

    ㈎ 보전 이력 관리를 위한 계획, 실시 및 개선

    ㈏ 보전 계획, 일정 계획, 효율 측정 등을 위한 종합적 전산화 계획 및 실시

    ㈐ 생산 실적과 보전 효율과의 관계

    ㈑ 품질, 원가, 납기, 안전 및 환경과 설비 운전 연동

⑪ 보전 업무의 경제성 및 효율성 분석 측정 및 평가

    ㈎ 보전 조직에 대한 경제성 평가

    ㈏ 보전 업무의 활동 기준에 의한 원가 예측

    ㈐ 자체 또는 외주 보전 전략에 대한 경제성 평가

    ㈑ 보전 업무 측정을 위한 측정 기준의 설정 및 평가

⑫ TPM에 대한 추진 및 지원

    ㈎ 전사적 보전 체제 수립을 위한 전략 계획 및 집행

    ㈏ TPM의 효과 분석

    ㈐ TPM 활동을 위한 지원

    ㈑ 운전 요원 교육 훈련 지원

(2) 기술 기능

① 설비 성능 분석

  (가) 설비의 각종 성능 파악

  (나) 설비의 조건 변화에 따른 성능 분석

  (다) 과거 실적에 따른 최대 성능 파악

  (라) 설비 성능 변화와 품질과의 비교 분석

② 고장 분석 방법 개발 및 실시

  (가) 기술 수준에 적정한 고장 원인과 유형 분석

  (나) 고장 근원 분석

  (다) PM 분석

  (라) 고장 유형, 영향 및 심각도 분석

③ 보전도 향상 연구

  (가) 개량 보전 실시

  (나) 설비의 재설계를 통한 보전도 제고

  (다) 설비 성능 및 수명 연장

  (라) 조건 변화에 능동적으로 대처할 수 있는 설비 개량

④ 설비 진단 기술 이전 및 개발

  (가) 설비 상태 기준 보전 기술 개발 또는 응용

  (나) 첨단 기술을 통한 설비 상태 확인 및 측정

  (다) 윤활, 진동, 소음 등을 통한 진단 기술 응용

  (라) 설비 진단 실험기기 개발

⑤ 설비 간 네트워킹 구축 및 정보 체제의 전산화 구축

  (가) 정보기술을 이용한 설비 간의 정보 연계

  (나) 설비 고장 및 가동률 추적을 위한 정보 체제 구축

⑥ 보전 업무 분석 및 검사 기준 개발

  (가) 보전 기준 및 규정 제정

  (나) 예방 보전 주기 및 점검 기준 제정

  (다) 보전 과제 분석

  (라) 보전 체크 리스트 제정

⑦ 보전 기술 개발 및 매뉴얼 갱신

  (가) 현장에 적정한 분해 점검 수리 기술 개발

  (나) 보전 매뉴얼 갱신

  (다) 보완된 설계도 이용

⑧ 보전 자료와 정보의 설계로의 피드백

  (가) 축적된 보전 자료의 문서화

　(나) 보전 노하우 설계를 위한 input 체제 구축

　(다) 보전도 향상을 위한 설계팀과의 공동 작업

⑨ 보전 부품 교체 분석

　(가) 부품 대체

　(나) 부품 내구성 연구

　(다) 기술력을 통한 부품 감소

(3) 실행 기능

① 점검 및 검사 실행

　(가) 일정 점검 및 검사

　(나) 정기 점검 및 검사

　(다) 수입 검사

　(라) 예방 점검 및 검사

② 주유, 조정, 수리 업무 등의 준비 및 실행

　(가) 적유, 적소, 적량, 적기, 적법에 의한 주유

　(나) 시각적인 관리 추진

　(다) 업무 교체에 신속한 대응

　(라) 수리 업무 실행

③ 가공, 용접, 마무리 등의 기술 작업

　(가) 개량 보전을 위한 가공 및 용접

　(나) 보전 업무를 위한 공구 개발

　(다) 보전 부품 제작

(4) 지원 기능

① 보전 요원 인력 관리

　(가) 보전 요원들의 기술자격 규명

　(나) 보전 요원의 적정 인원수 결정

　(다) 조직 구조에 의한 파견 요원 계획

② 교육 및 훈련 지원

　(가) 사내외 교육 결정

　(나) OJT 계획

　(다) TPM 교육 계획 및 실시

　(라) 전문가 훈련 및 자격 기준 설정

③ 보전 자재

　(가) 보전 자재 범위 설정

　　㈏ 중점 보전 자재 선정 및 재고 관리

　　㈐ 구매 및 제작 결정

　④ 측정 장비 및 보전용 설비

　　㈎ 보전 방법에 의한 보전 장비 조건 결정

　　㈏ 시험 조건 규명

　　㈐ 시험 방법 결정

　⑤ 포장, 자재 취급, 저장, 수송

　　㈎ 설비 포장, 수송 요소

　　㈏ 보전 자재 물류 관련 요소 결정

2. 설비의 범위와 분류

2-1 설비의 범위

설비란 일반적으로 다액의 자본을 투입한 유형 고정 자산의 총칭이다. 이러한 설비는 수명이 긴 것이 원칙이고, 계속적 · 반복적으로 사용되는 것이므로 그 범위가 광범위하다.

(1) 토지 및 건물과 그 기초

경영 관리 활동, 생산 활동이 행해지는 장소를 구성하는 것으로, 기업 내 활동에 대한 환경에 관련하고 그 조건을 부여하는 역할을 한다.

(2) 건물 부대 설비 기타 유틸리티 설비

공기 조화 설비, 냉 · 난방 설비, 조명 설비, 동력 설비, 증기 · 공기 압축기, 가스, 상 · 하수도 설비, 정화조 등으로 생산 제반 설비의 운전 유지, 환경 조건의 규정 유지에 필요한 것이다.

(3) 생산 설비

기계, 장치 그것들의 기초, 공구류, 계측기기류, 기타 보조 설비 기구류 등으로 이것들은 개개의 생산 공정을 구성하며 각 공정의 능력을 규정하는 것이다. 계측기기의 발전으로 제어 장치와 더불어 생산 자동화를 이루고 있다.

(4) 운반 기계 설비

운반 기계 설비는 원래 자재, 기계, 설비, 용구류, 사람을 이동시킬 수 있는 물건의 총칭으로, 그 종류도 상당히 다양하다. 이것들은 개개의 공정을 조합하여 생산의 흐름을 구성하는 것으로 건물 내부에 있는 것과 외부에 있는 것, 고정적인 것과 가동적인 것으로 나누어진다. 가동적인 것의 경우는 건물의 내외를 통하여 이용되는 것이 있고, 또한, 최근의 자동화 추세에 따라 생산 설비에 운반 설비가 부착되어 일체화되고 있으며, 장치 공업에 대한 연속화된 설비 등도 있어 명확한 구분이 곤란하다.

(5) 사무용 설비

E.R.P와 같은 기업 경영의 자동화로 경영상 각종 계획 또는 대책을 수립하고 처리를 조속히 행하기 위하여 사무 자동화로 발전되어 가고 있다. 컴퓨터, 기타 각종 사무용 기기의 이용은 각종 정보의 모집, 분석, 결과의 산정, 지분(指分)의 전달 등을 조속히 하기 위한 유효한 설비이다.

2-2 설비의 분류

설비는 그 목적에 따라 분류해야 하는데 그 이유는 다음과 같다.
① 설비 투자를 합리적으로 할 수 있다.
② 설비 원가, 평가, 통계 자료의 파악이 잘 된다.
③ 예산화, 예산 통계 및 고정 자산 관리가 편리하다.

(1) 생산 설비

생산 설비는 직접 생산 행위를 하는 기계, 운반 장치, 전기 장치, 배관, 계기, 배선, 조명, 냉·난방 등의 제설비와 그 설비에 직접 관계하는 건물, 구조물로 이루어졌다.

(2) 유틸리티 설비

유틸리티란 증기, 전기, 공업용수, 냉수, 불활성 가스, 연료 등을 말하며 유틸리티 설비는 증기발생 장치 및 배관 설비, 발전 설비, 공업용 원수·취수(原水取水) 설비, 수처리 시설(식수용 등), 냉각탑 설비, 펌프 급수 설비 및 주 배분관 설비, 냉동 설비 및 주 배분관 설비, 질소 발생 설비, 연료 저장·수송 설비, 공기 압축 및 건조 설비 등이 있다.

(3) 연구 개발 설비

연구 개발 설비로서는 기초, 탐색, 응용 연구를 중심으로 한 연구 설비, 공업화 연구를 중심으로 한 연구 설비(pilot plant), 기업 합리화를 중심으로 한 공장 연구 설비 등이 있다.

(4) 수송 설비

인입선 설비, 도로, 항만 설비(전용 부두, 하역 설비, 운하 계획 설비 등), 육상 하역 설비, 트럭, 디젤기관차, 컨베이어 등 수입(受入) 저장 설비(원료 창고, 제품 창고 및 이들에 직결되는 계량 설비나 배관 설비 등 일체)

(5) 판매 설비

판매 활동 강화를 위한 업종에 따라서는 판매 설비의 중요성이 높아 서비스 스테이션(service station), 서비스 숍(service shop) 등 각종 설비가 증가하고 있다.

중요한 것은 입지 선정이며 판매 경쟁 가열에 따른 예비적 조사를 기업화 검토와 동시에 실시해야 한다.

(6) 관리 설비

① 본사의 건물, 지점, 영업소의 건물(건물 내에 설치된 기계, 장치를 포함. 냉·난방 설비, 컴퓨터, 통신 방송 설비)
② 공장의 관리 설비(사무소, 식당, 수위실, 차고 및 건물내에 설치된 설비. 냉·난방 설비, 컴퓨터, 통신 방송 설비)
③ 공장의 보조 설비(보전 설비, 보전 창고, 방화 설비)
④ 복리 후생 설비(사택 및 기숙사, 일용품 공급 설비, 공용 위생 설비, 병원, 식당, 목욕탕, 골프장 등)

3. 설비 관리 조직

3-1 설비 관리의 개념

설비 관리 조직은 설비 관리 기능의 한 요소이기도 하나, 관리 기능도 있다. 효율적이면서도 유효한 관리 활동을 하기 위해서는 설비 관리에 알맞은 조직이 있어야 하기 때문이다.

일반적으로 설비 관리 조직의 개념은 다음과 같은 여러 가지 요소에 의해서 규정될 수 있다.

① 설비 관리의 목적을 달성하기 위한 수단이다.
② 설비 관리의 목적을 달성하는 데 지장이 없는 한 될수록 단순해야 한다.
③ 인간을 목적 달성의 수단이라는 요소로서만 인식해야 한다.
④ 구성원을 능률적으로 조절할 수 있어야 한다.
⑤ 운영자에게 통제상의 정보를 제공할 수 있어야 한다.
⑥ 구성원 상호간을 효과적으로 연결할 수 있는 합리적인 조직이어야 한다.
⑦ 환경의 변화에 끊임없이 순응할 수 있는 산 유기체이어야 한다.

이와 같은 설비 관리 조직의 직접적인 목적은 각 구성원의 직무와 상호 관계를 명확히 규정하는 것으로, 모든 구성원의 활동을 능률적이면서 효과적으로 달성하기 위하여 조절한다는 설비 관리 조직의 궁극적인 목적을 위한 수단이어야 한다.

3-2 설비 관리의 조직 계획

설비 관리의 조직 계획은 '설비를 보다 효과적으로 활용하여 사업 목적을 달성하기 위해서는 어떻게 하면 좋을 것인가'에서 출발해야 한다.

또한, 설비 관리의 조직 계획은 설비의 여러 기능, 즉 건설과 보전, 기술적 측면과 경제적 측면, 경영 관리의 갖가지 기능과의 관계에 대해서도 고려되어야 한다.

(1) 분업의 방식

설비 관리의 모든 기능을 하나의 특정 부문에서 담당하는 일은 거의 없으며, 대체적으로 기술, 제조, 구매, 창고, 경리, 그 밖의 다른 경영 조직의 모든 부문에 걸쳐서 분담되는 경우가 많다. 즉, 건설과 보전, 기술적·경제적인 측면과 같은 설비 관리의 기능 분류와 조직상의 부문 분류와는 일치되지 않는 경우가 대다수이다. 분업 방식으로는 기능 분업, 전문 기술 분업, 지역 분업 등이 있다.

① 기능 분업

(개) 직접 기능 – 설계, 건설, 수리 등을 직접 수행하는 실무적인 기능

(내) 관리 기능 – 직접 기능을 수행하기 위한 계획, 통제, 조정 등과 같은 관리적인 기능

이와 같은 기능별 분업을 채택할 경우에는 어디까지 기능을 세분할 것인가가 문제가 된다. 설비 관리의 모든 기능을 특정 전문 부문에 책임지게 하고, 그 부문을 다시 서브(sub) 기능에 의해서 분업화하는 방식이 비교적 많이 채택되고 있다.

이와 같은 설비 관리 부문에도 여러 가지 명칭이 사용되고 있으며, 〈표 1-2〉는 그 한 예이다.

〈표 1-2〉 설비 관리 부문의 명칭 및 담당 기능

부문 명칭	담당 기능
시　설　부 설　비　부	설비 계획 및 보전의 성능 관리 등에 대한 모든 것과 가치 관리의 일부
공　무　부 기　술　부 생 산 기 술 부	위의 것과 프로세스 기술까지도 담당
건　설　부	설비 계획, 설계, 건설
정　비　부 보　전　부 설 비 관 리 부	설비 보전의 성능 관리에 대한 모든 것과 가치 관리의 일부
영　선　부 수　선　부	설비 보전 중 주로 수리 기능

여기에서 설비 관리 부문이라고 한 것은 경영 조직에서의 부문 분류가 부(部) 또는 실(室), 과 (課), 계(係), 반(班) 등의 여러 가지 단계에서 이루어지고 있기 때문이다.

공장의 신·증설과 같은 대단위 계획의 경우에는 본사에 건설부를 설치하고, 현 보유 설비에 대한 성능 유지, 개조 등은 공장에 보전부를 설치하는 경우가 많다.

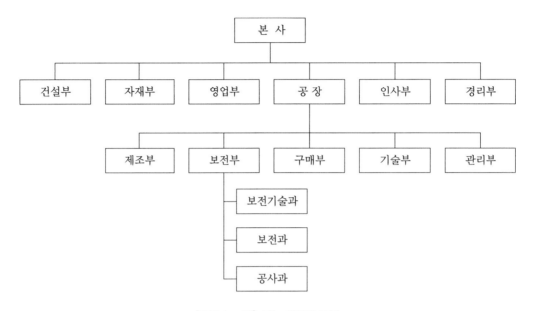

[그림 1 − 16] 기능 분업의 조직

② 전문 기술 분업

기계, 전기, 계기 장치, 토목 건설 등과 같은 전문 기술별 분업도 많이 볼 수 있다. 이것은 전문 기술의 향상에는 유리하지만 전문 기술 간의 수평적인 의사 전달(communication)에 차질이 생 길 수 있다는 결함이 있다.

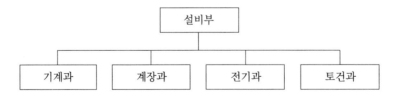

[그림 1 − 17] 전문 기술 분업의 조직

③ 지역(제품별, 공정별) 분업

지역이나 제품, 공정 등에 따라서 설비를 분류하여 그 관리를 담당하는 방식으로 공장 내를 몇 개의 지구로 나누어서 각 지구마다 보전과를 두는 경우이다. 이상과 같은 분업은 여러 가지 형태 로 조합되는 경우가 많이 있다.

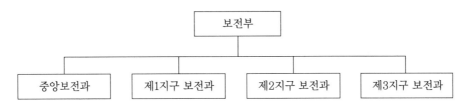

[그림 1-18] 지역 분업의 조직

(2) 조직 계획 시 고려할 사항

① 제품의 특성 : 원료, 반제품, 제품의 물리적·화학적·경제적 특성
② 생산 형태 : 프로세스, 계속성
③ 설비의 특징 : 구조, 기능, 열화의 속도, 열화의 정도
④ 지리적 조건 : 입지, 분산의 비율, 환경
⑤ 기업의 크기, 또는 공장의 규모
⑥ 인적 구성과 그의 역사적 배경 : 기술 수준, 관리 수준, 인간 관계
⑦ 외주 이용도 : 외주 이용의 가능성, 경제성

(3) 정상 조직과 프로젝트 조직

설비 관리는 운전 중 점검, 급유 등과 같은 일상 보전적인 임무만으로도 충분하다. 설비를 일제히 휴지(休止)해서 실시하는 휴지 공사(SD : shut down)로 되면 작업량이 많아져서 운전 중보다 수십 배의 인원을 필요로 할 경우도 있다. 또 설비의 신설, 개조, 갱신 등과 같은 것도 소규모는 경상적(經常的)으로 처리되나, 공장의 신설이나 대증설과 같이 규모가 커지면 집중적으로 작업량이 많아진다.

설비 관리 업무는 이와 같은 심한 작업량의 변동으로 인해 설비 관리의 조직 계획에 있어서도 이를 충분히 고려하여야 한다. 즉, 운전 중의 보전이나 소규모의 신설, 개조, 갱신 등 일상적으로 일어나고 있는 업무를 처리하기 위한 조직에 대한 인원을 상설해 두는 정상 조직과, 휴지 공사나 대규모의 신·증설 공사를 처리하는 조직은 대공사가 발생할 때마다 임시로 편성하는 프로젝트 조직이 있다.

⟨표 1-3⟩ 정상 조직과 프로젝트 조직

구 분	건 설	보 전
정상 조직	소규모의 조직, 개조, 갱신	운전 중에 하는 보전
프로젝트 조직	대규모의 신설, 증설	휴지(SD) 공사

3-3 설비 관리의 요원 대책

(1) 설비 관리 업무의 특징

생산 현장은 설비, 작업자, 재료의 알맞은 유기적인 결합에 의해서 이루어지는데, 특히 생산 설비는 생산 공정의 기초가 되는 것이므로 언제든지 최고 능률, 고 부품 정도를 유지하여야 한다.

일반적으로 설비 관리 업무에는 다음과 같은 특징이 있으나 생산의 연속화, 설비의 고도화 경향이 점점 높아짐에 따라 현저히 나타날 것이다.

① 휴지 공사나 신·증설 공사 등 작업량의 변동이 크다.

② 배관, 용접, 전기 등 여러 직종에 걸쳐 경험이 풍부한 숙련 노동력이 필요하다.

③ 기계, 전기, 계장, 토건, 화학 등 전문 기술을 갖춘 기술자가 필요하다.

(2) 설비 관리 업무와 요원 대책

① **최고 부하(peak load)를 없앤다.**

연속 조업의 공정에서 휴지 공사에 작업량이 집중되어 부하가 최고로 되는 경우가 많이 있다. 보전을 위한 요원 대책은 최고 부하를 없애도록 하는 것이 가장 중요하다.

㈎ OSI(on stream inspection)

기계 장치 등의 운전 중에 실시되는 검사를 OSI라 한다. 예를 들면 장치류의 결함 발견이나 두께가 두꺼운 것을 측정하는 등의 비파괴 검사, 회전 기계의 진동 측정에 따른 수리 시간의 판정 등 운전을 휴지시키지 않고 검사를 하고자 하는 것으로, 휴지 시 검사 업무의 피크를 피하고자 하는 것이다.

㈏ OSR(on stream repair)

OSI의 경우와 마찬가지로 운전 중에 실시되는 수리를 OSR이라 한다. 예를 들면 밸브의 누출이 정지되지 않을 때 운전을 해가면서 그 밸브를 교환 수리하는 것과 같은 것으로, 이것은 운전 중인 배관에 구멍을 뚫어 바이패스(by pass)시켜 용접하는 현장용 수리 기계가 개발된 후에 가능하게 된 것으로, OSR용의 기계 개발과 활용이 휴지 시 수리의 피크를 감소시켜 주는 것이다.

㈐ 부분적 SD(shut down)

동시에 모든 설비를 휴지해서 수리 공사를 하면 피크를 피할 수 없다. 따라서 부분적 SD 또는 계통별의 순차 SD에 의해서 피크를 없애는 것이다.

㈑ 유닛 방식

예비 유닛을 갖춘 후 유닛을 교체하고, 교체한 유닛을 운전 중에 보전하도록 한다면 휴지 시의 작업량을 대폭 감소시킬 수 있는 것으로, 계측기류나 감속기, 변속기 등에 이 방식이 널리 사용된다.

② **긴급 돌발적인 것을 없앤다.**

긴급 돌발 수리로 인하여 요원 확보가 문제 되지만, 보전 예방(MP) – 예방 보전(PM) – 개량 보전(CM)의 수준을 높여 긴급 돌발을 없애도록 하여야 한다.

③ 작업자(operator)의 협력 자세

운전자와 보전 요원의 기능을 너무 지나치게 분리하여 모든 보전 업무는 보전 부문이 담당하고, 운전 부문은 단순한 운전만을 한다면 비효율적인 것은 당연하다.

급유, 외관 점검 등의 작업은 운전의 일부로 작업자가 하는 것은 물론, 설비의 휴지 시 보전 업무 중 청소나 보전 등의 작업을 작업자가 담당하면 보전의 피크 해소에 크게 이바지할 수 있다.

④ 보전 관리 요원의 능력 개발

설비 관리 업무는 양적으로 많은 사람들이 하는 것보다는 질적인 면에 치중하는 것이 바람직하다. 개개인의 요원 능력을 높이는 동시에 기동적인 운영이 될 수 있는 조직화가 요원 대책의 최선의 방법이다.

⑤ 외주 업자의 이용

수리 공사 등을 외주에 의존할 때의 장점인 연속 생산의 경우 작업량 피크를 외주로써 보충한다는 것으로, 최근에 전국적인 조직을 갖고 있는 보전 전문 회사가 점차 많아지고 기동력을 발휘하므로 전문 업자를 활용하는 것이 유리하다.

⑥ IE적 연구

일반적으로 보전의 작업 능률은 50% 이하로 낮은 경우가 많다.

IE(industrial engineering)법의 작용은 맨 파워(man power)의 활용에 크게 이바지할 수 있다. 특히 워크 샘플링법과 같은 것은 그 기법이 간단하면서도 효과가 높은 방법으로 요원을 1/3까지도 줄일 수가 있으며, 이렇게 줄여진 인력을 신 공장 요원으로 대체하든가 혹은 능력 부족으로 외주를 주었던 공사를 사내에서 효과적으로 처리함으로써 비용 절감(cost down)을 실현한 많은 사례가 발표되고 있다.

연 습 문 제

1. 광의의 설비 관리와 협의의 설비 관리의 차이를 설명하시오.

2. 예방 보전(PM)과 보전 예방(MP)의 장단점에 대하여 설명하시오.

3. 광의의 개념으로서 설비 관리의 4단계 순서로 맞는 것은?

> ① 설비 개념의 구성과 규격의 결정
> ② 제작 설비
> ③ 설비의 설계 개발
> ④ 설비의 운용 유지

㉮ ① - ② - ③ - ④　　　　　　㉯ ① - ③ - ② - ④
㉰ ② - ① - ③ - ④　　　　　　㉱ ② - ④ - ③ - ①

4. 설비가 열화하여 성능 저하를 초래하는 상태를 조기 조치하기 위해 행해지는 급유, 부품 교환, 청소 등이 이루어지는 보전은?

㉮ 사후 보전　　　　　　㉯ 개량 보전
㉰ 일상 보전　　　　　　㉱ 예방 보전

5. 좁은 의미의 설비 관리에 속하는 것은?

㉮ 조사　　　　　　㉯ 연구
㉰ 보전　　　　　　㉱ 제작

6. 다음 표는 시스템의 구성 요소이다. 다음 중 피드백(feedback)에 해당되는 것은?

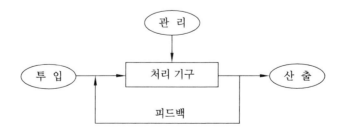

㉮ 원재료　　　　　　㉯ 제품
㉰ 운전 조건, 운전 조작　　　　　　㉱ 제품 특성의 측정치

7. 시스템의 탄생에서 사멸까지의 라이프 사이클은?

㉮ 시스템의 개념 구성과 규격 결정 – 제작 설치 – 시스템의 설계 개발 – 운용 유지

㉯ 시스템의 개념 구성과 규격 결정 – 시스템의 설계 개발 – 제작 설치 – 운용 유지

㉰ 시스템의 설계 개발 – 제작 설치 – 운용 유지 – 시스템의 개념 구성과 규격 결정

㉱ 시스템의 개념 구성과 규격 결정 – 제작 설치 – 운용 유지 – 시스템의 설계 개발

8. 설비 관리의 발전 과정이 맞는 것은?

㉮ 사후 보전 – 예방 보전 – 생산 보전 – 보전 예방

㉯ 사후 보전 – 생산 보전 – 보전 예방 – 보전 예방

㉰ 예방 보전 – 사후 보전 – 생산 보전 – 보전 예방

㉱ 예방 보전 – 사후 보전 – 보전 예방 – 생산 보전

9. 설비 보전에 대한 설명이 올바른 것은?

㉮ 사후 보전 : 생산성을 높이기 위한 보전

㉯ 보전 예방 : 고장이 없고 보전이 필요하지 않은 설비를 설계 또는 제작하는 설비 보전

㉰ 개량 보전 : 설비의 유해한 성능 저하를 가져오는 상태를 발견하고 초기 단계에서 복구시키는 보전

㉱ 예방 보전 : 설비 효율을 최고로 하기 위하여 최고 경영자부터 최일선 종업원에 이르기까지 전원이 참여하는 설비 보전

10. 예방 검사 제도의 실행순서로 맞는 것은?

㉮ PM 검사 계획 → 검사 표준 설정 → PM 검사 실시 → 수리 요구 → 보전 기록 보고 → 수리 검수

㉯ 검사 표준 설정 → 수리 요구 → PM 검사 실시 → PM 검사 계획 → 수리 검수 → 보전 기록 보고

㉰ PM 검사 계획 → 검사 표준 설정 → 수리 요구 → 수리 검수 → 보전 기록 보고 → PM 검사 실시

㉱ 검사 표준 설정 → PM 검사 계획 → PM 검사 실시 → 수리 요구 → 수리 검수 → 보전 기록 보고

11. 설비를 대상으로 최고 경영자로부터 작업자에 이르기까지 전원이 참가하여 설비 효율을 최고로 하는 것을 목표로 하는 설비 관리 기법은?

㉮ 생산 보전(PM : productive maintenance)

㉯ 개량 보전(CM : corrective maintenance)

㉰ 보전 예방(MP : maintenance prevention)

㉱ 종합적 생산 보전(TPM : total productive maintenance)

12. 설비 관리의 목표인 생산성을 나타내는 것은?

㉮ 투입 / 산출   ㉯ 산출 / 투입

㉰ 제품 생산량 / 보전비   ㉱ 보전비 / 제품 생산량

13. 설비 관리를 통한 효과에 해당되지 <u>않는</u> 것은 ?

㉮ 불량 제품 감소   ㉯ 예비 설비의 필요

㉰ 제조 원가 하락   ㉱ 생산 납기의 엄수

14. 설비 관리의 목표는 무엇인가?

㉮ 기업의 생산성 향상   ㉯ 기업의 이윤 극대화

㉰ 품질 향상   ㉱ 손실 감소

15. 설비의 목적에 따른 분류에서 부대 설비로서 배관 설비, 발전 설비, 수처리 시설 등과 같은 설비의 종류는?

㉮ 생산 설비   ㉯ 관리 설비

㉰ 유틸리티 설비   ㉱ 공장 설비

16. 설비 보전의 관리 기능에 해당하는 것은?

㉮ 예방 보전 검사   ㉯ 보전 자재 계획

㉰ 예방 수리   ㉱ 검수

17. 설계, 건설, 수리 등을 직접 수행하는 실무적인 설비 관리의 기능은?

㉮ 직접 기능   ㉯ 관리 기능

㉰ 보전 기능   ㉱ 전문 기능

18. 설비 관리의 기능 분업에서 직접 기능에 속하는 것은?

㉮ 설계   ㉯ 계획

㉰ 통제   ㉱ 조정

19. 공장의 증설 및 신설, 휴지 공사 등에 임시로 편성하는 설비 관리 조직은?

㉮ 정상 조직   ㉯ 프로젝트 조직

㉰ 기능별 조직   ㉱ 경상적 조직

20. 설비 관리 조직의 계획상 필요한 사항이 <u>아닌</u> 것은?

㉮ 제품의 품질   ㉯ 설비의 특징

㉰ 지리적 조건   ㉱ 외주 이용도

21. 설비 관리의 조직 계획에서 지역이나 제품, 공정 등에 따라 설비를 분류하여 그 관리를 담당하는 방식은?

㉮ 기능 분업   ㉯ 지역 분업

㉰ 직접 분업   ㉱ 전문 기술 분업

22. 설비 보전 조직의 기본형 중 부분 보전의 장점에 해당하는 것은?

㉮ 생산 라인의 공정 변경이 신속히 이루어진다.

㉯ 보전 작업의 계획이 생산 할당에 따라 책임을 져야 할 관리자에 의해 세워진다.

㉰ 공장의 보전 책임이 분할된다.

㉱ 보전 감독자와 보전 요원이 해당 설비에 정통하게 된다.

23. 설비 관리의 조직 계획상 고려할 사항이 옳게 연결된 것은?

㉮ 제품의 특성 – 프로세스, 계속성

㉯ 설비의 특징 – 입지, 분산의 비율, 환경

㉰ 외주 이용도 – 구조, 기능, 열화의 속도 및 정도

㉱ 인적 구성과 그의 역사적 배경 – 기술 수준, 관리 수준, 인간 관계

24. 연속 조업 공정에서 휴지 공사로 인한 보전의 최고 부하를 줄이는 방법으로 잘못된 것은?

㉮ 현장용 진동계를 이용하여 운전 중에 검사한다.

㉯ 바이패스 관로를 이용하여 운전 중에 밸브를 교환·수리한다.

㉰ 계통에 따라 순차적으로 기계를 정지시키고 수리한다.

㉱ 고장 부품은 교체하지 않고 즉시 보전한다.

25. 설비 관리의 요원 대책에 대한 설명 중 옳지 <u>않은</u> 것은?

㉮ 최고 부하(peak load)를 없앤다.

㉯ 운전 중에 실시되는 검사를 OSI(on stream inspection)라고 한다.

㉰ 부분적 SD(shut down)에서 일시에 모든 설비를 동시에 휴지해서 수리 공사를 하면 피크를 피할 수 있다.

㉱ 외주 업자를 이용하면 정보 유출이 되므로 해서는 안 된다.

26. 설비 관리 업무의 요원 대책 중에서 맨 파워(man power)의 활용에 크게 이바지하며, 특히 워크 샘플링(work sampling)과 같은 기법으로 인원 감축에 큰 효과를 거두어 비용 절감을 실현하는 대책은 다음 중 어느 것인가?

㉮ 최고 부하(peak load)를 없앤다.   ㉯ 작업자의 협력 자세

㉰ 보전 관리 요원의 능력 개발   ㉱ I.E적 연구

제2장 설비 계획

1. 설비 계획의 개요

1-1 설비 계획의 필요성

설비 계획은 새로운 사업의 개발, 제품의 품종 변경 또는 설계 변경이나 생산 규모를 변경할 경우에 항상 실시된다. 또한, 설비는 산업의 발전에 따라 구 모델이 되므로 공장의 생산 능률 향상을 위해서 설비의 경제성을 고려하여 설비의 신설과 교체에 대해 계획할 필요가 있다.

1-2 설비 프로젝트의 종류

설비 프로젝트는 투자 목적 또는 설비의 목적에 따라 분류한다.

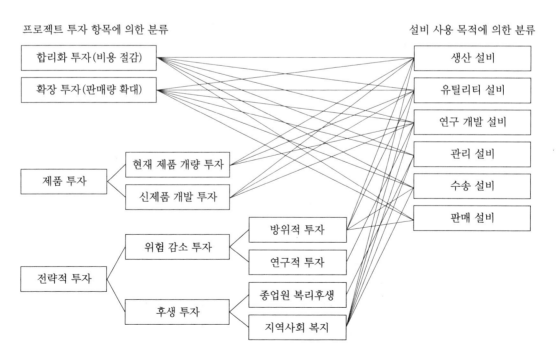

[그림 2-1] 설비 프로젝트의 분류

(1) 합리적 투자

설비의 갱신이나 개조에 의한 경비 절감을 목적으로 하는 프로젝트로 제품을 현재의 생산량만큼 생산할 것을 전제로 하고, 경비 절감을 위해 같은 제품을 서로 다른 원자재로 제작하거나, 또는 공정을 바꾸는 것과 같은 혁신적인 설비 프로젝트도 포함된다.

(2) 확장 투자

제품의 판매량 증대를 위한 프로젝트로, 생산량을 늘리기 위해 생산 설비, 유틸리티 설비, 판매 설비 등의 증설·확장은 물론, 사무소, 창고 등의 관리 설비나 수송 설비의 확충까지도 포함된다.

(3) 제품 투자

제품에 대한 개량 투자와 신제품 개발 투자로 구분된다.

(4) 전략적 투자

① 위험 감소 투자
  ㉮ 방위적 투자 : 원자재의 양, 질, 비용, 납기 등의 확보가 곤란할 경우 원자재를 자사 생산(自社生産)으로 바꾸어 기업 방위를 도모하는 것
  ㉯ 공격적 투자 : 적극적인 기술 혁신을 통하여 신제품 개발, 생산이 다른 회사보다 늦지 않도록 하기 위한 투자
② 후생 투자
  ㉮ 종업원의 후생 복지를 위한 투자
  ㉯ 지역사회 복지를 위한 투자

1-3 프로젝트·엔지니어링

프로젝트의 착수에서 달성에 이르는 일반적인 순서는 다음과 같다.

(1) 연구 개발

이 단계에서는 신제품 개발, 혹은 기존 제품을 제작하기보다는 우수한 제품을 개발하는 것 등으로 프로젝트의 개발 단계이다.

(2) 프로젝트의 확립

프로젝트를 현실화하기 위한 최적 계획을 검토하고 제품, 시장, 원료 및 엔지니어링의 주요 성격인 플랜트의 능력, 원료의 공급원과 품질, 제품의 종류와 품질, 판매 보급 방법, 플랜트의 입지, 프로세스 또는 생산 공정도, 플랜트 배치의 평면도 및 입체면도, 치수 및 형식을 규정한 기기의 리스트 등이 결정된다.

(3) 경제성의 결정

프로젝트의 가치가 평가되어 다액의 비용을 필요로 하는 다음 단계로 이행이 가능하게 된다. 앞의 단계에서 시장, 원료, 생산 방법, 비용, 리스트 등이 충분히 고려되어 결정된 제 조건을 더욱 깊게 검토함으로써 경제성이 평가된다.

(4) 엔지니어링

프로젝트의 상세 설계가 완료되고 상세 설계도, 재료 및 규격서가 작성되어 조달 및 건설 준비가 완성된다.

(5) 조달과 건설

유닛기기나 필요한 자재의 구입이 실시되고 공사가 실시된다.

(6) 운전 개시

운전 요원의 교육 훈련과 최초의 제품이 제작되고, 또한 플랜트가 계획대로 생산 능력과 제품의 질과 능률을 달성하기 위한 보전이 실시된다.

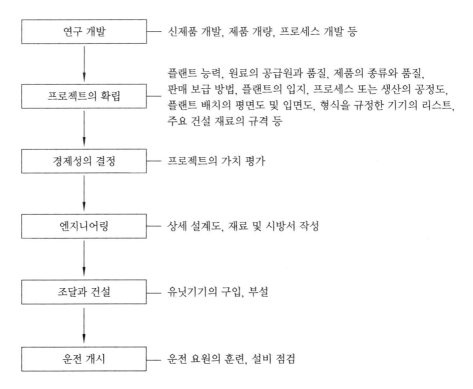

[그림 2-2] 설계·건설 프로젝트의 단계

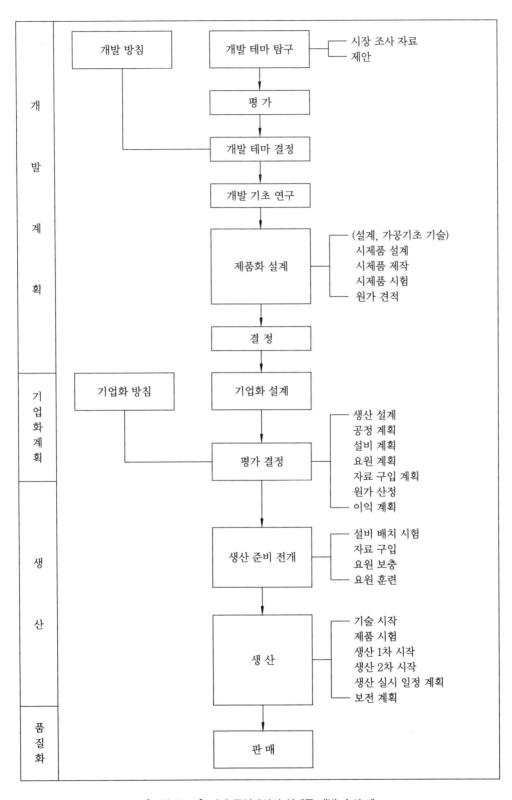

[그림 2 - 3] 기계 공업에서의 신제품 개발 순서 예

〈표 2 - 1〉 신규 사업 순서

자사 개발인 경우		기술 도입인 경우	
기업화 진전 단계	처리 · 심사 사항	기업화 진전 단계	처리 · 심사 사항
테마	아이디어 수집	아이디어	아이디어 수집
	문헌 조사		
	종합 평가		기초적 연구
	테마의 결정		
연구	기초 연구	조사	예비 조사
	응용 연구		
	연구 결과 보고서 작성		콘택트
	기술적 · 경제적 조사		
	연구 결과의 평가		기술적 · 경제적 조사
파일럿 플랜트	파일럿 플랜트 계획서 작성	도입 교보 기획	도입 방침 검토 자료 작성
	제1차 심사		제1차 심사
	파일럿 플랜트 설정 결정		
	파일럿 플랜트 설계 건설		도입 방침 결정
	파일럿 플랜트 운전		
	파일럿 플랜트 결과 보고서 작성		콘택트의 강화
	파일럿 플랜트 결과 평가		
세미 코머셜 플랜트	세미 코머셜 플랜트 계획서 작성		관련 부문의 조정
	제2차 심사		
	세미 코머셜 플랜트 설정 결정		최종 기술적 · 경제적 조성
	세미 코머셜 플랜트 설계 건설		
	세미 코머셜 플랜트 운전		중간 보고
	최종적 조사 조정		
	세미 코머셜 플랜트 결과 계획서 작성		기업화 계획서 1차안 작성
	세미 코머셜 플랜트의 결과 평가		
기업화 준비	기업화 계획서 최종안 작성		제2차 심사
	제3차 심사	기업화 결정	기업화 제안
	기업화 제안		
	기업화 계획 결정		기업화 방침 결정
	담당 직제 결정		
	인사 배치		기술 도입 계약 체결
	기업화 준비		
건설 공사	설비 투자 계획서 작성		교섭 결과 보고서 작성
	제4차 심사(최종 심사)	인 · 허가 신청	신청서 작성
	설비 투자 결정		
	건설월보		신청
	1차 수정 공사 예산서　　　　　　(2차)		

1-4 설비 계획과 예산 편성

설비 계획과 예산 편성과의 관계를 개념적으로 검토하면 설비 계획은 개개의 계획이며 이것들은 개별적 착수에서 완성까지 여러 가지 공사 기간이 소요된다. 개개의 계획에 대하여 각 기(期)마다의 예상을 선으로 집계한 것이 예산 편성, 즉 기간 계획이 된다. 많은 계획이 발의되어도 자금 면에서 제약을 받으므로 일반적으로 투자 효율 등을 고려하여 계획의 우선 순위를 결정하고 자금의 범위에서 계획이 채택된다.

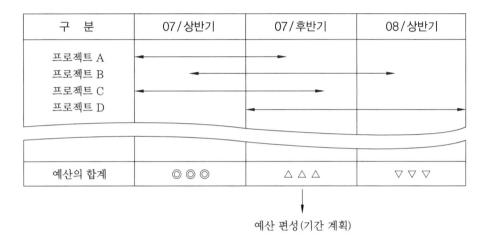

[그림 2 – 4] 설비 계획과 예산 편성

2. 설비 배치

2-1 설비 배치의 개요

(1) 설비 배치의 목적

설비 배치(plant layout)란 사람 · 물건 · 설비의 관계를 가장 효과적이고 경제적으로 얻기 위해 제품을 구성하는 각 부품이나 재료의 입고로부터 최종 제품의 출고까지의 생산 설비, 건물 및 경로를 계획하는 것으로 설비 배치의 목적을 요약하면 다음과 같다.
 ① 생산량 증가
 ② 생산 원가 절감
 ③ 우량품 제조 및 설비비 절감
 ④ 공간의 경제적 사용 및 노동력의 효과적 활용

⑤ 작업 환경 및 공장 환경 보전

⑥ 커뮤니케이션(communication)의 개선

⑦ 배치 및 작업의 탄력성 유지

⑧ 안전성 확보

설비 배치 설계에 있어서는 경험적인 접근 방법과 분석적인 접근 방법의 역할을 서로 융합시키는 것이 중요하므로 공장 설비의 배치 설계자, 공정 설계자, 일정 설계자들과 서로 밀접한 관련이 있어야 한다.

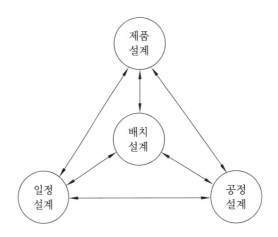

[그림 2 - 5] 설비 배치 설계의 상호 작용

(2) 설비 배치계획이 필요한 경우

① 새 공장의 건설 ② 새 작업장의 건설 ③ 작업장의 확장 ④ 작업장의 축소 ⑤ 작업장의 이동 ⑥ 신제품의 제조 ⑦ 설계 변경 ⑧ 작업 방법의 개선 등

2-2 설비 배치의 형태

설비 배치의 형태는 생산 방식과 매우 밀접한 관계를 가진다.

(1) 기능별 배치(process layout, functional layout)

일명 공정별 배치라고도 하는 이 배치는 주문 생산과 표준화가 곤란한 다품종 소량 생산일 경우에 알맞은 배치 형식으로 생산 효율을 극대화하기 위해서 운반 거리의 최소화가 주안점이 된다. 이 배치는 동일 공정 또는 기계가 한 장소에 모여진 형으로, 동일 기종이 모여진 경우를 갱 시스템(gang system)이라고 하고, 제품 중심으로 그 제품을 가공하는 데 소요되는 일련의 기계로 작업장을 구성하고 있을 경우 블록 시스템(block system)이라고 한다.

〈표 2 - 2〉 제품의 종류에 따른 작업 순서

제품	작업 1	작업 2	작업 3	작업 4	작업 5	작업 6	작업 7	작업 8
A	프레스	밀링	열처리	연마	도장	검사	포장	
B	주조	연마	도금	드릴	도금	도장	검사	포장

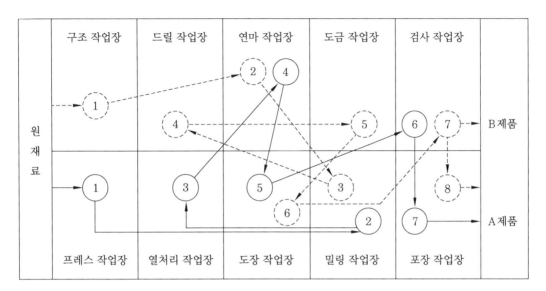

[그림 2 - 6] 기능별 배치

(2) 제품별 배치(product layout)

일명 라인(line)별 배치라고도 하며 공정의 계열에 따라 각 공정에 필요한 기계가 배치되는 형식으로 예정 생산에 이용되며, 생산량이 많고 표준화되고 작업의 균형이 유지되며, 재료의 흐름이 원활할 경우 이용된다. 이 배치에서 생산 효율을 최대화하기 위해서는 공정 간의 공정 균형의 효율을 높여야 한다.

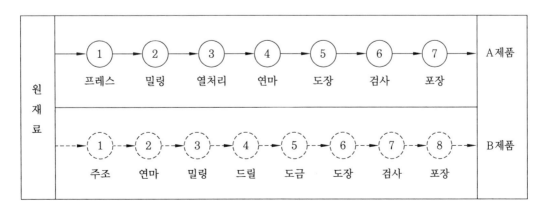

[그림 2 - 7] 제품별 배치

〈표 2 - 3〉 설비 배치의 기본 형태와 그 특징

생산 공정상의 특징	기능별 배치	제품별 배치	제품 고정형 배치
제품 특성	다품종 소량 생산 또는 불규칙한 생산	표준 제품, 소품종 대량 생산, 일정한 율의 생산	소량의 개별 특정 제품
작업 흐름의 유형	제품에 따라 모두 상이한 작업 흐름 및 작업 순서	직선형이나 전진형 표준 작업과 동일 순서	작업 흐름이 거의 없고 필요에 따라 공구ㆍ작업자의 현장 작업
작업 숙련도	숙련공에 의한 비전문화 작업	단순 반복 작업 전문화된 작업 내용	작업 숙련도가 높다.
관리 지원	절차 계획, 일정 계획, 재고 관리, 운반 관리 등 지원 필요	감독이 별로 필요 없고 자재ㆍ인원 통제가 생산량 결정과 직결	일정 계획의 고도화, 작업별 조정 필요
운반 관리	재고 발생, 운반 거리가 길고 운반 형식 다양	운반 시설의 자동화, 컨베이어 사용으로 재고가 적다.	운반 형태가 다양하고 일반 범용 운반구 필요
재고 현황	다품종 대량의 원자재 재고, 재고품 발생 가능	원자재 및 재고의 회전이 빨라 재고비 부담이 적다.	생산 기간이 길어 재고 발생이 많다.
면적 가동률	설비 단위당 생산량이 비교적 적고, 재고품이 면적을 차지해 공간 이용이 비효율적임.	공간의 활용이 효과적이고 단위 면적당 생산량이 많다.	옥내 생산의 경우는 이용률이 낮다.
자본 소요와 설비 특징	설비나 공정이 다목적 특성을 갖고 있어 여러 가지 변동에 쉽게 적용 가능	설비 투자가 크며 공정이 전문화되어 있어 여건 변동에 따라 적응을 쉽게 할 수 없다.	다목적 설비 및 공정이므로 이동 작업에 필요한 특징을 갖고 있다.

제품별 배치의 특징은 다음과 같다.

〈장점〉

① 공정 관리의 철저 : 작업의 흐름 판별이 용이하며 조기 발견, 예방, 회복 등을 하기 쉽다.

② 분업 전문화 : 분업이 용이하고 작업을 단순화할 수 있으므로 전용 기계 공구의 사용이 쉽다.

③ 간접 작업의 제거 : 작업자의 간접 작업이 적어지므로 실질적 가동률이 향상된다.

④ 정체 감소 : 정체 시간이 짧기 때문에 재고품이 적다.

⑤ 공정 관리 사무의 간소화 : 공정이 단순화되고 직접 확인 관리를 할 수 있다.

⑥ 품질 관리의 철저 : 공정이 확정되므로 검사 횟수가 적어도 되며 품질 관리가 쉽다.

⑦ 훈련의 용이성 : 작업을 단순화할 수 있으므로 작업자의 훈련이 용이하다.

⑧ 작업 면적의 집중 : 공정이나 설비가 집중되고 운반이나 소요 면적이 적어진다.

〈단점〉

① 융통성의 감소 : 작업의 융통성이 적고 공정 계열이 다르면 배치를 바꾸어야 한다.

② 가동률의 저하 : 기계 대수가 많아지고 공구 가동률이 저하된다.

③ 일괄 정지 : 라인 단위의 전체 공정으로 인한 설비의 고장이나 어떤 품종의 감산(減産) 시 가동률이 저하된다.

④ 설비 배치의 제한 : 합리적 설비 배치가 곤란하다.

⑤ 만능 숙련의 양성 곤란 : 만능 숙련 작업자나 직장(職長)이 되기 어렵게 된다.

(3) 제품 고정형 배치(fixed position layout)

주재료와 부품이 고정된 장소에 있고 사람, 기계, 도구 및 기타 재료가 이동하여 작업이 행하여진다. 이 형은 작업이 수공구나 극히 간단한 기계로 행해지며 1개 혹은 극히 적은 수량만이 만들어지고, 주재료나 부품의 이동이 비용면에서 대단히 높으며, 작업자의 기량을 신뢰할 수 있을 때 주로 사용된다.

예를 들면 교량이나 선박 제작 때와 같이 1회의 대규모 사업에 많이 이용된다. 이들 세 가지 유형을 비교하면 〈표 2-3〉과 같다.

(4) 혼합형 배치(combination layout)

앞의 기능별 배치, 제품별 배치 및 제품 고정형 배치와의 혼합형으로, 기능별과 제품별 배치와 혼합된 경우가 많다.

2-3 총체적 설비 배치 계획(SLP : systematic layout planning)

총체적 설비 배치 계획은 공장 입지 선정, 건물 배치 계획, 부서 배치 계획 및 설비 배치 계획 단계로 실시되며 주안점은 개략 배치와 상세 배치에 두고 있다.

배치 계획의 목적은 제품이나 부품의 생산에 있어서 '자재의 흐름'이 정체됨이 없이 원활하게 흐르도록 하는 것이다.

따라서 설비 배치의 형식은 생산 제품 또는 부품의 종류 P와 그 수량 Q의 관계를 고려하여 설비 배치 형태와 유사 제품 그룹 분석(GT : group technology)의 관점에서 적용하면 제품별 설비 배치, 기능별 설비 배치, GT 흐름 라인의 세 가지 형식으로 나눌 수 있다.

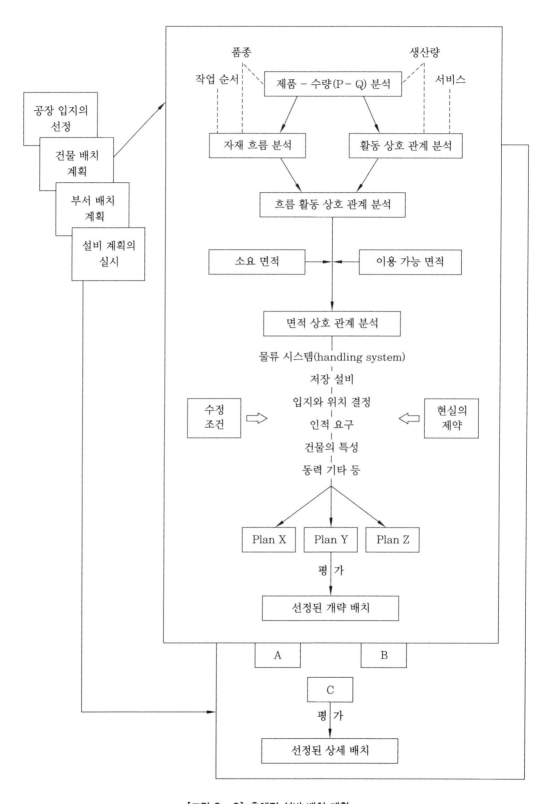

[그림 2 - 8] 총체적 설비 배치 계획

(1) 제품별 설비 배치

대량 생산 형태의 경우에는 제품이 완성될 때까지의 공정에 알맞도록 흐름 생산 형식으로 배치한다.

(2) 기능별 설비 배치

생산량(Q)에 비하여 제품 종류(P)가 많은 다종 소량 생산의 경우에는 생산 설비를 기계의 종류별로 배치하는 것이 유리하다.

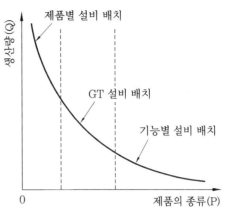

[그림 2 – 9] P–Q 분석

(3) GT 흐름 라인(group technology layout)

GT 설비 배치는 제품의 종류(P)와 생산량(Q)이 제품별과 기능별의 중간인 경우로서, 유사한 부품을 그룹으로 모아서 하나의 로트(lot)로 가공하기 위한 효율적인 설비 배치이다. 이 GT 배치는 그룹화된 부품의 가공 흐름이 같은가 또는 다른 것인가에 따라서 다음의 세 가지로 나눌 수 있다.

① GT 흐름 라인(또는 GT 라인)

유사한 부품 그룹의 가공 공정이 같아서 가공의 흐름이 동일한 경우의 설비 배치로 대량 생산에서의 흐름 생산 형식에 가깝다. 이 배치는 GT 설비 배치 중 가장 효율적이며 생산 효율도 높다.

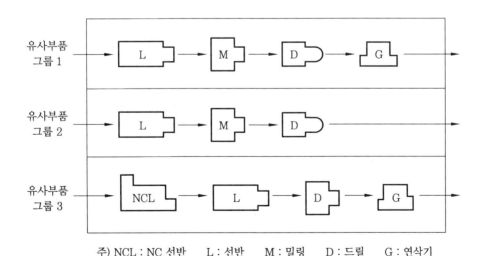

주) NCL : NC 선반   L : 선반   M : 밀링   D : 드릴   G : 연삭기

[그림 2 – 10] GT 흐름 라인

② GT 셀(cell)

여러 종류의 기계 그룹에서 속하는 모든 부품, 또는 대부분의 부품 가공을 할 수 있는 경우의
설비 배치이다.

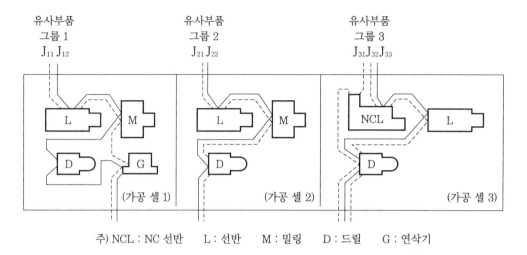

[그림 2 - 11] GT 셀

③ GT 센터

어느 한 종류의 작업에서 가공 방법이 유사한 부품의 그룹을 가공할 수 있도록 같은 성능의
기계를 각각 모아서 배열한 설비 배치로서 GT 설비 배치 중 가장 수준이 낮다.

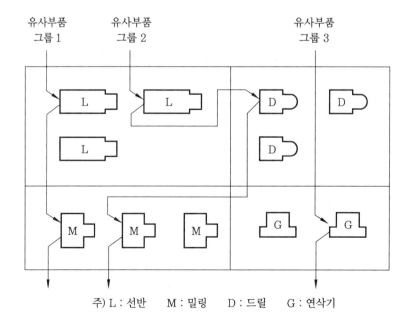

[그림 2 - 12] GT 센터

2-4 설비 배치의 분석 기법

(1) 제품 수량 분석(P-Q 분석 : product-quantity analysis)

이 P-Q 분석은 설비 배치 계획을 수립할 때 처음 해야 하는 분석 기법이다. 배치를 결정하는 기본적 요소는 제품(products : P), 수량(quantity : Q), 공정(routine, process : R), 공간 (service space : S), 시간(time : T)을 들 수 있다. 이들 요소 중 가장 중요한 분석은 제품 - 수량 (P-Q) 분석이다.

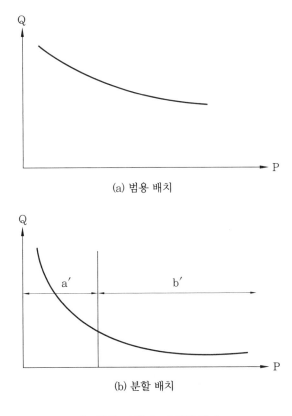

(a) 범용 배치

(b) 분할 배치

[그림 2-13] P-Q와의 관계

(2) 자재 흐름 분석

P-Q 분석에 의하여 분류가 결정되면 그 분류 내에 있는 제품들에 대하여 개별적인 분석을 행한다.

① A급 분류

제품의 종류는 적고 생산량이 많음.

㈎ 단순 작업 공정표를 작성한다.

㈏ 조립 공정표를 작성한다.

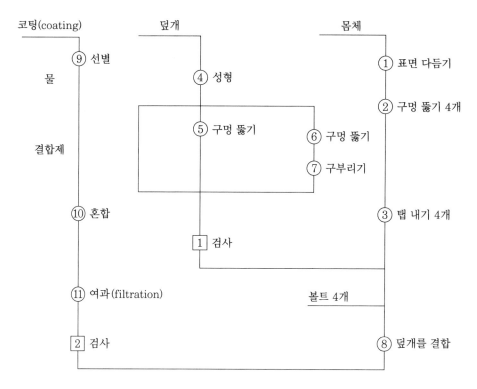

[그림 2 – 14] 단순 작업 공정표의 예

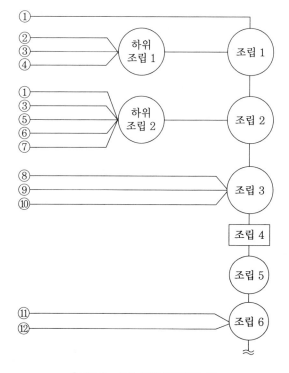

[그림 2 – 15] 조립 공정표의 예

② B급 분류

제품의 종류는 중간이고 생산량도 중간이다.

다품종 공정표를 작성한다.

〈표 2 - 4〉 다품종 공정표의 예

공정＼품종	A	B	C	D	E	F	
수입검사	①	①	①		①	①	
창　고	②	②	②	①			
절　단		③	⑤	②			
CNC 선반	③		③		②	② ④	
와이어 커팅	④	④		③	③	③	
드　릴		⑤	④	④	④		
탭　핑	⑤		⑥				
				⑤		⑤	
			⑦		⑤		

③ C급 분류

제품의 종류는 많고 생산량은 적음.

유입 유출표(from to chart)를 작성한다.

〈표 2 - 5〉 유입 유출표의 예

(부터)＼(까지)	수입검사 ①	창 고 ②	절 단 ③	CNC 선반 ④	CNC 밀링 ⑤	드 릴 ⑥
수입검사 ①		ABC		EF		
창　　고 ②			BD	AC		
절　　단 ③					BDEF	C
CNC 선반 ④			CEF		A	
CNC 밀링 ⑤						BDE
드　　릴 ⑥						

(3) 활동 상호 관계 분석(activity relationship chart)

이 표는 공장 내에서 생산 활동에 직·간접적으로 기여하는 모든 활동 간의 관계, 접근도, 접근 이유 등을 파악하기 위하여 활동 상호 관계 분석표를 이용한다.

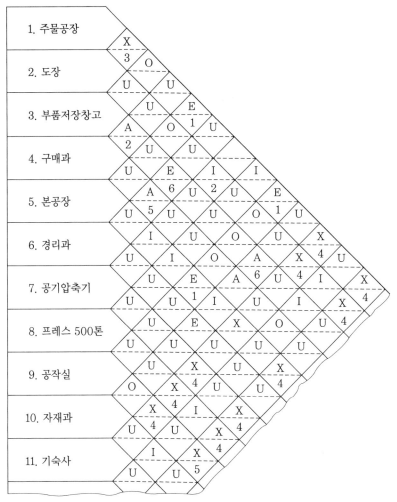

평점	접 근 도
A	절대적으로 필요
E	특히 중요
I	중요
O	보통
U	중요하지 않음
X	바람직하지 않음

번호	접 근 이 유
1	물자 흐름
2	감독 용이
3	공통 인원
4	접촉 필요
5	사용 편의
6	기타

[그림 2 – 16] 활동 상호 관계 분석표의 예

(4) 흐름 활동 상호 관계 분석

흐름 활동 상호 관계 분석표는 활동 상호 관계 분석표에 기초를 두고 작성되며, 활동 상호 관계 분석표에 있는 각 활동 간의 접근도에 따라 모든 활동의 상대적인 위치를 도면에 표시함으로써 현실의 제약 조건이 없는 상태에서 이상적인 배치를 하기 위한 분석이다.

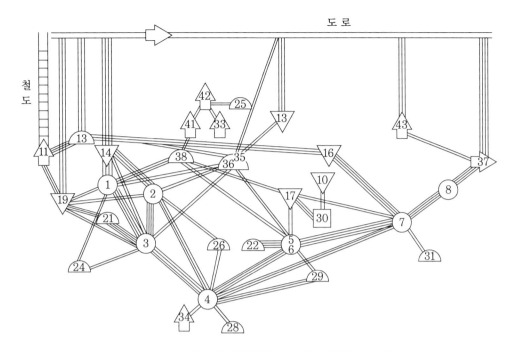

[그림 2-17] 흐름 활동 상호 관계 분석표(배치도)의 예

(5) 면적 상호 관계 분석

흐름 활동 상호 관계 분석표의 각 활동을 그 소요 면적만큼씩 확대시킨 것으로서, 이 분석표는 최종적인 공장 배치에 상당히 근접해지는 것으로, 이것만으로도 공장의 중요한 배치 윤곽을 결정할 수 있다.

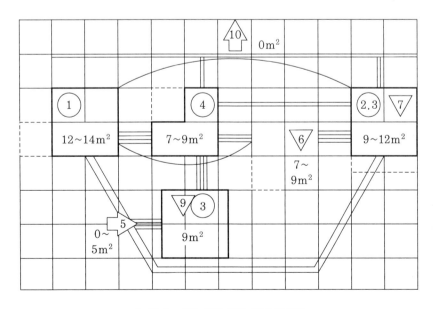

[그림 2-18] 면적 상호 관계 분석표

2-5 설비 배치 순서

설비 배치 계획을 수립할 때에 능률적으로 보다 유효한 성과를 올리기 위해서는 다음 순서를 따른다.
① 방침 설정
② 입지 계획
③ 기초 자료 수집
④ 물건의 흐름 검토
⑤ 운반 계획
⑥ 건물 형식의 고찰
⑦ 소요 설비의 산출
⑧ 소요 면적의 산정
⑨ 서비스 분야의 계획
⑩ 배치의 구성 등

(1) 입지 계획

입지란 기계나 설비 개개의 것에서부터 공장 부지의 입지를 포함한다.

(2) 기초 자료 수집

설비 배치를 계획할 때 자료를 수집하여 P-Q 도표를 만들어 활용한다.

(3) 물건의 흐름 검토

어떤 물건을 얼마만큼 생산하느냐가 결정되면, 다음에는 어떤 방법으로 제품을 생산하느냐, 즉 물건의 흐름인 경로에 대하여 검토한다. 이 경우 제품 조립도, 작업 공정표, 제조, 작업 표준, 설비 도면 등을 참고한다.

(4) 운반 계획

운반 계획은 일반적으로 다음 순서를 따른다.
① 운반 작업 요소의 계획
② 운반 방법의 계획
③ 운반 설비의 계획
④ 운반 설비, 시설의 보수 계획
⑤ 운반원의 계획

(5) 소요 설비의 산정

기계의 소요 대수를 결정하려면 기계 자체의 능력, 기계의 가동률, 1인당 기계 보유수, 수율(收率) 또는 불량률, 조업의 피크, 재고 방침, 기계의 전용화, 실 가동 시간 등을 고려해야 한다. 일반적인 소요 대수 산출 계산식은

$$\text{소요 기계 대수} = \frac{\text{계획 생산량}}{\text{기계 1시간당 생산 능력}}$$

(6) 소요 면적의 산정

소요 면적의 결정 방법에는 계산법, 변환법, 표준 면적법, 개략 레이아웃법, 비율경향법 등이 있으나, 계산법과 변환법이 많이 사용되고 있다.

① 계산법

설비 자체가 차지하는 면적, 작업이나 보전을 위한 면적, 재료나 제품을 두기 위한 면적 등을 산출하여 이것을 전부 합해 기계 1대당 소요 면적을 계산한 후 소요 기계대수로 곱해 전체의 실질 면적을 산출한다. 그리고 여기에 서비스 면적을 더해서 전체 소요 면적을 산정한다.

② 변환법

현재의 점유 면적을 조사하고 실제 필요한 면적으로 수정하여 소요 면적을 산출하고 이 소요 면적과 소요 가능 면적을 비교 조정하여 계획 면적을 결정한다.

이 방법은 우선 면적을 결정해야 될 경우라든가, 자세한 계산이 필요하지 않은 경우, 또는 계산법을 사용하는 것이 불합리한 경우 등에 적합하며, 〈표 2-6〉의 양식을 사용하면 편리하다.

〈표 2-6〉 변환법의 사용

설비 (지구)	현재의 점유 면적(m²)	수정 면적 (m²)	현재의 소요 면적(m²)	증감 (%)	결정 소요 면적(m²)	계획 면적 (m²)
A	50	0	50	0	55	55
B	100	+10	110	+10	110	110
C	80	+40	120	+20	144	130
합계	230	+50	280	+30	309	295

3. 설비의 신뢰성 및 보전성 관리

3-1 신뢰성의 의의

신뢰성(reliability)이란 '어떤 특정 환경과 운전 조건 하에서 어느 주어진 시점 동안 명시된 특정 기능을 성공적으로 수행할 수 있는 확률'이다. 이것을 쉽게 말하면 '언제나 안심하고 사용할 수 있다', '고장이 없다', '신뢰할 수 있다'라는 것으로 이것을 양적으로 표현할 때는 신뢰도라고 한다.

신뢰성 공학(reliability engineering)은 신뢰성을 연구하는 것으로 우주 개발을 위하여 미국에서 발달되었으며, 초기에는 주로 전자, 항공기, 자동차 등 기기(機器) 제조사의 설계 분야에서 적용되어 왔으나, 현재는 고장 물리학(failure physics)이나 보전성(maintainability)의 연구가 진행되어 설비 관리 분야에도 적용하고 있다. 즉, 설비 설계 단계에의 신뢰성 설계, 보전성 설계를 비롯하여 제작 단계에서의 검사, 사용 중의 검사에 의한 신뢰성 관리가 중요함을 알 수 있다.

[그림 2-19]는 설계 전 단계로부터 사용 단계에 이르기까지의 중요한 순서와 검사와의 관계를 도시한 것이다.

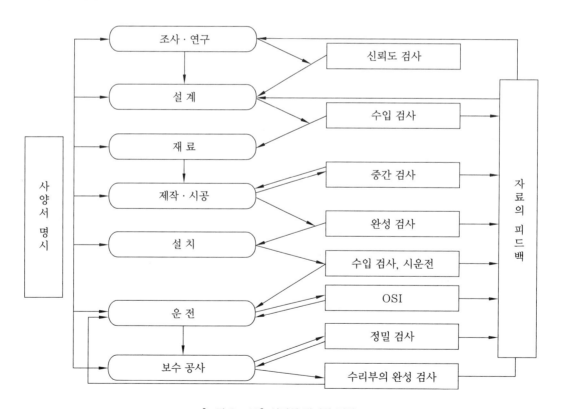

[그림 2 – 19] 신뢰성 관리와 검사

3-2 신뢰성의 평가 척도

(1) 고장률(failure)

고장률이란 일정 기간 중에 발생하는 단위 시간당 고장 횟수로 1,000시간당의 백분율로 나타
내는 것이 보통이다. 전자부품 등 시간으로 표현되는 것은 주로 $10^3 hr$를 사용하며, 시간으로 표현
되지 않은 것은 시간에 상응하는 척도 즉, 스위치는 동작 횟수, 자동차나 비행기는 주행 또는 비
행거리로 표현한다.

$$고장률(\lambda) = \frac{고장 횟수}{총 가동 시간}$$

(2) 평균 고장 간격(MTBF : mean time between failures)

MTBF는 어떤 신뢰성의 대상물에 대해 전체 고장 수에 대한 전체 사용 시간의 비로 고장률의
역수이다.

즉, 평균 고장 간격 MTBF는

$$MTBF = \frac{1}{F(t)} \qquad 여기서, (F(t) : 고장률)$$

(3) 평균 고장 시간(MTTF : mean time to failure)

MTTF는 시스템이나 설비가 사용되어 최초 고장이 발생할 때까지의 평균 시간으로 수리하지
않는 부품에 이용하고, MTBF는 수리를 하는 시스템이나 기기에 이용된다.

시스템이나 설비가 정상 상태에서 고장 상태로 전환될 때 불신뢰도로 측정하나, 이와 반대로
고장 상태에서 정상 상태로 복구 활동은 보전성이란 확률로 측정하게 된다. 또한 어떤 보전 조건
하에서 규정된 시간에 수리 가능한 시스템이나 설비, 제품, 부품 등이 기능을 유지하여 만족 상태
에 있을 확률로 정의하는 유용성(availability)은 신뢰성과 보전성을 함께 고려한 광의의 신뢰성
척도로 사용된다.

$$MTTF = \frac{장비의 총 가동 시간}{특정 시간으로부터 발생한 총 고장 수}$$

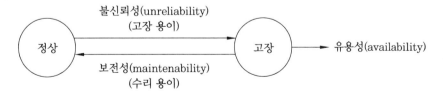

[그림 2 - 20] 신뢰성, 보전성, 유용성의 관계

3-3 신뢰성의 수리적 판단

신뢰성이란 일정 조건하에서 일정 기간 동안 기능을 고장없이 수행할 확률로 신뢰도를 $R(t)$, 불신뢰도를 $F(t)$라고 하면

$R(t) + F(t) = 1$이다.

여기서 불신뢰도 $F(t)$를 시간으로 미분한 것이 고장밀도함수 $f(t)$가 된다.

$$f(t) = \frac{-dR}{dt} = \frac{dF(t)}{dt}$$

고장률을 $\lambda(t)$라고 하면,

$$\lambda(t) = \frac{f(t)}{R(t)} = -\frac{dR(t)}{dt} / R(t)$$

즉, $\lambda(t) = \dfrac{\text{그 기간의 고장 수}}{\text{그 기간의 동작 시간 합계}}$로 표현한다.

$R(t), f(t), \lambda(t)$의 관계는 [그림 2-21]과 같이 3가지 형으로 분류된다.

또한, $\lambda(t)$는 $R(t)$ 혹은 $F(t) = 1 - R(t)$가 관측되고 있다면

$R(t) = e \times \left\{ \int_0^t \lambda(t) dt \right\}$에서 $\lambda(t)$가 시간적으로 일정하게 되는 경우에는 $\lambda(t) = \lambda$이므로 $R(t) = e^{-\lambda t} = e^{-t/\theta}$가 된다.

이때 θ는 평균 고장 간격인 MTBF, 또는 고장까지의 평균 시간인 MTTF이다. θ의 역수가 고장률로서 $\lambda = 1/\theta$이 되며 $t = \theta$로 된 지점에서 신뢰도는 36.8% 떨어지는 특징이 있다.

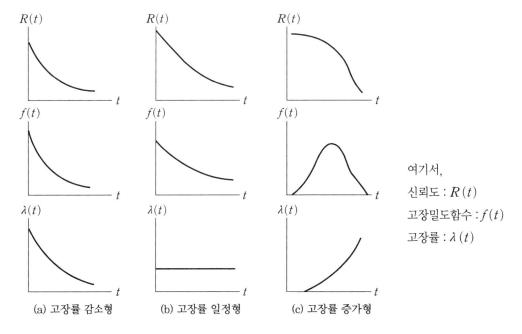

여기서,
신뢰도 : $R(t)$
고장밀도함수 : $f(t)$
고장률 : $\lambda(t)$

(a) 고장률 감소형   (b) 고장률 일정형   (c) 고장률 증가형

[그림 2 - 21] 세 가지 고장 시간의 기본형

[예제 1] 고장률 λ가 일정하여 0.0001이고 장치의 신뢰도 $R(t)$를 알고자 하는 임의의 기간 $t=100$시간이라면 신뢰도는 몇 %인가?

[풀이] $R(t)=e^{-\lambda t}=e^{-0.0001\times100}=e^{-0.01}=0.990049$이므로 신뢰도 $R(t)$는 99.0%이다.

[예제 2] [예제 1]에서 $t=10,000$시간일 때의 신뢰도는 몇 %인가?

[풀이] $R(t)=e^{-\lambda t}=e^{-0.0001\times10,000}=e^{-1}=0.367879$이므로 신뢰도 $R(t)$는 36.79%가 되며, 따라서 임의의 기간이 커짐에 따라 신뢰도는 낮아짐을 알 수 있다.

3-4 보전성과 유용성

(1) 보전성

보전성(保全性 : maintainability)이란 보전에 대한 용이성(容易性)을 나타내는 성질로 양적으로 표현할 때 보전도라고 한다. 즉, '규정된 조건에서 보전이 실시될 때 규정시간 내에 보전이 종료되는 확률'이다. 이것을 정량적으로 표시하면 보전 횟수, 보전 시간과 작업자 시간, 보전 비용, 보전 품질 등으로 표시할 수 있으며 설계와 제작에 대한 특성으로 다음의 확률로 나타낼 수 있다.

① 보전이 규정된 절차와 주어진 재료 등의 자원을 가지고 실행될 때 어떤 부품이나 시스템이 주어진 시간 내에서 지정된 상태를 유지 또는 회복할 수 있는 확률

② 설비가 적정 기술을 가지고 있는 사람에 의해 규정된 절차에 의해 운전되고 있을 때 보전이 주어진 기간 내에 주어진 횟수 이상으로 요구되지 않을 확률

③ 설비가 규정된 절차에 따라 운전 및 보전될 때 설비에 대한 보전 비용이 주어진 기간 동안 어느 비용 이상 비싸지지 않을 확률

④ 보전이 규정된 절차와 주어진 재료 등의 자원을 가지고 실행될 때 어떤 부품이나 시스템으로부터 생산된 생산량이 어느 불량률 이상 되지 않는 확률

⑤ 설비가 규정된 절차에 따라 운전 및 보전될 때 부품이나 설비의 운전 상태가 어느 성능 이하로 떨어지지 않을 확률

⑥ 설비가 규정된 절차에 따라 주어진 조건에서 운전 및 보전될 때 부품이나 설비의 운전 상태가 주어진 안전 사고 수준 이상으로 되지 않을 확률

⑦ 설비가 규정된 절차에 따라 주어진 조건에서 운전 및 보전될 때 부품이나 설비의 운전 상태가 공장 내외의 일정한 환경 오염 이상으로 배출되지 않을 확률

만약, 보전도 $M(t)$가 지수 분포에 따른다면,

$$M(t)=1-e^{-\mu t}$$

여기서, μ : 수리율(신뢰도에서의 고장률 λ에 대응하는 값)

$\quad\quad t$: 시간(보전 작업)

$\quad\quad 1/\mu$: 평균 수리 시간(MTTR : mean time to repair)

〈표 2-7〉은 어떤 장치의 고장 수리에 소요된 시간의 24개 자료에 대한 보전도를 계산한 표이다.

〈표 2 – 7〉 보전도의 계산표

(t의 단위 : 시간)

No.	t	$M(t)(\%)$	No.	t	$M(t)(\%)$	No.	t	$M(t)(\%)$
1	0.05	4	9	0.50	36	17	2.00	68
2	0.10	8	10	0.60	40	18	2.80	72
3	0.15	12	11	0.70	44	19	3.20	76
4	0.17	16	12	1.00	48	20	3.50	80
5	0.25	20	13	1.20	52	21	4.30	84
6	0.30	24	14	1.40	56	22	5.40	88
7	0.34	28	15	1.50	60	23	6.60	92
8	0.40	32	16	1.70	64	24	8.50	96

(2) 유용성

유용성(有用性 : availability)이란 신뢰도와 보전도를 종합한 평가 척도로서 '어느 특정 순간에 기능을 유지하고 있는 확률'이라고 앞에서 정의하였다.

설비 유효 가동률은 시간 가동률에 속도 가동률을 곱한 것이며 시간 가동률은 유용성 A로 정미(正味) 가동 시간 U를 부하 시간($U+D$)으로 나눈 값, 또 시스템의 임의 시간 t에 가동 상태에 있을 확률 $A(t)$로도 유용성을 정의할 수 있다.

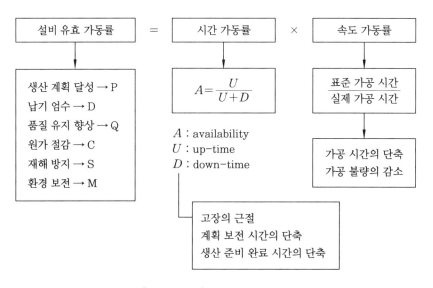

[그림 2 – 22] 설비 유효 가동률

시스템이 정상 상태(steady state)에 있을 경우 정상 상태의 유용성 ASS는

$$ASS = \frac{E(U)}{E(U) + E(D)}$$

$$ASS = \frac{MTBF}{MTBF + MTTR}$$

여기서, E(U) : mean up-time
E(D) : mean down-time

과 같다.

즉 유용성을 최대로 유지하려면 분모를 최소로 해야 하며 그 방법은 고장률을 줄이거나 고정 시간(수리 시간)을 감소시켜야 한다. 예를 들면 고장률이 매우 클 때는 수리 시간을 0으로 하고, 반대로 수리 시간이 무한대라면 고장률을 0으로 하면 된다.

보전도 측정 요소인 보전 시간을 측정하기 위해서는 설비에 관련된 시간 구분과 이들에 대한 정의가 필요하다. 이 시간은 크게 설비가 가동되는 가동 시간(up-time)과 정지 상태의 비가동 시간(down-time)이 있다. 이 비가동 시간이 설비 관리의 주요 관리 대상이며, 보전 시간도 여기에 포함된다.

① 캘린더 시간 : 공휴일을 포함한 1년 365일
② 조업(操業) 시간 : 잔업을 포함한 실제 가동 시간
③ 부하 시간 : 정미 가동 시간에 정지 시간을 부가한 시간(단위 운전 시간)
④ 무부하 시간 : 기계가 정지하고 있는 시간
⑤ 정지 시간 : 준비 시간, 대기 시간, 설비 수리 시간, 불량 수정 시간 등
⑥ 기타 시간 : 조업 시간 내에 전기, 압축기 등이 정지하여 작업 불능 시간이나 조회, 건강 진단 등의 시간
⑦ 정미 가동 시간 : 기계를 가동하여 직접 생산하는 시간

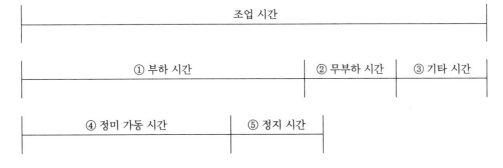

[그림 2 - 23] 조업 시간의 구성

설비 보전에서 효과 측정을 위한 척도로 널리 사용되는 지수는 다음과 같다.

① 설비 가동률 = $\dfrac{\text{정비 가동 시간}}{\text{부하 시간}} \times 100$ ···················· (유용성)

② 고장 도수율 = $\dfrac{\text{고장 횟수}}{\text{부하 시간}} \times 100$ ···················· (신뢰성)

③ 고장 강도율 = $\dfrac{\text{고장 정지 시간}}{\text{부하 시간}} \times 100$ ···················· (보전성)

④ 제품 단위당 보전비 = $\dfrac{\text{보전비 총액}}{\text{생산량}}$ ···················· (경제성)

3-5 신뢰성과 보전성의 설계

(1) 시스템 설계의 개요

기술 혁신에 의한 자동화, 대형화 또는 초소형화는 개개의 유닛이라기보다는 유닛을 조합시킨 시스템 공학적인 접근에 의해서 기기의 신뢰성은 설계 단계에서 거의 결정된다. 이에 따라 시스템 설계의 중요성이 재인식되었다.

제1장에서 설명한 것과 같이 시스템을 구성하는 기본 요소는 투입, 산출, 처리 기구, 관리, 피드백의 5가지로 나타낼 수 있으며, 이를 공장 시스템에 적용시켜 보면 [그림 2-24]와 같다.

① 투입 : 노력, 재료, 자금 등
② 산출 : 제품, 이익 등
③ 처리 기구 : 공장
④ 관리 : 운영에 관한 방침, 조직, 계획
⑤ 피드백 : 판매와 제품 사용의 효과 등이다.

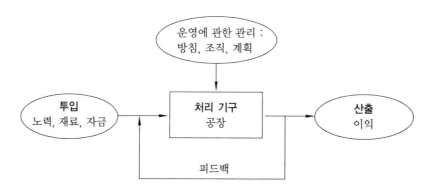

[그림 2 - 24] 공장 시스템의 구성

(2) 신뢰성 설계 시 고려 사항

〈표 2 – 8〉 신뢰성 설계 시 고려 사항

항 목	요 목
1. 스트레스에 대한 고려	(1) 환경 스트레스 온도, 습도, 압력, 외부 온도, 화학적 분위기, 방사능, 진동, 충격, 가속도 (2) 동작 스트레스 전압, 전류, 주파수, 자기 발열, 마찰, 진동
2. 통계적 여유	사용 부품의 규격에 대해서 충분한 여유가 있는 사용 조건
3. 부하의 경감	
4. 과잉도	기기나 부품을 여분으로 둔다.
5. 안전에 대한 고려	안전계수, 안전율
6. 신뢰도의 배분	서브 시스템에 대한 신뢰도의 배분
7. 결합의 신뢰도	결합 부분 : 나사 체결, 용접, 플러그와 잭, 납땜, 와이어로프, 압착 단자
8. 인간 요소	(1) 사용상의 오조작 문제 • 페일 세이프(fail safe) : 고장이 일어나면 안전측에 표시하는 설계 • 풀 프루프(fool proof) : 오조작하면 작동되지 않는 설계 (2) 인간 공학
9. 보전에 대한 고려	
10. 경제성	라이프 사이클 코스팅(life cycle costing) 설계, 제작, 운전, 안전의 총 비용을 최소로 하는 설계

(3) 보전성 설계의 결정 요소

설비의 라이프 사이클에서 설비나 시스템의 특성이 결정되는 것은 설계 단계이다. 이 설계 과정은 그 종류에 따라 차이가 있으나 대체로 〈표 2-9〉와 같이 각 설계 과정에서 포함되는 운전 요소와 보전 요소를 개념 설계, 예비 설계, 상세 설계로 나눈다.

〈표 2 - 9〉 설계에 포함된 운전 및 보전 분야

구 분	운전 요소	보전 요소
개념 설계	• 타당성 조사, 운전 요건 결정 • 설비, 시스템 및 제품 계획 • 운전 환경 조사	• 보전성 요건의 정성적 규명 • 보전도의 정량적 규명 • 보전 개념
예비 설계	• 기능 분석 및 기능 요건 할당 • 절충 연구 및 최적화, 요건 통합 • 시스템 설계, 설계 검토 및 평가	• 보전도 할당, 보전도 분석 • 모형 연구, 고장 원인 분석 • 고장 예측, 보전도 자료 계획 • 자원 검토 및 관리, 보전도 계획 및 검토
상세 설계	• 하부 시스템 및 설비 상세 설계, 시스템 모형 개발, 모형 실험	• 보전도 분석 및 모형 결정 • 고장 원인 및 유형 분석 • 고장 예측, 보전도 자료 수집과 분석 • 부품 공급 및 지원자 검토 및 관리 • 보전도 예시 및 보전도 계획의 설계 심사

보전성 설계의 결정 요소는 [그림 2-25]와 같다.

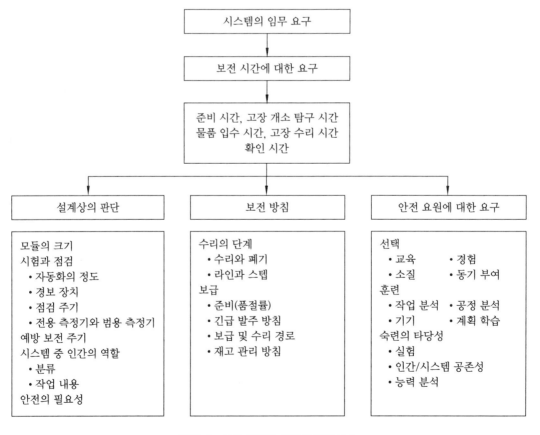

[그림 2 - 25] 보전성 설계의 결정 요소

3-6 설비 보전을 위한 설비의 신뢰성과 보전성

(1) 설비의 신뢰성

설비의 신뢰성은 고유의 신뢰성과 사용의 신뢰성으로 구분된다.

〈표 2 - 10〉 설비의 신뢰성

구 분	내 용	비율(%)
고유의 신뢰성	부품 재료의 성질 상태	30
	설계 기술(보전성 설계 포함)	40
	제조 기술(제조 방식, 작업자의 기능 등)	10
사용의 신뢰성	사용 조건, 환경의 적합성 여부	20
	조업 기술(작업 표준, 작업자의 기능 등)	
	보전 기술(보전 방식, 작업자의 기능 등)	

(2) 설비의 고장률과 열화 패턴

기계 장치의 라이프 사이클과 인간의 신체는 유사한 관계가 있다. [그림 2-26]과 같이 인간의 사망률을 보면, 유아기에는 저항력이 적어 사망률이 높아지며, 성장함에 따라 사망률이 감소하여 청소년기에는 사망률이 낮고 안정되어 있으나 노년기에 들어가면 혈관, 심장 등에 본질적인 노화 현상이 나타나기 시작하여 사망률이 급상승하게 된다. 이 곡선을 서양 욕조 곡선, 즉 배스터브 (bath tub) 곡선이라 부른다.

예방 보전에 의한 사전 교체를 하지 않으면 [그림 2-26]과 같이 인간의 사망률과 유사한 곡선 이 나타난다. 처음에는 고장률이 높은 초기 고장기, 안정되어 고장률이 거의 일정하게 되는 우발 고장기, 구성 부품의 마모·열화에 의하여 고장률이 상승하는 마모 고장기의 3단계로 나타난다.

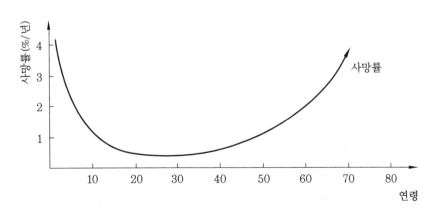

[그림 2 - 26] 연령별 사망률 곡선

① 초기 고장기

　시간의 경과와 함께 고장 발생이 감소되는 고장률 감소형으로, 결함을 가지고 있는 것은 고장을 일으키며, 비교적 높은 신뢰성을 가진 것만 남는다.

　부품의 수명이 짧은 것, 설계 불량, 제작 불량에 의한 약점 등이 이 기간에 나타난다. 이 초기 고장기에는 예방 보전이 필요 없으며, 보전요원은 설비를 점검하고 불량 개소를 발견하면 이를 보전하며 불량 부품은 그때마다 교체한다.

② 우발 고장기

　이 기간은 고장 발생 패턴이 우발적이므로 예측할 수 없는 고장률 일정형으로, 많은 구성 부품으로 이루어진 설비에서 볼 수 있는 형식이다. 이 고장기를 유효 수명이라고 한다. 이 기간 동안에는 고장으로 인한 설비 정지 시간을 감소시키는 것이 가장 중요하므로 설비 보전요원의 고장 개소 감지 능력을 향상시키기 위한 교육 훈련과 고장률을 저하시키기 위해서 개선·개량이 절대 필요하며, 예비품 관리가 중요하다.

③ 마모 고장기

　이 기간은 설비를 구성하고 있는 부품의 마모나 열화에 의하여 고장이 증가하는 고장률 증가형으로, 사전에 열화 상태를 파악하고 청소, 급유, 조정 등 일상 점검을 잘 해두면 열화 속도는 현저히 늦어지고 부품의 수명은 길어진다. 또한, 미리 어느 시간에서 마모가 시작되는가를 예지하여 사전에 교체하면 고장률을 낮출 수 있다.

　예방 보전의 효과는 마모 고장기에서 가장 높으며, 초기 고장기나 우발 고장기에서는 큰 효과가 없다.

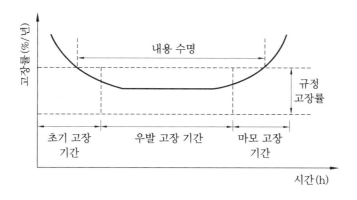

[그림 2 – 27] 설비의 고장률 곡선

(3) 신뢰성 향상을 위한 설비 연구

　신뢰성 향상을 위한 대책은 제품 품질의 변동을 설비 열화와 관련하여 분석하는 MQ 분석(machine quality analysis)과 물리적 정지형 고장으로 인한 성능 저하를 분석하는 MTBF 분석(mean time between failures analysis)에 의해 행해진다.

① MQ 분석

제품 불량률의 실적 통계를 조사하고, 가공 제품의 품질상의 항목을 명백히 하여 그 불량품이 어느 공정의 설비 조건, 가공 조건에 관계하는가 등을 분석하고 설비를 개선하거나 일상 보전 방식을 표준화하는 것이다.

② MTBF 분석

과거 2년 정도의 설비별 발생 보전 작업 현황을 조사하고, 설비 정지에 크게 영향을 준 것을 절감 연구의 대상으로 하여 설비 개량이나 일상 보전 방식의 재검토를 통해 각 작업자의 행동 기준을 표준화하는 것이다. 일상 점검 기준, 조정·청소 기준, 윤활 기준, 분해 보전 기준 등이 여기에 해당된다.

③ 신뢰성 향상의 착안점과 대책

(개) 착안점

㉮ 초기 고장, 우발 고장, 마모 고장의 구분

㉯ 기능 정지형 고장, 기능 열화형 고장, 품질 열화형 고장의 구분

㉰ 열화 방지 활동 – 일상 보전(점검, 주유, 조정, 청소)

㉱ 열화 측정 활동(예지 기술) – 설비 점검(불량 점검, 경향 점검)

㉲ 열화 회복 활동 – 수리(예방 수리, 돌발 수리, 사후 수리)

(내) 대책

㉮ 점검·검사 기준의 설정 개정(점검 부위, 개소, 항목, 주기)

㉯ 윤활 관리, 급유 기준의 설비 개정(주기, 기름의 열화)

㉰ 초기 조정, 청소의 철저 – 표준화

㉱ 예비품 관리 기준의 설정 개정(발주점, 발주량)

㉲ 예지 기술의 향상

(ㄱ) 오감에 의한 외관 점검 – 측정기(정량화)

(ㄴ) 분해 검사 기준(열화 측정)

㉳ 부품 수명의 연장화

㉴ 개량 보전, 예방 보전의 철저

3-7 고장 분석과 대책

(1) 결함의 종류

① **치명 결함**(critical fault) : 인체 손상, 물적 손상 또는 받아들일 수 없는 결과를 초래할 것으로 평가되는 결함

② **비치명 결함**(non–critical fault) : 인체 손상, 물적 손상 또는 받아들일 수 없는 결과를 초래하지 않을 것으로 평가되는 결함

③ **중결함**(major fault) : 중요하다고 여겨지는 기능에 영향을 주는 결함

④ 경결함(minor fault) : 중요하다고 여겨지는 어떤 기능에도 영향을 주지 않는 결함

⑤ 오용 결함(misuse fault) : 사용 중 시스템의 규정된 능력을 초과하는 스트레스에 의한 결함

⑥ 취급 부주의 결함(mishandling fault) : 시스템의 부적절한 취급 또는 부주의에 의한 결함

⑦ 취약 결함(weakness fault) : 시스템이 규정된 성능 이내의 스트레스에 있더라도 시스템 내의 취약점에 의한 결함

⑧ 설계 결함(design fault) : 시스템의 부적절한 설계에 의한 결함

⑨ 제조 결함(manufacturing fault) : 제조 과정에서 시스템의 설계 또는 제조 공정과의 불일치에 의한 결함

⑩ 노화 결함(aging fault), 마모 결함(wear out fault) : 시스템의 고유 고장 메커니즘의 결과로 발생 확률이 시간에 따라 증가하는 결함

⑪ 프로그램 민감 결함(program-sensitive fault) : 어떤 제어 명령들을 특정한 순서로 수행한 결과로 나타나는 결함

⑫ 완전 결함(complete fault), 기능 방해 결함(function preventing fault) : 시스템의 모든 요구 기능을 완전히 수행할 수 없게 하는 결함

⑬ 부분 결함(partial fault) : 시스템의 요구 기능 중 일부 기능을 수행할 수 없게 하는 결함

⑭ 지속 결함(persistent fault) : 개량 보전이 수행될 때까지 지속되는 시스템의 결함

⑮ 간헐 결함(intermittent fault) : 보전 없이 시스템이 요구 기능을 수행하는 능력을 회복한 후 제한된 기간 동안 지속되는 시스템의 결함

⑯ 확정 결함(determinate fault) : 어떤 작용에 대해 어떤 반응을 하는 시스템에서 모든 작용에 대해 같은 반응을 나타내는 결함

⑰ 불확정 결함(indeterminate fault) : 어떤 작용에 대해 어떤 반응을 하는 시스템에서 반응에 영향을 주는 오차가 적용된 작용에 의존하는 결함

⑱ 데이터 민감 결함(data-sensitive fault) : 특정한 데이터를 처리한 결과로 나타나는 결함

⑲ 잠재 결함(latent fault) : 존재하지만 인식되지 않은 결함

(2) 고장의 유형

① 손상(damage) : 한 부품이 신품 상태에 비하여 형질 변경의 축적이 관찰되는 경우로 이 부품은 사용 가능한 상태이다.

② 파손(fracture) : 금이나 흠이 시작된 상태로 절단이 한 예이다.

③ 절단(break) : 파손의 일종으로 두 개 또는 그 이상의 조각으로 분리되는 형상이다. 전선의 단선 등으로 더 이상 사용이 불가능한 상태이다.

④ 파열(rupture) : 깨져 갈라진 상태로 특별한 상태의 절단을 의미한다. 온도에 예민한 자재가 늘어난 결과 발생되는 것도 파열이다.

⑤ 조립 및 설치 결함 : 설비 등의 운송 과정에서 떨어뜨림, 충돌, 밀치기 등에 의한 설비 내외적 변형, 조립 또는 설치할 때 기준을 무시하거나 무리한 작업 및 설계 오류에 의한 것

⑥ 설계 외적 또는 부적절한 서비스 상태 : 설비 사용 환경의 변화. 사용 한계 이상의 설비 운전, 기준 사이클 이상의 운전, 설계 기준 이상의 품질 요구 등에 의한 것

⑦ 자타에 의한 불충분한 보전 : 보전 매뉴얼의 지시를 따르지 않은 보전 또는 보전 매뉴얼 부재, 보전 요원의 능력 부족 또는 과로 등이 원인

⑧ 부적절한 운전 : 설비 운전자의 실수 또는 운전 미숙

(3) 고장의 종류

① 파국적 고장(catastrophic failure) : 시스템의 기능이 완전히 정지하는 고장으로 설비나 구조물이 외부의 강한 충격으로 파손되는 경우나 리모컨 또는 휴대전화를 물속에 떨어뜨려 파손되는 경우의 고장

② 열화 고장(degradation failure) : 기능형 고장으로 시스템의 성능이 시간에 따라 저하되어 발생하는 고장으로 자동차의 브레이크 라이닝 마모 등 기계 부품의 마모 현상 등의 고장

③ 노화 고장(ageing failure) 및 마모 고장(wear out failure) : 시스템의 고유 고장 메커니즘들의 결과로 발생 확률이 시간에 따라 증가하는 고장

④ 취급 부주의 고장(mishandling failure) : 시스템의 부적절한 취급 또는 부주의에 의해 발생되는 고장

⑤ 오용 고장(misuse failure) : 시스템의 규정된 성능을 초과하는 스트레스에 의한 고장으로 잘못 사용하여 발생하는 고장

⑥ 취약 고장(weakness failure) : 시스템의 규정된 성능 이내의 스트레스라도 시스템 자체의 취약점에 의한 고장

⑦ 설계 고장(design failure) : 시스템의 부적절한 설계에 의한 고장

⑧ 제조 고장(manufacturing failure) : 시스템의 설계와 제조 공정과의 불일치에 의한 고장

⑨ 돌발 고장(sudden failure) : 시운전이나 모니터링에 의해 예견될 수 없는 고장

⑩ 점진 고장(gradual failure) : 시스템의 주어진 특성이 시간에 따른 점진적인 변화에 의해 발생하는 고장

⑪ 연관 고장(relevant failure) : 시험 또는 운영 결과를 해석하거나 신뢰성 척도를 계산하는 데 포함되는 고장

⑫ 비연관 고장(non-relevant failure) : 시험 또는 운영 결과를 해석하거나 신뢰성 척도를 계산하는 데 제외되는 고장

⑬ 1차 고장(primary failure) : 다른 시스템의 고장 또는 결함에 의해 직접 또는 간접적으로 야기되지 않는 시스템의 고장

⑭ 2차 고장(secondary failure) : 다른 시스템의 고장 또는 결함에 의해 직접 또는 간접적으로 야기되는 시스템의 고장

⑮ 부분 고장(partial failure) : 요구 기능 중 일부 기능을 수행할 수 없게 하는 고장

⑯ 완전 고장(complete failure) : 모든 요구 기능을 완전히 수행할 수 없게 하는 고장

⑰ **공통 원인 고장(common cause failure)** : 어떤 하나의 원인으로부터 발생한 여러 시스템의 고장

⑱ **공통 유형 고장(common mode failure)** : 고장 유형이 동일한 시스템의 고장

⑲ **간헐 고장(intermittent failure)** : 매우 짧은 기간 동안 일부 기능이 상실되는 고장으로 즉시 완전한 작동 상태로 복구된다.

⑳ **지속 고장(persistent failure)** : 일부 부품을 수리하거나 교체할 때까지 계속되는 고장

(4) 고장 분석의 필요성

설비 관리의 궁극적인 목적은 최소의 보전 비용으로 최대의 설비 효율을 얻는 것이므로 이를 위해서는 다음의 3가지 항목을 목표로 계획·진행한다.

① **신뢰성의 향상** : 설비의 고장을 없게 한다.

② **보전성의 향상** : 고장에 의한 휴지 시간을 단축한다.

③ **경제성의 향상** : 가능한 한 비용을 절감한다.

이 신뢰성, 보전성, 경제성을 향상하는 수단에 대해서는 〈표 2-11〉과 같이 정리할 수 있다.

〈표 2 - 11〉 신뢰성, 보전성, 경제성의 향상 방법

구분	설비 계획 시	설비 사용 중	고장 원인 분석 후
신뢰성 향 상	고장 없고, 운전실수없이, 열화 방지 시험·검사의 이행 } 설비의 선택	운전 조작 실수 배제 열화를 } 윤활 막는 } 청소 일상 보전 } 조정	설비의 열화를 적게 하고 수명을 늘리게 하기 위한 설비 자체의 체질 개선
보전성 향 상	편하게 좋게 빨리 쉽게 } 보전할 수 있는 설비의 선택	예방 보전, 검사 계획 공사, 계획 공사, 수리·보전의 작업 방법, 기기·재료의 선택	일상 보전, 검사·수리가 용이하게끔 설비 자체의 체질 검사
경제성 향 상			
	⇩ MP 보전 예방	⇩ PM 예방 보전	⇩ CM 개량 보전

(5) 고장 분석의 순서와 방법

고장을 분석하는 방법에는 ① 상황 분석법, ② 특성 요인 분석법, ③ 행동 개발법, ④ 의사 결정법, ⑤ 변화 기획법이 있다.

① 데이터의 수집

고장 분석을 하려면 우선 데이터를 수집해야 한다. 데이터는 보전 일지, 기기 대장(장비 및 기기의 이력 기재), 고장 보고서 등이다. 그러나 이 데이터만으로는 고장 분석을 즉시 할 수가 없다. 예를 들면 고장 난 곳이 불확실하거나, 부품 교환이 언제, 몇 시간 가동하였는가 등이 명확하지 않은 경우이다. 그러므로 보전 분석에 필요한 모든 고장에 대해서 언제든지 상세한 데이터를 작성하는 것은 어렵고 노력과 시간이 필요하므로 유효한 방법은 먼저 개선할 중점 순서를 결정하기 위해 기계별, 제조 회사별, 개소별, 모드(mode)와 메커니즘 등에 대해 분류를 한다.

이 경우 파레토(paretto)도를 그려서 정리하면 알기 쉽다. 또, 보전요원은 일상 작업을 통해서 고장의 상황이나 개선할 중점 순위에 대한 데이터를 알고 있으므로 직접 이야기를 듣고 수집하는 것도 좋다. 이것을 기본으로 하여 발생 빈도, 개선 가능성과 효과 목표치를 고려하여 개선할 중점 순위를 결정한다.

② 기초적인 분석

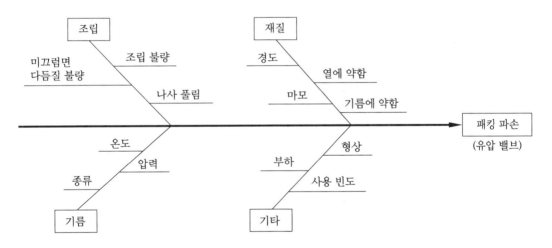

[그림 2 – 28] 특성 요인도의 일례

데이터 수집을 통한 중점 순위에서 개선 대상 설비가 결정되면 기초적인 분석을 행한다. 이 경우 보전 일지, 기기 대장, 고장 보고서 등에 기입되어 있는 데이터, 보전요원의 정보를 기초로 하여 대상의 기구, 구성 요소에서 생각되는 모드와 고장의 메커니즘을 검토한다.

③ 조사 항목

기초적 분석을 기본으로 채택할 고장 모드, 메커니즘 등 조사 데이터의 항목을 결정한다. 발생 빈도가 많은 것에 대해서는 상세히 기록하고, 2개 이상의 스트레스가 동시에 또는 상호 가해지는 경우도 고려한다. 또, 기타 필요한 항목은 발생 장소, 일시, 담당자명, 처치 내용, 보전 시간과 손실, 처리 공수, 사용 부품명과 수량 등이 있다. 이와 같은 항목을 조사표에 1건당 1장을 원칙으로 기록한다.

④ 데이터의 축적

조사표에 의해 상세한 데이터를 축적할 때 보전 및 조업 담당자에게 데이터 축적의 목적을 이해·납득시켜 두어야 한다. 당장은 종래의 작업 이외에 데이터 기입이라는 여분의 작업이 추가되었다고 여겨져 조잡한 기입을 하게 되어 데이터가 유용하게 활용되지 않으며, 해석이 어렵게 된다.

올바른 데이터 기록 작업이 추가되어 현재 작업량보다 증가하지만 이것을 기본으로 고장 분석이 행하여지면 문제점이 개선되는 것에 의해 고장건수가 감소되며, 더욱 편안한 작업이 진행된다는 것을 이해시키고, 또 반드시 개선의 효과를 올려 신뢰를 얻을 수 있도록 노력해야 한다.

⑤ 고장의 분석

축적된 데이터를 기본으로 고장 분석을 하고 고장의 원인이 되는 모드와 메커니즘을 발견하는 것이지만 파레토도, 특성 요인도, 상관 등 품질 관리 수법이 가끔 응용된다. 그러나 이와 같은 메커니즘은 항상 정확하다고 볼 수 없으므로 동일 기종 또는 유사한 것으로서 고장 건수, 고장 모드에 특징이 있는 기기를 중점으로 분석한다. 또한, 모델을 만들어 실험하거나 제조 회사나 유사 사업장의 의견이나 경험을 확인해 보면 빠를 경우가 있다.

⑥ 대책

고장 분석 결과에서 고장의 빈도가 높은 고장의 메커니즘에 착수해서 이것을 배제, 중단하는 방법을 검토한다. 이 검토의 방향으로서 다음의 것이 있다.

㈎ 강도, 내력을 향상 – 재질, 방법의 변경

㈏ 응력(stress) 분산 – 완충, 축경이 변하는 코너 또는 모서리의 R 부분

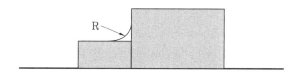

㈐ 안전율을 향상

㈑ 환경 개선 – 온도, 습도

㈒ 공구, 치구의 개선

㈓ 작업 방법, 조건의 개선

㈔ 예측 – 고장에 상관성이 높은 항목을 골라서 일정치가 넘으면 경보가 울리도록 한다.

㈕ 검사 주기, 방법의 개선 등이 있다.

4. 설비의 경제성 평가

4-1 경제성 평가의 필요성

설비 투자를 결정할 때에는 그 투자에 의한 이익의 대소, 비용 절감, 손익 분배점, 유리한 투자안, 그리고 자본 회수 기간 등의 정량적인 계산에 의한 경제성 평가가 필요하다.

또한, 투자 결정에서 야기되는 기본 문제에는 다음 사항을 고려해야 한다.

① 미래의 불확실한 현금 수익을 비교적 명백한 현금 지출과 관련시켜 평가한다.

② 자금의 시간적 가치는 현재의 자금이 미래 자금보다 가치가 높아야 한다.

③ 투자의 경제적 분석에 있어서 미래의 기대액은 그 금액과 상응되는 현재의 가치로 환산되어야 한다.

4-2 설비의 경제성 평가 방법

(1) 비용 비교법

비용 비교법은 기계 설비의 1년당 자본 비용과 가동비의 합, 즉 연간 비용을 평가 척도로 하여 이의 대소에 의하여 설비 투자 정책을 결정하는 방법이다. 즉 연간 비용이 적을수록 유리한 설비 투자율로 평가한다. 이 방법은 비용을 중요시하며 기계 설비에 의하여 얻는 수익면을 고려하지 않는 특징이 있다. 따라서 이 방법의 대상은 수익 수준에 큰 차이가 없는 조건을 가지는 설비 교체에 사용되며, 공정 중의 소형 기계 또는 주요 설비에 부수된 부대 설비 등이 대상물이다. 이 방법에는 연평균 비교법, 평균 이자법이 있다.

① 연평균 비교법

설비의 내구 사용 기간 사이의 자본 비용과 가동비의 합을 현재 가치로 환산하여 내구 사용 기간 중의 연평균 비용을 비교하여 대체안을 결정하는 방법으로, 연평균 비용 산출은 [그림 2-29]와 같다.

[그림 2-29]에서 C : 투자액, n : 견적 내구 사용 년수, s : n년 말의 견적 잔존 가격, E_n : n년의 가동비, i : 이율이라고 할 때 연평균 비용의 비교 순서는 다음과 같다.

〈순서 1〉 내구 사용 기간을 통하여 현가로 환산한 총 자본 비용을 산출한다.

• 현재가로 환산한 견적 잔존 가격 $=\dfrac{s}{(1+i)^n}$

• 총 자본 비용은 투자액과 현재가의 견적 잔존 가격의 차(위의 그림 ①에 해당)

총 자본 비용 $=C-\dfrac{s}{(1+i)^n}$

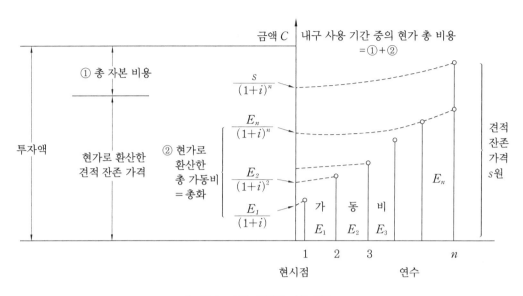

[그림 2 - 29] 연평균 비용 산출

〈순서 2〉 내구 사용 기간을 통하여 가동비의 현재 가치의 총합을 계산한다.

- 총 가동비 $= \dfrac{E_1}{(1+i)} + \dfrac{E_2}{(1+i)^2} + \dfrac{E_3}{(1+i)^3} + \cdots + \dfrac{E_n}{(1+i)^n}$ (위 그림 ②에 해당)

〈순서 3〉 내구 사용 기간을 통하여 현재가로 환산한 총 비용을 구한다. 즉, ①과 ②의 합

- 총 비용 $= \left\{ C - s\dfrac{1}{(1+i)^n} \right\} + \left\{ \dfrac{E_1}{(1+i)} + \dfrac{E_2}{(1+i)^2} + \dfrac{E_3}{(1+i)^3} + \cdots + \dfrac{E_n}{(1+i)^n} \right\}$

〈순서 4〉 총 비용에 자본 회수 계수를 곱하여 연평균 비용 U를 구한다.

- $U = \left[\left\{ C - s\dfrac{1}{(1+i)^n} \right\} + \left\{ \dfrac{E_1}{(1+i)} + \dfrac{E_2}{(1+i)^2} + \dfrac{E_3}{(1+i)^3} + \cdots + \dfrac{E_n}{(1+i)^n} \right\} \right]$

  $\left\{ \dfrac{i}{1 - (1+i)^n} \right\}$

[예제 1] 다음 조건일 때 A · B 설비 중 어느 것을 채택하는 것이 유리한가? (단, 이율이 0.1일 때의 자본 회수 계수의 값은 10년에서 0.163, 8년에서 0.187이다.)

구 분	A 설비	B 설비
설비 구입 가격	50만원	37.5만원
견적 내구 사용 년수	10년	8년
견적 잔존 가격	2만원	1만원
매년의 가동비	15만원	17만원

[풀이]　A 설비의 연평균 비용 U_A는　$U_A = (50-2) \times 0.163 + 2 \times 0.1 + 15 = 23.024$만원

B 설비의 연평균 비용　$U_B = (37.5-1) \times 0.187 + 1 \times 0.1 + 15 = 21.9255$만원

∴ $U_A > U_B$이므로 B 설비를 채택하는 것이 유리하다.

② 평균 이자법

연간 비용으로 정액제에 의한 상각비와 평균 이자 및 가동비를 합한 방법으로 회계상의 수속과 쉽게 대응되고, 사고방식이 쉽다는 특징이 있다.

연간 비용 = 상각비 + 평균 이자 + 가동비

평균 이자법의 산출은 [그림 2-30]과 같고 순서는 다음과 같다.

〈순서 1〉 평균 이자의 산출

• 처음 해의 투자액에 대한 이자 : C_i

• n년 말의 투자액에 대한 이자 : $\left(\dfrac{C-s}{n} + s\right) i$

• 평균 이자 : $(C-s)\left(\dfrac{n+1}{n}\right) \cdot \dfrac{i}{2} + si$

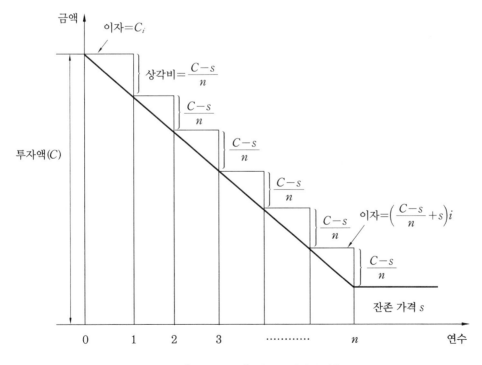

[그림 2 - 30] 평균 이자법의 산출

〈순서 2〉 정액 상각비의 산출

  • C원을 투자하여 n년 후의 잔존 가격이 s원일 때 정액 상각비 : $\dfrac{C-s}{n}$

〈순서 3〉 내구 사용 기간을 통한 평균 가동비의 산출

  • 평균 가동비 $E = \dfrac{E_1 + E_2 + E_3 + \cdots + E_n}{n}$

〈순서 4〉 연간 비용의 산출

  • 연간 비용 = 평균 이자 + 정액 상각비 + 연평균 가동비 = $(C-s)\left(\dfrac{n+1}{n}\right)\dfrac{i}{2} + Si + \dfrac{C-s}{n} + E$

[**예제 2**] [예제 1]과 같은 조건 하에서 평균 이자법에 의하여 A, B 양 설비 중 어느 설비가 경제적으로 유리한가?

[**풀이**]

A 설비의 연간 비용 $U_A = (50-2) \times \left(\dfrac{10+1}{10}\right) \cdot \dfrac{0.1}{2} + 2 \times 0.1 + \dfrac{50-2}{10} + 15 = 22.64$만원

B 설비의 연간 비용 $U_B = (37.5-1) \times \left(\dfrac{8+1}{8}\right) \cdot \dfrac{0.1}{2} + 1 \times 0.1 + \dfrac{37.5-1}{8} + 15 = 21.715625$만원

∴ $U_A > U_B$이므로 B 설비가 유리하다.

(2) 자본 회수법

  C인 설비를 투자하고, 이를 n년 간 s씩 균등하게 회수하는 투자 계획이 있다. 이때 투자 계획에 의하여 얻을 수 있는 연평균 이윤(수입 − 지출)이 회수 금액보다 크면 이 투자 계획은 채택될 것이다. 이때 회수 금액 S를 투자 자본에 의한 이윤이라고 보면 S로서 상각비의 이익을 취해야 한다.

  자본 회수 기간 n은 세법상의 내구 사용 연수와는 다르나, 경제 계산에 사용되는 자본 회수 기간 n은 투자 자본을 회수하는 기간이다. 자본 회수법은 시설, 증설 등의 독립 투자에는 적용하기 쉬우나 교체 투자의 경우에는 신중을 요한다.

  [그림 2-31]에서 C원을 투자하여 n년 간에 원금과 이자를 회수할 때 회수 금액을 현 시점의 금액으로 환산하면, n년 후에 회수된 금액 S원은 다음과 같이 나타낸다.

$$S = C \cdot \dfrac{i}{1-(1+i)^{-n}}$$

  또한, n년 후의 설비의 견적 잔존 가격 C_n을 고려하면, C_n을 현 시점에서 가치로 환산하여

$$C - \frac{C_n}{(1+i)^n} \times n = S \times \frac{1-(1+i)^{-n}}{i} \text{의 관계를 얻는다.}$$

$$\therefore S = (C - C_n) \cdot \frac{i}{1-(1+i)^{-n}} + C_n \cdot i \text{이다.}$$

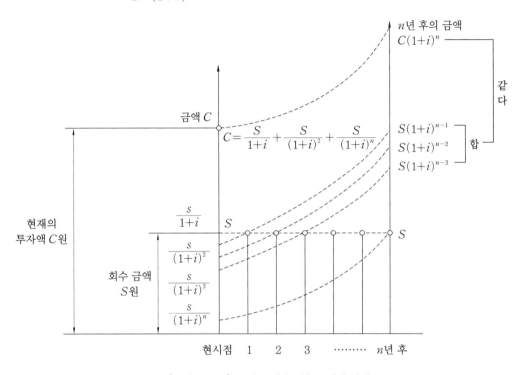

[그림 2 – 31] 투자 금액과 회수 금액의 관계

[예제 3] 5,000만원을 투자하여 능력 확충을 하는 경우 상각 후 이익이 얼마일 때, 이 증설 공사는 승인되는가? 단, 이익 10%, 자본 회수 기간 5년, 이 설비는 10개년의 정액 상각이라고 한다(견적 잔존 가치는 10만원이라 한다).

[풀이] $S = (5,000 - 10) \times \dfrac{0.1}{1-(1.1)^{-5}} + 10 \times 0.1 = 4,990 \times 0.264 + 1 = 1,318.36 \text{(만원/년)}$

즉, 투자 자본을 5년에 회수하기 위해서는 상각 전 이익이 1,318.36(만원/년)이어야 한다.
정액 상각비는 5,000/10 = 500(만원/년)이며 상각 후 이익은
상각 후 이익 = 1,318.36 − 500 = 818.36(만원/년)
즉, 향후 5년 간 평균하여 최저 818.36(만원/년)의 상각 후 이익이 기대될 때 승인된다.

(3) MAPI 방식

본 방식은 MAPI(machinery & allied products institute)의 조사부장 터보(G·Terborgh)가 1949년에 발표한 설비 교체의 경제 분석 방법으로 1959년에는 신 MAPI 방식이 제시되었다. 이 방식은 매우 이론적이고 실용성에 다소의 문제는 있으나 종래의 제반 공식의 문제점을 지적한 것이다.

구 MAPI 방식에서 연구의 대상은 현 유지 설비와 이에 대항하기 위하여 산출된 시설비에 한정되며 주제가 투자 시기의 결정에 있으나, 신 MAPI 방식은 자본 배분에 관련된 투자 순위 결정이 주제이고, 긴급률이라고 불리는 일종의 수익률을 구하여 이의 대소에 따라서 설비 상호 간의 우선 순위를 평가한다.

① 신설비의 자본 비용

여기서 자본 비용의 산출은 자본 회수법에 의한 산출과 같다. 즉, 신설비에 자본 회수 계수를 곱하여 얻은 회수 금액을 연평균 투자 비용이라고 한다. 투자액은 신설비에 대해서 고유한 것이므로 현 유지 설비 처분 가격과의 차인 총 소요 투자액을 사용하는 것이 아니다. 설비의 가치 감소를 정액이 아니고 정률이라고 가정한다.

잔존 가격 s는 가치감소율을 r이라고 하면

$$s = C \cdot (1-r)^n$$

현재 가치로 환산하면

$$\frac{s}{(1+i)^n} = C \cdot \frac{(1+r)^n}{(1+i)^n}$$

연평균 자본 비용은

$$\left\{ C - \frac{s}{(1+i)^n} \right\} \cdot \frac{i}{1-(1+i)^{-n}} = C \cdot \left\{ 1 - (1-r)^n \cdot (1-i)^{-n} \right\} \cdot \frac{i}{1-(1+i)^{-n}}$$

연평균 부담액은

$$C \cdot \left\{ 1 - (1-r)^n \cdot (1-i)^{-n} \right\} \cdot \frac{i}{1-(1+i)^{-n}} + g \left\{ \frac{1}{i} - \frac{n(1+i)^{-n}}{1-(1+i)^{-n}} \right\} \text{이다.}$$

[예제 4] 다음과 같은 조건일 때 신설비로 교체할 것인가? (단, 이율 $i = 10\%$이다.)

신설비	현 유지 설비
투자액 $C = 10,000$ 열성도 $g = 200$ 잔존 가격 $= 0$	현재의 처분 가격 $= 1,000$ 1년 후의 처분 가격 $= 900$ 금후 1년 간의 가동 열성 $= 2,100$

[풀이]

1. 신설비의 매해 연평균 부담액을 계산한다.

〈표 2 - 12〉 연평균 부담액 계산표

사용 연수 n	① 가동 열성	② 현가 계수 $\frac{1}{(1+i)^n}$	③ 열성의 현가 ①×②	④ 열성의 현가누적	⑤ 자본회수 계수 $\frac{1}{1-(1+i)^{-n}}$	⑥ 가동 열성의 연평균 ④×⑤	⑦ 자본비용 10,000×⑤	⑧ 연평균 부담액 ⑥×⑦
1	0	0.909	0	0	1.100	0	11,000	11,000
2	200	0.826	166	166	0.576	96	5,760	5,856
3	400	0.751	300	466	0.402	188	4,020	4,208
4	600	0.683	410	876	0.315	276	3,150	3,426
5	800	0.621	496	1,372	0.264	362	20,640	3,002
6	1,000	0.565	564	1,936	0.230	444	2,300	2,744
7	1,200	0.513	616	2,552	0.205	524	2,050	2,574
8	1,400	0.467	654	3,206	0.187	600	1,870	2,470
9	1,600	0.424	678	3,884	0.174	674	1,740	2,414
10	1,800	0.386	694	4,578	0.163	746	1,630	2,376
11	2,000	0.351	702	5,280	0.154	812	1,540	2,352
12	2,200	0.319	702	5,982	0.147	878	1,470	2,348
13	2,400	0.290	696	6,678	0.141	940	1,410	2,350
14	2,600	0.263	684	7,362	0.136	1,000	1,360	2,360
15	2,800	0.239	670	8,032	0.131	1,056	1,310	2,366

향후 1년간 사용할 경우의 연평균 비용, 즉 현 유지 설비의 최소 부담액은 2,300이다.

$(1,000 - 900) + 1,000 \times 0.1 + 2,100 = 2,300$

2. 신 · 구 양 설비의 최소 부담액을 비교하여 갱신의 가부를 결정한다.

- 신설비의 최소 부담액 = 2,348
- 현 유지 설비의 최소 부담액 = 2,300
- 신설비의 최소 부담액이 많으므로 설비 투자를 안 하는 것이 좋다.

② 가동 열성(稼動劣性)

현 유지 설비의 최량 신설비에 대한 가동성 면에서 열화 정도를 가동 열성이라고 한다. 이의 가동 열성은 사용 기간을 통하여 직선적으로 증가한다고 가정한다. 이 관계는 [그림 2-32]와 같다.

신설비의 첫 해에는 가동 열성은 생기지 않고 다음 년도부터 열성이 생겨 2년도에 g, 다음 해에 $2g$, n년도 말에 $(n-1)g$로 증가한다. 이 열성의 증가 비율을 열성도 g(inferiority gradient)라고 한다.

가동 열성은 반드시 직선적으로 증가하지는 않으나 직선 근사하므로 해석을 간편하게 할 수 있다. 연평균 가동 열성은 해마다 증가되는 가동 열성을 현재 가치로 환산하여 이 합을 구한 다음 자본 회수 계수를 곱함으로써 구한다.

$$연평균\ 가동\ 열성 = \left\{ \frac{o}{1+i} + \frac{g}{(1+i)^2} + \cdots + \frac{(n-1)g}{(1+i)^n} \right\} \cdot \frac{i}{1-(1+i)^{-n}}$$

$$= g \left\{ \frac{1}{i} - \frac{n(1+i)^{-n}}{1-(1+i)^{-n}} \right\}$$

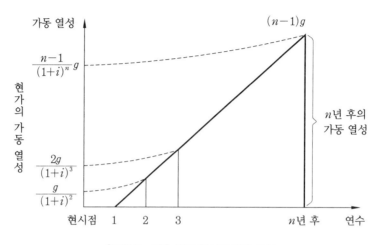

[그림 2 - 32] 가동 열성의 증가 곡선

(4) 신 MAPI 방식

이 방식은 1958년 구 MAPI 방식의 단점을 보완한 새로운 방식으로 터보(terborgh)가 발표하였다. 구 MAPI 방식에서는 주로 투자 시기의 결정과 투자의 타당성을 취급하였으나 투자 계획을 평가함에 있어서 투자 시기를 결정하고 투자의 타당성을 검토하는 것으로는 불충분할 때가 많다. 예를 들어 전혀 내용이 다른 별개의 계획 A와 B가 있을 때 어느 것을 우선적으로 할 것인가의 문제는 구 MAPI 방식으로는 올바른 답을 구하기가 곤란하므로 투자 순위 결정을 위한 어떤 비율이 필요하다고 생각한 터보는 긴급도 비율(urgency rating)이라는 비율을 도입하여 투자 순위 결정에 신분야를 개척하여 이를 신(new) MAPI 방식이라고 하였다.

구 MAPI 방식과 신 MAPI 방식을 비교하면 다음과 같다.

- 구 MAPI 방식은 세금 공제 전의 비교 방식을 채택하였으나 신 MAPI 방식은 납세 후의 비교 방식을 선택하였다.
- 구 MAPI 방식은 차년도 비용 차액을 종합 최소치로 나타내는 데 비해 신 MAPI 방식은 추가 투자에 대한 상대적 투자 이율로 나타낸다.
- 구 MAPI 방식은 유지 비용이 일정한 비율로 변한다고 가정하였으나 신 MAPI 방식은 일정한 비용 증가가 어떤 감소율 또는 증가율에 의해 다양한 형태를 가진다고 가정한다.
- 신 MAPI 방식은 대체 설비의 채택에 따른 소득세액을 고려한다.
- 신 MAPI 방식은 투자 간의 채택 순위를 결정함으로써 자본의 효율적 운영을 위한 능률 측정을 가능하게 한다.

① 신 MAPI 방식의 기본 공식

납세 후의 이익률은

$$\gamma = \frac{②+③-④-⑤}{①}$$

① : 정미 투자액

② : 다음 년도의 조업 이익

③ : 다음 년도의 자본 소비

④ : 다음 년도의 투자 소비

⑤ : 다음 년도의 소득세 증분

즉, $\gamma = \dfrac{\text{납세 후의 투자 유효 이익}}{\text{정미 투자액}}$

(가) 정미 투자액 $= \begin{pmatrix} \text{신설비의} \\ \text{취득 가격} \end{pmatrix} - \left[\begin{pmatrix} \text{신설비 취득에 의한} \\ \text{불필요 보유 설비의 처분 가격} \end{pmatrix} \right.$

$\left. + \begin{pmatrix} \text{신설비에 투자하지 않을 경우} \\ \text{소요되는 보유 설비의 추가 투자} \end{pmatrix} \right]$

(나) 다음 년도의 조업 이익 $= \begin{pmatrix} \text{신설비로 대체 시} \\ \text{조업 이익} \end{pmatrix} - \begin{pmatrix} \text{대체하지 않을 시} \\ \text{조업 이익} \end{pmatrix}$

(다) 다음 년도의 자본 소비 $= \begin{pmatrix} \text{보유 설비의 1년간 유지 시} \\ \text{처분 가격의 감소분} \end{pmatrix} - \begin{pmatrix} \text{보유 설비에 대한 추가} \\ \text{투자의 다음년도 할당분} \end{pmatrix}$

(라) 다음 년도의 투자 소비 $=$ [신설비의 취득 가격] $-$ [신설비의 1년 후의 잔존 가치]

(마) 다음 년도의 소득세 증분 $= \begin{pmatrix} \text{신설비로 대체 시} \\ \text{소득세} \end{pmatrix} - \begin{pmatrix} \text{대체하지 않을 시} \\ \text{소득세} \end{pmatrix}$

② 신 MAPI 방식의 특징

(가) 초년도의 이익률을 나타내면, 그것은 사용 연수 기간 동안 동일한 이익률이다.

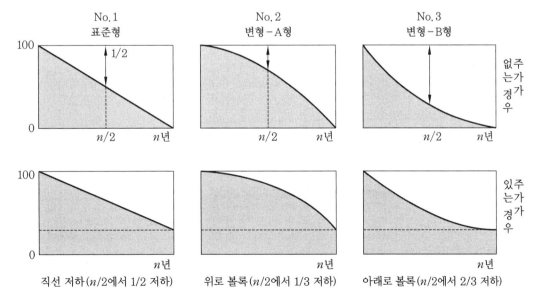

[그림 2 – 33] 조업 열성(操業劣性)의 변화

㈏ 조업 열성의 발생 형태는 [그림 2-33]과 같이 직선 열화(표준형), 변형 A형, 변형 B형의
3가지 형태가 있다.

㈐ 미국에서는 상각 방법에 현행 세법이 그대로 채택되며 정액 상각(定額償却), 일괄 상각,
차등 급수, 정률(定率)의 2배 등이 있다.

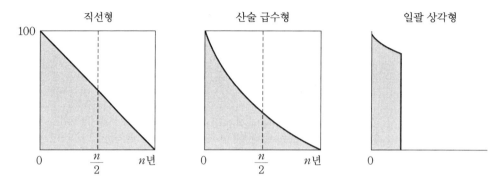

[그림 2 - 34] MAPI의 상각형(償却形)

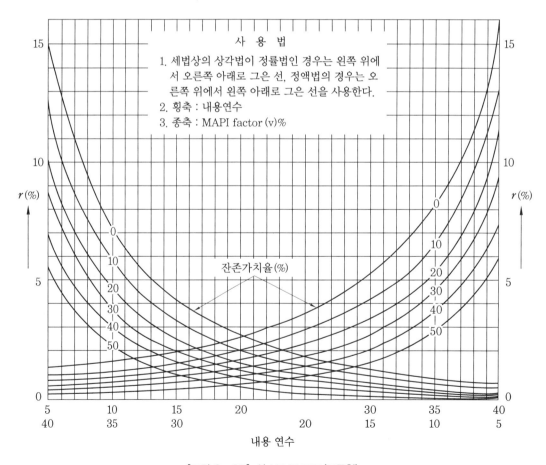

[그림 2 - 35] 신 MAPI 도표(표준형)

(5) MAPI 방식의 비판

MAPI 방식의 특징은 설비의 기술상의 진보를 계산식에 반영시킨 것이다. 그러나 종합 최소 부담액이 언제든지 일정하다는 것, 즉 기술의 진보가 직선적이라는 가정은 비현실적이므로 오늘날의 의사결정론의 단계에서는 이것을 미리 예측하여 설정하기 어렵다.

그러나 MPAI 방식에서는 인플레이션과 생산량의 증가를 고려하지 않고 있으므로 현실 적용에 있어서는 필요에 따라 공식에 반영시킬 필요가 있다.

5. 보전 계획 수립 방법

5-1 보전 계획의 개요

설비에 대한 보전 비용을 투입할수록 그 설비의 고장은 적지만 투입에 일정한 한계가 있다.

그러므로 보전 계획을 수립하기 전에는 다음과 같은 제반 조건을 검토하여야 한다.

① 보전 비용
② 수리 시기
③ 수리 시간
④ 수리 요원
⑤ 생산 및 수리 계획
⑥ 일상 점검 및 주간, 월간, 연간 등의 정기 수리 중 선택

의 문제가 제기된다. 그러나 이상의 여섯 가지 조건을 종합해서 최적 보전 계획을 세우기에는 많은 문제가 있어 간단하지 않다.

이와 같은 문제 해결을 위해서는 제일 먼저 설비의 현상이 어떻게 되어 있는가를 조사해야 한다. 과거 6개월이나 1년 간의 고장 발생 건수, 시간, 수리에 사용한 비용, 설비 정지로 인한 생산의 감소 및 손해액 등을 산출해서 보전 효과가 가장 큰 문제 설비는 어느 것인가를 알아두어야 한다. 그래서 보전 효과가 큰 것부터 순번으로 보전 계획을 세운다. 그리고 보전 효과는 작지만 위험적인 수리도 계획에 넣어야 한다.

5-2 보전 계획의 분류

보전 계획을 크게 분류하면 기기(機器) 수급 계획과 공사(工事) 계획으로 분류된다. 일반적으로 하나의 수리 계획을 세우면 반드시 기기나 공사 재료를 발주하여 입고시키지 않으면 수리가 불가능하므로, 그 안에 납기가 긴 기기나 재료의 수급 계획도 공사에 필요한 소모성 재료 및 공사 시공 계획과는 별개로 계획하는 것이 실시 단계에서 관리하기 쉽다.

5-3 보전 계획에 필요한 요소

(1) 점검과 보전 계획

설비의 상태를 항상 정확하게 파악해야 이상적인 보전 계획을 수립할 수 있다. 그러나 현실적으로 설비의 상태를 완전히 파악해 놓는 것은 매우 곤란하므로 설비의 상태를 파악하는 하나의 수단으로 일상 점검과 정기 점검을 실시한다. 일상 점검은 기계 운전 중에 행하는 것으로 설비 이상의 징후(진동·소음)를 고장 발생 이전에 발견하여 고장을 미연에 방지하는 것을 주된 목적으로 하고 있다.

또, 정기 점검이 기계 정지 중에 주로 행해지면 각종 계측기를 사용하여 설비의 정도 유지, 부품의 사전 교환을 목적으로 보전 요원을 중심으로 행해진다. 그러나 이러한 점검 검사가 막연히 행해지면 의미가 없으므로 각 설비마다 점검표(check list)를 작성하고 그 점검 결과를 자료로 저장하여 이 자료들을 해석하고 검토하여 교환 주기, 분해 점검 주기 등을 정확히 판단함으로써 보전 계획을 경제성이 높게 수립하는 것이 보전 요원에게 부여된 중요한 임무가 된다.

(2) 고장 관리와 보전 계획

고장에 대한 보전 시간은 보전 계획 수립 시 중요한 관리 목표가 된다. 그렇지만 보전 시간만을 관리하면 보전 비용이 증가하므로 고장 내용을 분석하고 그 고장 원인을 찾아 설비 개선을 통한 고장 재발 방지를 위하여 개량 보전을 실시한다.

(3) 예비품 관리와 보전 계획

공사 시기를 맞추어 예비품을 준비해 두는 것은 설비 보전에서 반드시 지켜야 한다. 그 예비품에는 다음과 같은 것이 있다.
① 부품 예비품
② 부분적 세트(set) 예비품
③ 단일 기계 예비품
④ 라인 예비품

라인 예비품은 특수한 고장을 제외하면 없으나, 단일 기계 예비품은 전 공정에 영향을 미치는 동력 설비에서 많이 볼 수 있다.

5-4 보전 계획 수립 방법

보전 계획은 주어진 조건(생산 계획, 보전 능력, 보전 형태, 보전 요원 등)을 잘 조합하여 최적 보전 비용, 최적 고장 시기를 1~2년 간에 대해서 산출한다. 여기서 보전 계획의 전제가 되는 각 조건은 다음과 같다.

(1) 생산 계획

먼저 생산 계획을 알아야 한다. 생산 계획이 전(前) 기간보다 증산 체제에 있는가, 또는 감산 체제에 있는가를 파악한다. 증산 체제에 있는 경우는 당연 고장에 의한 설비 휴지 시간의 단축을, 또 감산 체제의 경우에는 공장 조업 시간의 단축을 계획하였을 때 고장은 종래와 같이 관리하여야 한다.

예를 들어 종래 1일 8시간에 800개의 제품을 생산하던 공장이 있다고 하면 이 공장이 다음 기간에 20%의 증산 계획을 세울 경우 조업 시간을 연장해서 9.5시간에 950개의 제품을 생산하거나 조업 시간을 그대로 둔 채 8시간에 950개의 제품을 생산하거나 한다. 즉 종래 1시간당 100개 생산하던 것을 생산량/시간은 일정하게 하고 조업 시간을 연장했을 경우, 생산 계획이 설비에 미치는 영향은 변하게 된다.

조업 시간이 연장되었을 경우에는 연장된 시간에 비례하여 고장은 많아졌어도 생산량에는 문제가 없지만 가동 시간이 연장된 만큼 설비가 여분으로 마모되기 때문에 수리비가 증가한다. 또, 조업 시간을 그대로 8시간으로 했을 경우에는 특별히 다른 조건을 생각할 경우 고장 시간은 생산량/시간이 증가하므로 그만큼 감소하게 된다. 이와 같이 생산 계획은 정비 계획을 크게 좌우한다.

(2) 설비 능력

설비가 가동에서부터 일정 시간을 경과하여 안정 조업에 들어가도 가동 중 설비가 항상 만족하게 움직이지는 않는다. 운전자의 잘못된 조작으로 인하여 설비가 정지하는 경우도 있고, 설비가 고장이 나서 정지하는 경우도 있다.

그러므로 설비의 조업 상황과 능력을 알기 위해서는 설비의 가동률과 실제 가동률을 계산하여 설비 능력을 파악한다. 예를 들어 가동 중의 설비 고장과 작업 고장에 의한 설비 휴지 기간이 1개월에 10시간이라고 하면 실제 가동률은

$$\frac{22일 \times 8시간 - 10시간}{22일 \times 8시간} \times 100 = 94.3\%$$

가 된다(단, 월 가동 일수 22일인 경우).

생산부에서는 이러한 수치를 하나의 관리 목표로서 생산 계획을 세우며, 반대로 보전부에서는 고장이나 수리에 의해 설비를 정지하는 시간이 한도를 넘지 않도록 보전 계획을 세워야 한다.

(3) 수리 형태

설비에 따라서는 10분 전후에 점검·수리할 수 있는 것부터 수개월 간 수리 기간이 소요되는 것도 있다. 그러므로 각 설비의 점검·수리에 어느 정도 시간이 필요한가를 과거의 경험에서 미리 알아두어야 한다.

예를 들면, 이것을 기본으로 일상 점검은 공장 시동 전, 정지 후 및 중간 휴지 시간을 계획에 넣을 수 있다. 16시간 내에 수리 가능하면 공장 정지 후의 시간에 활용할 수 있으나 그 이상의 경우는 대수리 기간을 만들어 수리를 행한다.

(4) 보전 요원

보전 계획을 작성할 경우 점검 · 보전 요원의 수가 제한되어 있다. 즉, 점검 보전 요원은 최소한으로 운영하기 때문에 집중(peak) 작업량을 억제해서 작업을 평균화하여 보전 계획을 세울 필요가 있다. 이와 같이 보전 계획을 세워도 실시 단계에서 계획과 같이 실행되는 과정에서 점검 결과 수리 시기를 조정하여야 한다. 더욱이 주기를 갖지 않는 돌발적인 작업이나, 계획에 들어 있는 것과 들어 있지 않은 보전 계획 때문에 항상 보전 계획의 수정이 필요하게 된다.

연 습 문 제

1. 설비 배치의 종류와 특징을 설명하고 그 순서는 어떻게 하는가를 설명하시오.

2. 신뢰성과 보전성 및 유용성의 의의와 그 관계들을 비교 설명하시오.

3. 신뢰성 설계 시 고려할 사항과 향상 대책을 설명하시오.

4. 설비의 고장 분석 방법과 그 순서를 설명하시오.

5. 보전 계획을 수립하는 데 필요한 제반 요소와 고려할 사항을 설명하시오.

6. 설비에 대한 각종 시간에 대하여 나열하고 설명하시오.

7. 설비의 수명 곡선에 대하여 구분하고 각각을 설명하시오.

8. 설비 능력에 대하여 설명하시오.

9. 프로젝트의 일정 관리 수법으로서 이용되는 네트워크 수법의 특징이 <u>아닌</u> 것은?

㉮ 업무의 상호 관계와 순서를 알 수 있다.
㉯ 진행 중이라도 일정 예측을 하기 쉽다.
㉰ 업무가 독립적으로 되어 있는 듯 하고 서로의 관계를 알기 어렵다.
㉱ 중점 작업이 확실하다.

10. 다음 중 설비 배치에 대한 설명이 <u>잘못된</u> 것은?

㉮ 설비 배치란 제품 생산에 비효율적인 요소를 없애고 설비 및 제품의 흐름을 계획하는 것이다.
㉯ 블록 시스템이란 동일 기계를 한 장소에 배치한 설비 배치 시스템이다.
㉰ 제품별 설비 배치는 각 공정에 따라 필요한 기계를 배치하는 형태의 설비 배치이다.
㉱ 제품 고정형 설비 배치는 대형 제품의 소량 생산에 적합하다.

11. P-Q 분석도에 의한 설비 배치로 적합한 것은?

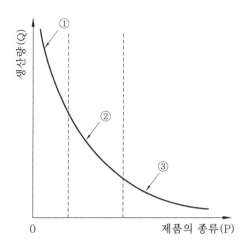

㉮ ① 구역에서의 제품 생산은 제품 고정형 설비 배치가 적합하다.

㉯ ② 구역의 설비는 기능별 설비 배치가 적합하다.

㉰ ③ 구역의 설비는 제품별 설비 배치가 적합하다.

㉱ ② 구역의 설비는 공정별 설비 배치가 적합하다.

12. 신뢰성을 평가하기 위한 기준에 관한 설명이 올바른 항은?

㉮ 평균 고장 시간(mean time to failures)이란 일정 기간 중 발생하는 단위 시간당 고장 횟수로 나타낸다.

㉯ 신뢰성이란 일정 조건하에서 일정 기간 동안 고장 없이 기능을 수행할 확률을 나타낸다.

㉰ 고장률이란 신뢰성의 대상물에 대한 전 고장수에 대한 사용 시간의 비율을 나타낸다.

㉱ 평균 고장 간격(mean time between failures)이란 설비 또는 중요 부품이 사용되기 시작하여 처음 고장이 발생할 때까지의 평균 시간을 말한다.

13. 최소의 비용으로 최대의 설비 효율을 얻기 위하여 고장 분석을 실시한다. 고장 분석을 행하는 이유가 <u>아닌</u> 것은?

㉮ 설비의 고장을 없애고 신뢰성을 향상시키기 위하여

㉯ 설비의 고장에 의한 휴지 시간을 단축시켜 보전성을 향상시키기 위하여

㉰ 설비의 보수 비용을 늘려 경제성을 향상시키기 위하여

㉱ 설비의 가동 시간을 늘리고 열화 고장을 방지하기 위하여

14. 설비 효율을 저하시키는 손실 계산에 대한 설명이 올바른 것은?

㉮ 실질 가동률은 부하 시간에 대한 가동 시간의 비율이다.

㉯ 시간 가동률은 단위 시간당 일정 속도로 가동하고 있는 비율이다.

㉓ 속도 가동률은 설비의 이론 생산 능력과 실제 생산 능력의 비율이다.
㉔ 성능 가동률은 속도 가동률에 시간 가동률을 곱한 수치이다.

15. 신뢰성의 평가 척도에 관한 기술이 <u>잘못된</u> 것은 ?

㉠ MTBF(평균 고장 간격) : 고장 횟수 대 사용 시간의 비율로서 고장률의 역수이다.
㉡ MTTF(평균 고장 시간) : 사용 시간 대 평균 고장 시간의 비율이다.
㉢ 보전성이란 보전의 용이성을 나타내는 척도이다.
㉣ 고장률＝(고장 횟수÷1,000시간)－100이다.

16. 설비의 돌발적 고장이 발생하였다고 할 때 기업의 손실에 해당되지 <u>않는</u> 것은?

㉠ 수리비의 지출
㉡ 품질 상승에 따른 손실
㉢ 가동 중 원재료의 손실
㉣ 제품 불량에 의한 손실

17. 설비 관리의 궁극적인 목적은 최소의 보전 비용으로 최대의 설비 효율을 얻는 것이다. 이를 위해 고장 분석을 행하게 되는데, 다음 중 고장 분석의 필요성이 <u>아닌</u> 것은?

㉠ 유용성의 향상   ㉡ 신뢰성의 향상
㉢ 보전성의 향상   ㉣ 경제성의 향상

18. 설비의 신뢰성 설계 시 고려할 사항이 <u>아닌</u> 것은?

㉠ 통계적 여유   ㉡ 조업 시간 고려
㉢ 안전에 대한 고려   ㉣ 보전에 대한 고려

19. 다음의 배스터브(Bath-tub) 곡선에서 부품의 불량 또는 설계의 잘못으로 인하여 고장이 발생하는 구역은?

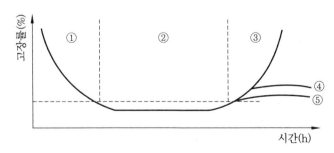

㉠ ① 구역   ㉡ ② 구역
㉢ ③ 구역   ㉣ ④ 구역

20. 고장률을 $\lambda(t)$ 로 하고 설비 사용 시간을 t 로 했을 때 고장률이 증가하는 것은 어느 것인가?

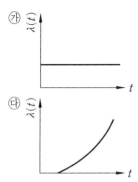
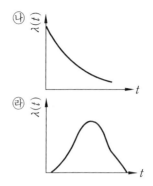

21. 성능 가동률에 대한 설명 중 옳은 것은?

㉮ 성능 가동률＝속도 가동률＋실질 가동률

㉯ 성능 가동률은 속도 가동률과 실질 가동률로 되어 있다.

㉰ 실질 가동률이란 속도의 차이로서 설비가 본래 갖고 있는 능력에 대한 실제 속도의 비율이다.

㉱ 속도 가동률이란 단위 시간 내에서 일정 속도로 가동하고 있는지를 나타내는 비율이다.

22. 신설비가 설치, 시운전, 양산에 이르기까지의 기간, 즉 안전 가동에 들어가기까지의 기간을 최소로 하기 위한 활동을 무엇이라 하는가?

㉮ 초기 유동 관리 ㉯ 자주 보전 관리

㉰ 복원 관리 ㉱ 로스 관리

23. 설비 보전에서 효과 측정을 위한 척도로서 사용되는 지수 중 시스템이 정상 가동되고 있을 때의 유용성을 나타내는 것은?

㉮ (정미 가동 시간÷부하 시간)×100

㉯ (고장 횟수÷부하 시간)×100

㉰ (고장 정지 시간÷부하 시간)×100

㉱ (보전비 총액÷생산량)×100

24. 어느 공장에서 고장이 잦은 기계의 설비 능력을 파악하기 위하여 설비의 운영 능력을 조사해 보니 공구 교체 시간이 총 10시간, 기계 고장 시간이 15시간이었고, 한 달(30일) 동안에 일요일이 4번, 토요일이 4번이었고 평일은 8시간 조업, 토요일은 4시간을 조업하였다. 이 기계의 가동률은? (단, 소수점 이하는 반올림한다.)

㉮ 65% ㉯ 78%

㉰ 87% ㉱ 92%

25. 신뢰도와 보전도를 총합한 평가 척도로서 유용성 A가 사용되는데, A를 구하는 공식은 다음 중 어느 것인가? (단, U : 업타임, D : 다운타임)

㉮ $A = \dfrac{U}{U+D}$ ㉯ $A = \dfrac{U+D}{U}$

㉰ $A = \dfrac{D}{U+D}$ ㉱ $A = \dfrac{U+D}{D}$

26. 고장률(λ)이 일정하여 0.0001이고 장치의 신뢰도 $R(t)$를 알고자 하는 임의의 기간 $t = 10$시간이라면 신뢰도는 몇 %인가?

㉮ $R(t) = e^{0.0001 \times 10}$ ㉯ $R(t) = e^{-0.0001 \times 10}$

㉰ $R(t) = e^{-0.0001/10}$ ㉱ $R(t) = -e^{-0.0001 \times 10}$

27. 다음 중 로스(loss) 계산 방법이 <u>잘못된</u> 것은 ?

㉮ 시간 가동률 $= \dfrac{\text{부하 시간} - \text{정지 시간}}{\text{부하 시간}}$

㉯ 속도 가동률 $= \dfrac{\text{기준 사이클 시간}}{\text{실제 사이클 시간}}$

㉰ 실질 가동률 $= \dfrac{\text{생산량} \times \text{실제 사이클 시간}}{\text{부하 시간} - \text{정지 시간}}$

㉱ 성능 가동률 $= \dfrac{\text{속도 가동률} \times \text{실질 가동률}}{\text{부하 시간} - \text{정지 시간}}$

28. 전기 스위치나 퓨즈(fuse) 등 수리하지 않고 고장이 나면 교체하는 부품의 신뢰성 평가 척도는?

㉮ 고장률 ㉯ 평균 고장 간격

㉰ 평균 고장 시간 ㉱ 유용성

29. 설비의 경제성 평가 방법 중 설비의 내구 사용 기간 사이의 자본 비용과 가동비의 합을 현재 가치로 환산하여 내구 사용 기간 중의 연평균 비용을 비교하여 대체안을 결정하는 방법은?

㉮ 자본 회수법 ㉯ 평균 이자법

㉰ 연평균 비교법 ㉱ 자본 회수 기간법

30. 다음 중 MAPI 방식에 대한 설명으로 바른 것은 어느 것인가?

㉮ 연간 생산량의 결정 방식이다.

㉯ 설비 교체의 경제 분석 방법이다.

㉰ 긴급도의 산출 방식이다.

㉱ 인플레이션을 고려하여 분석한다.

31. 설비의 계획 단계에서 생산성 측정의 척도는?

㉮ 제품 단위당 보전비   ㉯ 보전 효율

㉰ 투자   ㉱ 투자 효율

32. 보전 계획의 목적은 무엇인가?

㉮ 최적 보수 비용 산출   ㉯ 보전 요원 감축

㉰ 보전 재료 개선   ㉱ 초기 고장 예방

33. 보전 계획을 수립할 때 보전 형태는 어떻게 결정하는가?

㉮ 과거의 경험을 토대로 점검, 보전에 소요되는 시간으로 결정

㉯ 생산 물량에 따라 결정

㉰ 생산 계획에 따라 결정

㉱ 고장이 발생하는 시점부터 결정

34. 보전에 필요한 예비품의 종류 중 전 공장에 영향을 미치는 동력 설비에서 많이 볼 수 있는 것은 무엇인가?

㉮ 부품 예비품   ㉯ 부분적 세트 예비품

㉰ 단일 기계 예비품   ㉱ 라인 예비품

제3장 설비 보전의 계획과 관리

1. 설비 보전과 관리 시스템

1-1 설비 보전의 의의

설비 보전이란 설비 검사 제도를 확립하여 설비의 열화 경향을 조사하고 어느 시설의 어느 개소를 수리할 것인가를 예측하며, 필요한 자재와 인원을 준비하여 실시하는 계획적인 보수를 말한다. 다시 말해서, 설비 보전이란 설비 열화에 대한 대책이며, 설비를 가장 유효하게 활용함으로써 기업의 생산성을 높이는 것이다.

현대 경영에서 생산성 향상을 수반하지 않는 생산량의 증대는 오히려 해로운 것이며, 이를 개선하기 위하여 설비 보전, 공구 관리, 공수(工數) 관리, 작업 개선 등을 충분히 행하여야 한다.

설비 보전은 일반적으로 생산 보전(PM : productive maintenance)을 말하며 이것은 '생산의 경제성을 높이기 위한 보전'을 말한다. 그러나 예방 보전(PM : preventive maintenance)이 너무 지나쳐서 너무 예방적이 되면 오히려 비용이 상승하여 원래 목적한 경제성이 상실된다. 신 설비의 설계 및 건설 시에 미리 감안하여 설비 가격이 다소 높아지더라도 장래의 보전비와 열화 손실비가 적게 소요된다면 장기적인 안목에서 경제적이라고 할 수 있다. 이와 같이 설비의 설계 또는 건설부터 운전 및 보전에 이르기까지 설비의 라이프 사이클을 통하여 설비 자체의 비용과 보전 등 설비의 운전·유지에 드는 모든 비용과 설비의 열화에 의한 손실과의 합계를 적게 하고 기업의 생산성을 높이는 것이 설비 보전의 기본 개념이다.

1-2 설비 보전의 목적

설비 보전의 목적은 설비를 가장 효율적으로 사용하여 기업의 생산성을 향상시키는 데 있으며, 설비의 생산성을 높이기 위해서는 다음과 같은 여섯 가지 요소들에 대하여 항상 현상을 파악하고 개선하여 생산성 향상을 달성하여야 한다.

(1) 생산량(P : production)

설비의 자동화, 기계화, 인력 절감 등을 적극적으로 추진하는 가운데 예산 편성 시에 기대한 투자 효과가 발휘되었는지, 설비의 증설·개량에 대한 투자 효율은 어떠한지, 특히 투자에 대한 소기의 목적을 달성하고 있는지 등을 알기 위해서는 설비 가동률을 점검해야 한다. 즉, 생산 목표를 달성하기 위해서는 설비의 고장, 정지, 성능 저하를 방지하여야 한다.

(2) 품질(Q : quality)

설비 고장의 형태에는 일반적으로 돌발 고장형, 성능 저하형이 있으며 비중이 큰 설비 고장의 형태에는 품질 저하형이 있다.

품질 저하의 원인에는 설비에 기인하는 것 외에 작업 부주의나 원료의 불량에 기인하는 경우가 많다. 특히 원료 불량에 대해서는 식물 원료를 제외한 일반 공업 가공 재료 또는 중간 제품에서 검사를 강화하여 불량품을 제거하는 것이 일반적인 방법이다. 그러나 가공된 재료나 중간 부품의 불량 원인은 거의가 설비에 기인하는 가공 불량으로서 생산성 향상을 위해서는 이러한 설비에 기인하는 품질 불량을 없애야 한다.

(3) 원가(C : cost)

설비가 제조 원가에 미치는 영향은 대단히 크다. 설비의 신설, 증설, 개량 등의 투자에 대한 기대 효과, 투자 시기의 적절성, 설계 제작 또는 선택 구입의 적절성, 설치 후 장기간 이동 불비(不備) 상태 유무 등은 제조 원가 관리에 대단히 중요하다. 즉, 생산성 향상을 위해서는 설비 열화로 인한 수율(收率) 저하, 에너지 손실 등을 최소로 하여 제품 원가를 절감하여야 한다.

(4) 납기(D : delivery)

납기는 공장과 고객을 연결하는 가장 직접적인 요인으로, 공장 관리에 가장 많이 혼란을 야기시키는 것이 납기 관리이다. 제품을 제때 납품할 수 없는 원인에는 설비상의 불비(不備)가 많다. 방지책으로는 먼저 설비의 일상 보전을 철저히 행하고, 제품 품질과 설비의 급소를 정확히 알고 이를 예방 보전하며, 돌발 고장을 방지하는 것에서부터 시작해야 한다.

(5) 안전(S : safety)

대형 설비 장치가 일으키는 재해, 폭발 등은 그 회사의 운명을 좌우할 정도로 장치 공업에서는 설비 보전 활동뿐만 아니라 총체적 공장 관리에서 가장 중요한 것이 안전 관리이다.

설비 보전의 안전 분석 항목으로는 재해 건수, 상해 건수, 설비의 보전성, 안전성이 있지만 개량 보전의 수준 등도 취급 대상 항목으로 해야 한다. 즉 생산성 향상을 위해서는 종업원의 안전이 절대적으로 필요하다.

(6) 의욕(M : morale)

설비 보전에 대한 회사 방침이 전 종업원에게 명확히 제시되어야 하고, 동기 부여, 생산·보전 요원의 설비에 대한 흥미와 관심, 설비의 기본 요소를 이해한 인재를 육성하는 것이 공장 관리의 기본이다. 설비 보전의 필요성을 이해하기 위한 노력, 서클 활동 등을 분석·검토하여 설비에 대한 전 종업원의 자세를 판단하는 것이 중요하므로 작업장 내의 밝기, 소음, 분진 등 작업 환경 조건을 개선하고, 종업원들의 근로 의욕을 높일 수 있도록 하여야 한다.

1-3 설비 보전 시스템의 개요

PM은 크게 예방 보전(preventive maintenance)과 생산 보전(productive maintenance)의 머리문자 PM의 두 가지 의미로 나눌 수 있는데, 일반적으로 PM 시스템이라고 할 경우에는 넓은

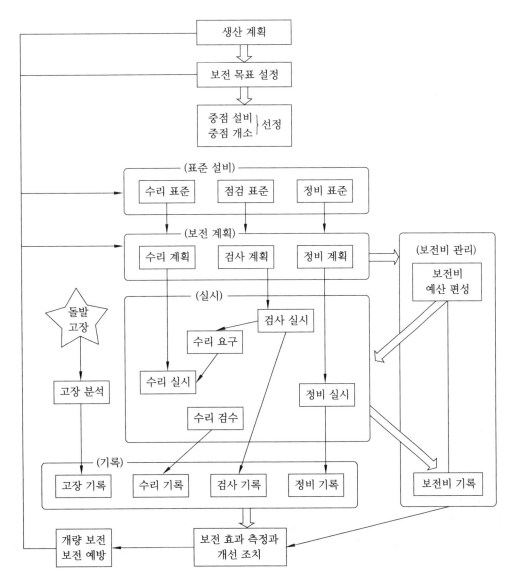

[그림 3-1] 설비 보전 시스템

뜻에서의 PM, 즉 생산 보전 시스템을 가리키는 것이 보통이다.

생산 보전에서의 PM 시스템은 예방 보전이 중심을 이루고 있으며 예방 교체를 위한 예방 보전 검사나 정기 수리를 필요로 하고, 이 PM 활동은 중점주의에 입각해 진행, 경제성을 높이는 데 이바지하게 된다.

(1) 중점 설비 · 개소의 선정

생산 계획에 입각한 보전의 목적과 목표를 구체적으로 설정하고, 이 목표를 달성할 수 있도록 설비 보전상의 중점 설비를 선정해야 한다. 또한 중점이 적은 설비들 중에서도 관리상 필요한 중점 개소를 선정한다.

(2) 설비 보전의 표준 설정

선정을 한 중점 설비 또는 중점 개소에 대해서 보전에 필요한 표준을 설정한다. 설비 보전의 직접적 기능으로는 **설비 검사(점검), 설비 보전(일상 보전), 설비 수리(공작)**의 세 가지로 대별할 수 있으며, 또한 설비 보전을 위한 표준 설정도 이들의 세 가지로 분류된다.

(3) 설비 보전의 계획

설비 검사, 설비 보전, 설비 수리를 하기 위해서는 일정 계획, 인원 계획, 자료 계획 등과 같은 계획을 수립하고 실행해야 한다.

(4) 설비 보전의 실시

생산 보전은 설비 보전 계획에 입각해서 설비 검사, 설비 보전, 설비 수리 등과 같은 보전 활동을 실시하게 되며, 설비 검사의 결과에 따라서 설비 수리를 요구하여 수리를 실시한다. 또한 돌발 고장에 대한 사후 수리도 실시한다.

(5) 설비 보전의 기록

설비 검사, 설비 보전, 설비 수리 등을 실시한 결과는 반드시 기록 · 보존해야 하는 동시에, 돌발적인 고장에 대해서는 그 원인을 구체적으로 조사 · 분석한 다음에 기록을 해두어야 한다. 관리에는 데이터가 필요하며, 이와 같은 데이터는 기록 · 정리에 의해서 비로소 확정될 수 있다.

(6) 보전비 관리

보전 계획에 의해 보전비에 대한 예산 편성을 하고, 실시 후에는 보전비에 대한 실적을 기록해 두어야 한다. 또 예산과 실적을 비교하여 다음 보전 계획에 대한 예산 편성을 전에 비해 효율적 · 합리적으로 할 수 있도록 해야 한다.

(7) 보전 효과 측정과 개선 조치

보전 기록에 의한 보전에 대한 목표 달성 여부는 보전 효과 측정을 통해 알 수 있다. 그리고 측정 결과에 대해서는 다시 그것에 필요한 조치를 취하여야 한다. 다시 말하면 고장 재발 방지를 위한 개량 보전, 또는 보전을 보다 효과적으로 실시하기 위한 개량 보전, 또는 신 설비의 보전 예방에 대한 피드백을 해 보아야 하는 동시에 보전에 대한 목표 설정, 중점 설비 선정, 중점 개소의 선정, 설비 보전에 대한 표준 설정, 그리고 보전 계획 등의 모든 활동으로 피드백하도록 한다.

2. 설비 보전 조직과 표준

2-1 설비 보전 조직

(1) 설비 보전 조직의 기능

설비 보전 조직의 구성은 '기업의 생산성을 높이기 위해 설비를 가장 유효하게 활용하는 방법은 어떤 것인가?'에서 출발하여야 한다.

① 직접 기능

설비 보전의 직접 기능은 '설비가 열화하고 고장 정지를 일으켜 유해한 성능 저하를 가져오는 상태를 제거, 조정 또는 회복하여 설비 성능을 최경제적으로 유지하는 활동'으로, 이 직접 기능은 설비 검사(점검), 설비 보전(일상 보전), 설비 수리(공작)의 세 가지로 대별한다고 앞에서 설명하였다.

(개) 예방 보전 검사는 설비의 열화 정도를 조사하여 최적 수리 시기에 있는지 여부를 확인하고 수리 요구를 계획적으로 실시하여 예방 보전을 하기 위한 것으로, 실시하는 처치의 크기에 따라 편의상 수리와 일상 보전으로 구분한다.

(내) 일상 보전은 간단한 수공구로 해낼 수 있는 범위의 작업

(대) 수리는 공작 기계나 기타 기계를 사용하여 설비를 상당 시간 정지시켜 하는 작업
- 예방 수리 : 예방 보전 검사에 의해 하든가 혹은 경제적인 주기에 예방적으로 실시하는 수리
- 사후 수리 : 검사를 하지 않은 상태에서 고장이 발생되어 수리하는 것

설비 검사, 일상 보전, 설비 수리 등이 예방 보전의 실제 활동이며, 단순한 수리의 반복보다는 개량 보전에 힘써야 한다.

② 관리 기능

설비 보전의 목표에 대한 평가는 관리의 경제적 측면이며, 이 결과가 나타나도록 하는 실제 활동의 원천은 기술적 측면이다. 경제적 측면은 설비와 화폐 가치 측면에서 관리하는 가치 관리이고, 기술적 측면은 설비 성능의 면을 관리하는 성능 관리이다. 이 양 측면은 칼의 양면과

같아 양쪽의 조화를 이룬 활동이 절대 필요하다. [그림 3-2]는 설비 보전의 관리 기능을 기술적 측면과 경제적 측면으로 대별하여 주요 기능 및 상호 관계를 표시한 것이다.

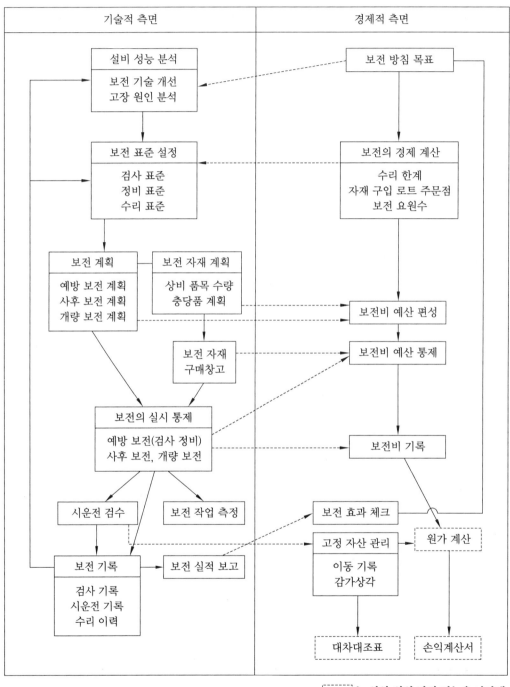

[그림 3 – 2] 설비 보전의 관리 기능

(2) 설비 보전 조직을 위한 고려 사항

① 제품의 특성(재료, 반제품, 제품의 화학적 · 물리적 · 경제적 특성)

② 생산 형태(프로세스, 계속성, 교체 수)

③ 설비의 특징(구조, 기능, 정밀도, 열화의 속도와 정도)

④ 지리적 조건(입지, 환경)

⑤ 공장의 규모

⑥ 인적 구성 및 역사적 배경(기술 수준, 관리 수준, 인간 관계)

⑦ 외주 이용도(외주 이용의 가능성, 경제성)

(3) 설비 보전 조직의 기본형과 특색

설비의 운전과 보전의 기능 분업은 설비의 자동화 · 고도화와 함께 전문 보전팀을 배치하게 되고 이들 보전팀을 관리 감독하여 보전의 책임을 수행할 관리자가 누구인가, 보전 책임이 집중인지 분산인지에 따라서 보전 조직의 기본형이 분류된다. 보처(H. F. Bottcher)는 보전 조직을 집중 보전, 지역 보전, 부분 보전 및 절충 보전으로 분류하고 있다.

〈표 3 - 1〉 보전 조직의 분류

분 류	조 직 상	배 치 상
집중 보전	집 중	집 중
지역 보전	집 중	분 산
부분 보전	분 산	분 산
절충 보전	위의 것 조합	위의 것 조합

① 집중 보전(central maintenance)

공장의 모든 보전 요원을 한 사람의 관리자인 보전 부문의 장 밑에 두고, 모든 보전 요원을 집중 관리하는 보전 방식이다.

㈎ 장점

㉮ 대 수리가 필요할 때 충분한 인원을 동원할 수 있다.

㉯ 각종 작업에 각각 다른 기능을 가진 보전 요원을 배치하기 때문에 담당 정도의 유연성이 좋다.

㉰ 긴급 작업, 고장, 새로운 작업을 신속히 처리한다.

㉱ 특수 기능자는 한층 효과적으로 이용된다.

㉲ 보전에 관한 책임이 확실하다.

㉳ 자본과 새로운 일에 대하여 통제가 보다 확실하다.

㉴ 보전 요원의 기능 향상을 위한 훈련이 보다 잘 행해진다.

(내) 단점

㉮ 보전 요원이 공장 전체에서 작업을 하기 때문에 적절한 관리 감독이 어렵다.

㉯ 작업 표준을 위한 시간 손실이 많다.

㉰ 일정 작성이 곤란하다.

㉱ 작업 의뢰에서 완성까지 시간이 많이 소요된다.

㉲ 보전 요원이 생산 근로자보다 우선순위를 갖게 된다.

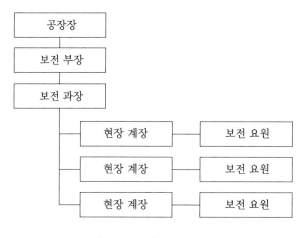

[그림 3 – 3] 집중 보전

② 지역 보전(area maintenance)

공장의 각 지역에 보전 요원이 배치되어 그 지역의 예방 보전 검사, 급유, 수리 등을 담당하는 보전 방식이다.

(개) 장점

㉮ 보전 요원이 쉽게 생산 근로자에게 접근할 수 있다.

㉯ 작업 지시에서 보전 완료까지 시간적인 지체를 최소로 할 수 있다.

㉰ 보전 감독자와 보전 요원이 각 설비에 능통하고 예비 부품의 요구에 신속히 대처할 수 있다.

㉱ 생산 라인의 공정 변경이 신속히 이루어진다.

㉲ 근무 교대가 유기적이다.

㉳ 보전 요원들은 생산 계획, 생산상의 문제점, 특별 작업 등에 관하여 잘 알게 된다.

(내) 단점

㉮ 대 수리 작업 처리가 어렵다.

㉯ 지역별로 보전 요원을 여분으로 배치하는 경향이 있다.

㉰ 배치 전환, 고용, 초과 근로에 대하여 인간 문제나 제약이 많다.

㉱ 실제적인 전문가를 채용하는 것이 어렵다.

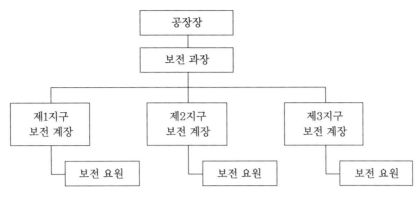

[그림 3 - 4] 지역 보전

③ 부분 보전(departmental maintenance)

공장의 보전 요원을 각 제조 부문의 장 밑에 배치하여 보전을 행하는 보전 방식이다.

㈎ 장점

지역 보전의 장점과 유사하나 보전 요원이 제조 부문의 장 밑에 배속되어 생산 할당에 따라 책임을 져야 할 관리자에 의하여 작업 계획이 수립되며, 인사 문제도 지역 보전보다 양호하다.

㈏ 단점

㉮ 제조 감독자들이 보전 업무에 대한 지식 능력이 없다.

㉯ 제조 감독자들은 생산 계획을 만족시키기 위해서 보전 작업을 무시하는 경우가 발생할 수 있다.

㉰ 보전 책임이 분할된다.

㉱ 보전비에 대한 예산 책정이 어렵고 관리도 곤란하다.

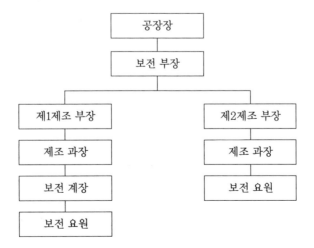

[그림 3 - 5] 부분 보전

④ 절충 보전(combination maintenance)

이 보전은 지역 보전 또는 부분 보전과 집중 보전을 조합시켜 각각의 장점을 살리고 단점을 보완하는 보전 조직이다.

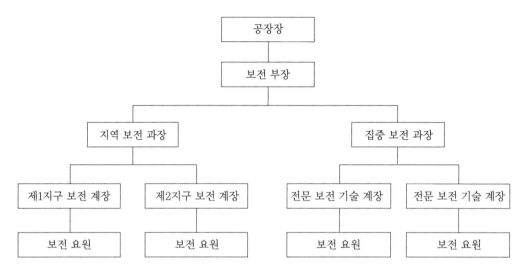

[그림 3 - 6] 절충 보전

2-2 설비 보전 표준화

(1) 설비 관계의 제 표준

표준이란 '종업원이 달성해야 할 작업 기준이 되는 사항을 표시하는 것'이다.

광의의 표준을 '사내 표준' 또는 '규정'이라고 한다. 표준의 대상에는 기술적인 것과 경영 관리적인 것이 있으며, 기술적인 표준을 '규격' 또는 '표준'이라고 하고, 경영 관리적인 표준을 '규정(規程)', '규정(規定)', '규칙' 등으로 구분하기도 하며, 제품 계열에 관한 것과 설비 계열에 관한 것으로도 나눈다.

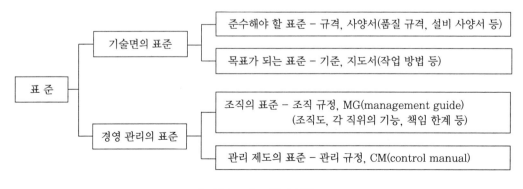

[그림 3 - 7] 표준의 분류

〈표 3 - 2〉 제품 계열과 설비 계열 표준의 비교 대조표

지정 내용	제품 계열	설비 계열
공통 요소의 설계 표준	제품 설계 규격	설비 설계 규격(설비 표준)
특정 제품 또는 설비 품질 표준	제품 규격(제품 조사 시)	설비 성능 표준(설비 사양서)
재료의 품질 표준	원료 구매 규격	설비 자재 구매 규격
수입 또는 완성 시의 시험 방법, 검사 방법의 표준	원료 검사 표준 제품 검사 표준	설비 자재 검사 표준 시운전 검수 표준
품질 유지를 위한 조건의 표준	기술 표준(제조 시방서)	설비 보전 표준(검사 표준, 보전 표준, 수리 표준)
작업 방법, 작업 시간의 표준	작업 표준(지시서, 지도서)	보전 작업 표준

(2) 보전 작업 관리의 표준화 특징

① 다양성 및 복잡성 : 보전 작업은 고장에 대한 발견, 접근, 분해, 수리 또는 교체, 재조립, 조정 등으로 구성되어 있으며, 보전 자재, 보전 장비 수송 · 행정 지원 등도 포함되어 있다.

② 가혹한 조건 : 일반적으로 가혹한 조건에서 이루어지며, 고장이 예측 범위 이외에서 발생되면 계획 보전의 틀이 깨지기 쉽다.

③ 투입 비용 과다 : 모든 설비의 모든 고장 유형에 대한 보전 활동 표준화 작업은 과다한 비용이 들며, 회사의 input이 되어야 한다.

④ 표준화의 이점 : 표준화 작업 과정에서 확보되는 점검 기준, 수리 표준 또는 측정 방법 개발 등은 보전 기술을 축적할 수 있는 기초가 된다. 또한 이들은 설비 개량 또는 설계 능력 향상에 큰 역할을 하게 된다.

(3) 설비 표준의 종류

① 설비 설계 규격

설비의 설계에 관한 표준으로 설비에 대한 공통적인 기계 요소, 즉 베어링, 기어, 밸브, 플랜지 등과 같은 사내 표준법 규격, 설비 능력 계산 방식의 기준 등을 표시하는 것으로 설비 표준이라고도 한다.

② 설비 성능 표준

설비 사양서라고도 하며, 설비를 운전할 때에 나타나는 성능의 표준으로 설비의 용도, 주요 치수, 용량 및 성능, 정밀도, 주요 부분의 구조, 재질, 소비 전력 · 증기량 · 수량 등을 표시한다.

③ 설비 자재 구매 규격

설비 설계 표준, 설비 성능 표준에 따라 규정되는 것으로 설비용 재료, 부품 등과 같은 것에 대한 품질의 표준이다.

④ 설비 자재 검사 표준

설비용 자재에 대해 표준에 일치되는지의 시험 방법, 검사 방법에 대한 표준이다.

⑤ 시운전 검수 표준

설비의 신설, 개조, 교체, 수리 등의 공사 후 정해진 성능을 발휘할 수 있는지에 대한 시운전 검수를 하는 방법에 관한 표준이다.

⑥ 설비 보전 표준

설비 열화 측정(점검 검사), 열화 진행 방지(일상 보전) 및 열화 회복(수리)을 위한 조건의 표준이다.

⑦ 보전 작업 표준

표준화하기가 가장 어려우나 가장 중요한 표준으로 수리 표준 시간, 준비 작업 표준 시간, 분해 검사 표준 시간을 결정하는 것, 즉 검사, 보전, 수리 등의 보전 작업 방법과 보전 작업 시간의 표준이다.

(4) 설비 보전 표준의 분류

표준 설정도 설비 보전의 직접 기능과 같이 세 가지로 나누어 볼 수가 있다.

보전은 일상 보전, 즉 초기 단계의 보전 작업이라고도 할 수 있다. 보전(일상 보전)과 수리는 처리의 대소에 따라 구분된다. 수리는 주로 공장 또는 외주에 의해 제작이나 추가 가공을 하는 것이며, 보전은 주로 공작 기계가 없어도 할 수 있는 작업으로 설비의 고장 장소에서 하는 경우가 많다. 즉, 급유, 청소, 조정, 부품 교환 등 수공구로 하는 정도의 작업이 일상 보전이다.

① 설비 검사 표준

설비 검사에는 입고 검사, 운전 중의 예방 보전 검사, 사후 검수가 있다. 이 중 예방 보전을 위해 하는 검사를 점검이라고 하며, 예방 보전을 위한 검사에도 몇 가지 종류가 있는데 이들 종류마다 표준서의 항목, 양식 등이 따로 규정되어야 한다.

㈎ 주기에 따른 구분

일상 검사는 매일, 매주 하는 것으로 검사 주기가 1개월 이내인 것, 정기 검사는 1개월 이상의 것으로서 3개월, 6개월 주기의 것이다.

㈏ 검사 항목에 따른 구분

성능 검사, 정도 검사 등으로 구분된다.

㈐ 대상 설비에 따른 구분

검사 대상이 되는 설비에 따라 기계 설비, 배관, 전기 설비, 계장 설비 등으로 분류한다. 기계 설비는 공작 기계, 운반 기계 등 설비의 종류에 따라 분류하고 각 설비에 맞는 항목이나 양식의 표준을 작성하는 경우가 많다. 이외에 간단한 외관 검사, 정밀 검사 등의 구분에 따라 표준을 작성한다.

② 보전 표준

보전의 조건이나 방법의 표준을 정한 것으로 보전 작업의 종류에 따라 급유 표준, 청소 표준, 조정 표준 등이 정해진다. 급유 표준에는 사진 등을 이용하여 급유할 곳에 번호를 붙여서 급유할 곳, 급유 방법, 기름의 종류, 주기, 유량 등을 표시하는 경우가 많다.

③ 수리 표준

수리 조건·방법에 대한 표준으로 특정 설비 또는 설비 부품에 대한 수리 표준을 작성하는 경우와 주물, 선반, 배관, 제관, 목공 등 제품을 대상으로 하는 수리 공작의 직능별 공작 표준을 작성하는 경우가 있다.

(3) 설비 보전 표준의 작성 절차

설비 보전 표준을 새로 작성할 경우나 개정할 경우에 다음과 같은 순서로 한다.

① 설비 프로세스 분석

보전 표준의 작성은 예방 보전 대상 설비(중점 설비)를 결정하는 것으로부터 시작한다. 중점 설비 선정은 경험적으로 행하는 경우도 있다.

② 설비 단위 분석

설비 단위 분석에는 실험과 조사에 의한 방법이 있다. 이 분석에 의하여 검사와 일상 보전이 필요한 개소가 명확해지며, 이에 따라 각각의 보전 표준을 작성한다. 중점 설비를 선정한 후 설비마다 열화 현상, 열화 원인 등을 검토하여 각 부분마다 예방 보전의 필요성을 조사한다.

③ 검사 주기 및 수리 한계 등의 결정

검사 주기나 수리 한계 등을 경제적으로 결정하는 것은 예방 보전을 위해 중요한 사항으로 과거 자료에 의한 성능 열화 경향, 열화에 의한 손실, 검사 및 수리 등의 보전 비용을 알면 시뮬레이션에 의해 최적 검사 주기나 수리 한계를 구할 수 있다. 그러나 PM 초기에는 이러한 자료가 부족하므로 경험에 의해 정하여 시행하면서 정확한 자료를 축적하여야 할 것이다.

3. 설비 보전의 본질과 추진 방법

3-1 설비 보전의 중요성과 효과

(1) 설비 보전의 중요성

기업의 발전은 곧 설비의 투자이므로 설비는 계속 증대되고 있고 이에 원가 절감 활동에 미치는 설비 보전의 역할은 매우 중요하게 다루어지고 있다. 안이한 설비 투자의 억제, 현 보유 설비의 최대한 활용, 가동률 제고, 안정된 품질을 낮은 원가로 만들어 내고, 설비 개량을 저렴하게 실시하며, 에너지와 재료 자원의 사용 효율 향상을 위한 활동이 바로 설비 보전의 핵심적인 업무라고 할 수 있다. 이처럼 설비의 근대화가 추진되면 될수록 그 설비의 유지·관리 활동은 기업에 있어서 매우 중요한 과제가 되며, 이러한 과제를 해결하는 것이 곧 설비 보전으로 경영에 있어서 필요 불가결한 것이다.

(2) 설비 보전의 효과

설비에 대한 의존도가 크면 클수록 설비 보전에 의한 효과가 크며, 이 설비 보전의 효과로는 다음과 같은 것들이 있다.

① 설비 고장으로 인한 정지 손실 감소(특히 연속 조업 공장에서는 이것에 의한 이익이 크다).
② 보전비 감소
③ 제작 불량 감소
④ 가동률 향상
⑤ 예비 설비의 필요성이 감소되어 자본 투자 감소
⑥ 예비품 관리가 좋아져 재고품 감소
⑦ 제조 원가 절감
⑧ 종업원의 안전, 설비의 유지가 잘 되어 보상비나 보험료 감소
⑨ 고장으로 인한 납기 지연 감소

3-2 설비 보전에 의한 설비의 유지 관리

설비는 사용함에 따라 점차로 열화됨은 물론, 자연 열화 또는 불의의 재해에 의해서도 열화된다. 이러한 열화가 없다면 설비 관리가 용이하지만 이 열화를 피할 수 없기 때문에 설비의 유지 관리 필요성이 있게 되는 것이다.

(1) 설비의 열화 현상과 원인

설비의 성능 열화(性能劣化)란 사용에 의한 열화(운전 조건, 조작 방법), 자연 열화(녹, 노후화 등), 재해에 의한 열화(폭풍, 침수, 지진 등)로 대별할 수 있으며, 이들의 결과에 의하여 마모, 부식 등의 감모(減耗), 충격, 피로 등에 의한 파손(破損), 원료 부착, 진애(塵埃) 등에 의한 오손(汚

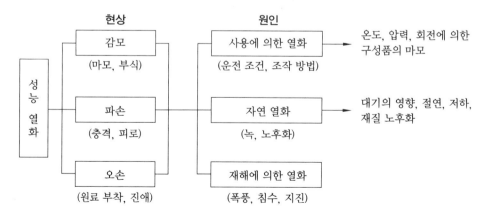

[그림 3 - 8] 성능 열화의 현상

損) 현상이 일어난다. 즉, 성능 열화는 설비의 본래 성능을 발휘하고 있는 상태로부터 물리적 · 화학적 현상에 의하여 열화되어 가는 현상을 말한다.

〈표 3 - 3〉 성능 열화의 원인

열화 원인		열화 내용
사용 열화	운전 조건	온도, 압력, 회전수, 설비 기능과 재질, 마모, 부식, 충격, 피로, 원료 부착, 진애
	조작 방법	취급, 반자동 등의 오조작
자연 열화		방치에 의한 녹 발생 방치에 의한 절연 저하 등 재질 노후화
재해 열화		폭풍, 침수, 지진, 폭발에 의한 파괴 및 노후화 촉진

일반적으로 성능 열화는 성능(기능) 저하형과 돌발 고장(기능 정지)형의 두 가지로 구분할 수 있으며, 한 설비에서 두 가지의 열화가 일어날 가능성도 있다.

〈표 3 - 4〉 열화의 두 가지 유형

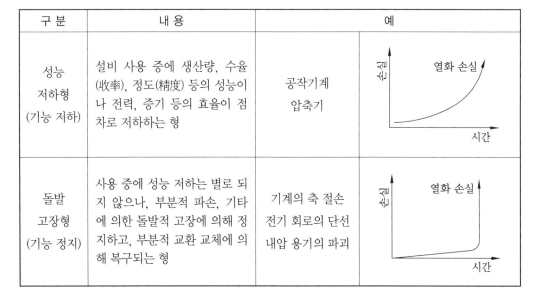

구 분	내 용	예	
성능 저하형 (기능 저하)	설비 사용 중에 생산량, 수율(收率), 정도(精度) 등의 성능이나 전력, 증기 등의 효율이 점차로 저하하는 형	공작기계 압축기	열화 손실 (손실/시간 그래프)
돌발 고장형 (기능 정지)	사용 중에 성능 저하는 별로 되지 않으나, 부분적 파손, 기타에 의한 돌발적 고장에 의해 정지하고, 부분적 교환 교체에 의해 복구되는 형	기계의 축 절손 전기 회로의 단선 내압 용기의 파괴	열화 손실 (손실/시간 그래프)

설비를 경제 가치로 볼 경우 기간의 경과와 더불어 가치가 감소한다. 이외에도 현 보유 설비가 신품일 때와 비교하여 점차로 열화되어 가는 절대적 열화(노후화)와 현 보유 설비보다 성능이 우수한 신형 설비에 비하여 구형이 되어 가는 상대적 열화(구형화)가 있다.

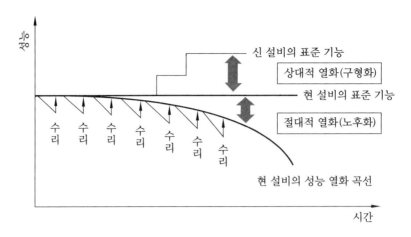

[그림 3 - 9] 절대적 열화와 상대적 열화

(2) 설비 열화의 대책

설비 열화의 대책으로서는 열화 방지(일상 보전), 열화 측정(검사), 열화 회복(수리)이 있다

① **열화 방지** : 먼저 현 보유 설비의 성능 유지를 위해서는 열화를 방지하여야 한다. 이를 위하여 작업자(operator)는 이상 발견의 최선단에 있기 때문에 매일 점검, 베어링, 기어 등의 회

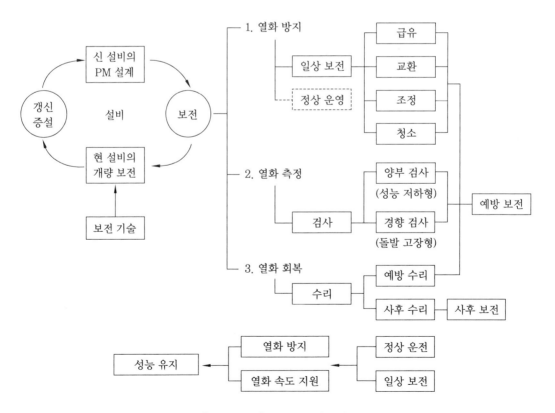

[그림 3 - 10] 설비 열화의 대책

전부, 습동부의 급유, 그랜드 패킹 등 소모 부품의 간단한 교환 및 조정 오손부의 청소 등을 통하여, 기계를 손질하여 정상 운전 및 일상 보전에 힘써야 한다.

② **열화 회복** : 정상 운전 및 일상 보전으로 열화를 방지하면 열화의 속도는 지연되나, 열화되는 것은 없앨 수 없다. 어느 정도 열화가 진행되면 원래의 성능으로 회복할 필요가 있는데, 이 열화 회복을 수리라고 한다. 이 경우 열화가 어느 정도 진행되고 있는가를 측정하여 고장이 일어나기 전에 행하는 예방 수리와 고장, 정지 후 수리하는 사후 수리가 있다.

③ **열화 측정** : 열화의 측정은 검사라고 부르며, 이 검사는 그 성질에 따라 양부(良否) 검사와 경향(傾向) 검사로 구분한다. 양부 검사는 일반적으로 성능 저하형의 열화 측정에 적용되며, 경향 검사는 돌발 고장형의 열화에 대하여 열화의 경향을 예측하기 위하여 실시한다.

3-3 설비의 최적 보전 계획

(1) 설비 보전의 비용 개념

보전비를 사용하여 설비를 만족한 상태로 유지함으로써 막을 수 있었던 생산성의 손실을 기회 손실, 혹은 기회 원가(opportunity cost)라고 한다.

경제적인 관리는 불합리한 보전비의 삭감보다는 보전비와 설비의 열화에 따른 기회 손실(열화 손실)의 합계를 최소한으로 줄이는 것이 가장 효과적이다.

[그림 3-11]은 최적 수리 주기를 나타낸 것으로, 단위 시간당 열화 손실은 시간(처리량)의 증대와 함께 증가한다. 한편, 단위 시간당 보전비는 수리 주기 시간을 길게 할수록 감소한다. 따라서 이 두 가지 비용의 합계 곡선(설비 비용)에서 구해지는 최소 비용점의 주기에서 수리하는 것이 가장 경제적이며, 가령 물리적으로는 조업이 가능해도 경제적으로 최소 비용점까지 설비 열화가 도달하였으면 수리의 한계점에 이르렀다고 보아야 한다. 따라서 이 점을 수리 한계라고 한다. 또한 설비의 열화가 수리 한계를 넘은 점까지 이른 상태는 정지하지 않았어도 고장이라고 보아야 한다.

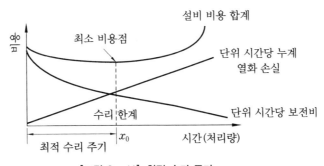

[그림 3 - 11] 최적 수리 주기

이상과 같이 설비 보전은 가장 경제적인 보전, 다시 말하면 보전의 최적 방법(비용 최소, 이익 증대)을 추구하여 기업의 생산성을 향상시키고자 하는 것이다.

생산의 3요소, 즉 사람(man), 설비(machine), 재료(material)의 조합을 가장 효과적으로 하는 것이 최적 방법이며 이와 같은 요소를 각각으로 판단하지 말고 종합적으로 판단하는 것이 중요하다.

열화 손실을 감소시키기 위해서는 보전비가 필요하며, 보전비를 사용하지 않으면 설비의 열화 손실은 증대되는 상반되는 경향이 있는 두 가지 요소의 조합(설비 비용의 합계)에서 최적 방법(최소 비용점)을 구한다.

열화로 인한 고장 휴지나 성능 저하에 따른 손실, 즉 열화 손실에는 〈표 3-5〉와 같이 6항목의 요소가 있다.

〈표 3 - 5〉 열화 손실의 요소

P	: 생산량 감소 -----------	감산량×(판매단가−변동비)＝생산 감소 손실
Q	: 품질 저하 -----------	품질 저하품 판매 가격 차 손실, 회사의 신용 저하
C	: 원단위 증대 -----------	원료비, 동력비, 노무비 등
D	: 납기 지연 -----------	일정 불안정에 따른 손실, 납기 지연의 손실, 신용 저하
S	: 안전 저하 -----------	재해 손실
M	: 환경 조건의 악화 -------	의욕 저하

① 생산량 감소 손실

생산 감소 손실은 감산량×(판매단가− 변동비)로 계산되며, 이 경우 생산된 제품은 전부 판매되는 것을 전제로 해야 한다. (판매단가− 변동비)는 한계 이익을 나타내며, 여기서 변동비의 산출을 어떻게 하느냐가 생산 감소 손실을 최소로 하는 지름길이 된다.

② 품질(quality) 저하 손실

품질 저하 손실은 열화 때문에 품질 저하품이 발생하여 그 판매 가격이 저하되었을 경우, 그 차액이 손실로 계산된다. 이 손실액 외에도 계산하기 곤란하나 품질 저하로 인하여 회사의 신용이 저하되는 것도 고려하여야 한다.

③ 원단위 증대 손실

원단위 증대 손실은 원료의 보유 감소, 기계의 효율 저하에 따른 동력비 증가, 노무 원단위 증가 등에 의하여 발생하는 손실로 계산된다.

④ 납기(delivery) 지연 손실

납기 지연 손실은 생산 감소로 인한 납기 지연, 계약상 지체료의 지불, 선적의 체선료(滯船料) 지불 등에 의하여 발생하는 손실이다. 이외에도 공정 일정의 불안정 때문에 발생하는 여러 가지 손실도 납기 지연 손실이다.

⑤ 안전(safety) 저하에 의한 재해 손실

안전 저하 때문에 업종에 따라서는 매우 큰 재해 손실이 발생하는 경우가 있다. 이 경우 재해 보상비에 의한 손실비가 발생하나, 안전 문제는 금전적인 면을 초월하여 인간성의 존중이라는 면에서 고려하여야 할 중요한 요인이다.

3. 설비 보전의 본질과 추진 방법 **113**

⑥ 환경 조건의 악화로 인한 의욕 저하 손실

환경 조건의 악화로 인한 의욕 저하 손실은 금전적으로 표시하기 곤란한 요인이지만, 안전 문제와 더불어 휴머니즘의 문제로 고려하여야 한다. 이러한 열화 손실을 감소시키기 위해서는 다음과 같은 조치를 취해야 한다.

　(개) 일상 보전 : 급유, 교환, 조정, 청소 등의 적정 실시

　(내) 정상 운전 : 운전자에게 훈련과 지도 실시

　(대) 예방 보전 : 주기적 검사와 예방 수리의 적정 실시

　(래) 개량 보전 : 보전면에서 중점을 둔 설비 자체의 적정 체질 개선

　(매) 설비 갱신 : 갱신 분석의 조직화

　(배) 보전 예방 : 신 설비의 PM 설계

보전비는 [그림 3-12]와 같이 목적별 · 요소별로 구분된다.

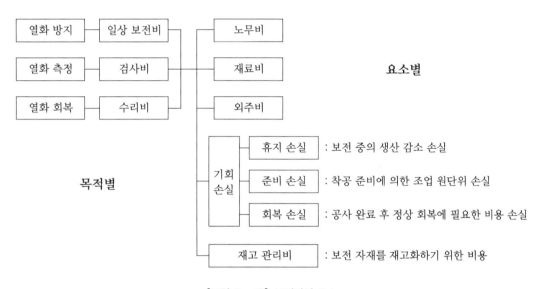

[그림 3 - 12] 보전비의 요소

목적별로 분류하면 일상 보전비(열화 방지비), 검사비(열화 측정비), 수리비(열화 회복비)가 되며, 요소별로는 노무비, 재료비, 외주비, 휴지(정지) 손실비, 준비 손실비, 회복 손실비, 재고 관리비로 분류할 수 있다. 여기서 휴지 손실, 준비 손실, 회복 손실을 기회 손실이라고 하며, 이러한 보전비를 줄이기 위해서는 다음과 같은 조치가 필요하다.

　(개) 보전 작업의 계획적 시행　　　　(내) 보전 작업 방법의 개선 표준화

　(대) 보전 담당자의 교육 훈련　　　　(래) 외주 업자의 적절한 이용

　(매) 보전 자재의 적정 재고　　　　　(배) 설비 예산과 보전비의 효율적 관리

　(새) 설비 관리 사무체계의 개선

(2) 최적 수리 주기의 결정 방법

① 설비의 보전비와 열화 손실비 합계를 최소로 하는 것이 가장 경제적인 방법이다.

② 단위 기간당 열화 손실비는 시간(처리량)의 증대와 더불어 증대한다.

③ 단위 기간당 보전비는 수리 주기(시간 또는 처리량)를 길게 할수록 감소한다.

④ 이 두 가지 비용 곡선의 합계 곡선으로부터 최소 비용점을 구할 수 있다.

⑤ 이 최소 비용점까지의 주기에서 수리하는 것이 가장 경제적이며, 이를 설비의 최적 수리 주기라고 한다.

열화 손실 곡선을 $f(x)$, 1회의 보전비를 a원으로 하여 최적 수리 주기 x_0를 구해 보면,

$$\text{단위 기간당 보전비} = \frac{a}{x}$$

$$\text{단위 기간당 열화 손실비 합계} = \frac{1}{x}\int_0^x f(x)dx$$

$$\text{양자의 합계} = \frac{a}{x} + \frac{1}{x}\int_0^x f(x)dx$$

이를 미분하여 0으로 놓으면 x_0가 구해진다.

$$x_0\, f(x_0) - \int_0^{x_0} f(x)dx = a$$

이 식의 물리적인 의미는 사선 부분이 a원이 되는 점 x_0가 구하고자 하는 최적 수리 주기이다.

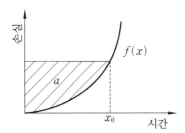

[그림 3 - 13] 최적 수리 주기의
물리적 의미

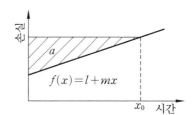

[그림 3 - 14] 열화 손실이 직선으로 증가하는
경우의 최적 수리 주기

열화 손실이 직선으로 증가하는 경우 열화 손실

$$f(x) = l + mx$$

위에서와 같은 요령으로 유도하면, 수리 주기 x_0는 다음과 같이 구해진다.

$$x_0 = \sqrt{\frac{2a}{m}}$$

$a = 450$만원/회, $m = 50$만원/월이라면 $x_0 = 3$개월이 된다.

여기서 열화 곡선이 안정되어 있어 언제나 같은 경향을 따른다면, 최적 수리를 한 번 계산하여 다음에도 그 주기에서 수리하는 것이 바람직하다. 그러나 일반적으로 열화에도 불균형이 있어 열

화 경향을 그때마다 조사하여 수리 시기를 결정할 수밖에 없는 경우가 있다.

(3) 부품의 최적 대체법

최적 수리 주기의 계산은 주로 성능 저하형의 열화에 대하여 적용되나, 돌발 고장형의 열화에 대해서는 부품의 최적 대체법을 적용할 필요가 있다.

어떤 설비 혹은 부품이 부정적인 시간 간격으로 고장을 일으키며, 또한 큰 손해를 수반할 경우 [그림 3-15]와 같은 세 가지 부품 대체 방식을 생각할 수 있다.

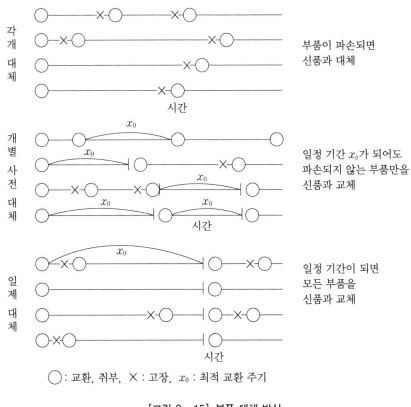

[그림 3 - 15] 부품 대체 방식

- 각개 대체(사후 대체) : 부품이 파손되면 신품으로 대체하는 방식
- 개별 사전 대체 : 일정 기간 x_0만큼 경화하여도 파손되지 않은 부품만을 신품으로 대체하는 방식
- 일제 대체 : 일정 기간 x_0만큼 경과했을 때 모든 부품을 신품으로 대체하는 방식

각개 대체와 같이 부품의 수명이 다 될 때까지 사용하는 것보다 개별 사전 대체와 같이 일정 기간만큼 경화하여도 파손되지 않은 부품은 이 시점에서 강제적으로 폐기하고 신품으로 대체하는 쪽이 평균으로 보아 유리한 경우가 많다. 또한, 부품을 하나 하나 대체하는 데 비하여 많은 부품을 일제히 대체할 때의 비용이 대단히 저렴하다면 일제 대체 쪽이 유리하게 된다.

(4) 최적 설비 검사(점검) 주기의 결정 방법

$$T \fallingdotseq \sqrt{\frac{2 \cdot A}{r \cdot B}} = \sqrt{\frac{2}{C \cdot r}}$$

여기서, A : 1회의 검사에 소요되는 비용

B : 장해 때문에 생기는 단위 기간당 손실(단위 기간 1일, 1월, 1년 등)

r : 단위 기간당 장해 발생 도수

T : 최적 검사 주기

C : 손실 계수 $= \dfrac{B}{A}$

예를 들어 S설비에 있어서 순회 검사 비용이 100원, 1일 중 고장이 나서 정지되어 있으면 그 손실이 4,000원, 고장 발생은 1일당 0.2건(5일 간 1회 정도)이라고 할 때 순회 검사의 최적 주기를 구하면,

A : 100원, B : 4,000원, r : 0.2, C : 4,000/100 $=$ 40

$$\therefore T \fallingdotseq \sqrt{\frac{2}{C \cdot r}} = \sqrt{\frac{2}{40 \times 0.2}} = 0.5(일)$$

즉, 1일 2회 검사하는 것이 바람직하다.

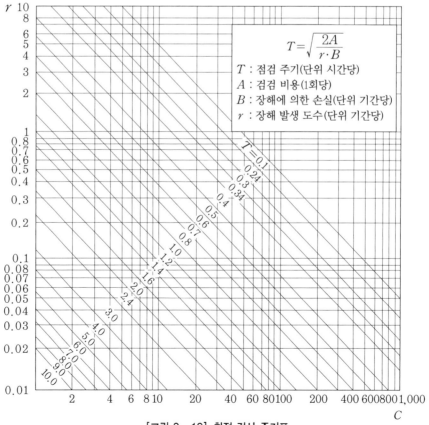

[그림 3 - 16] 최적 검사 주기표

3-4 보전 시간

보전 시간은 검사 주기와 더불어 보전 활동에 가장 중요한 요소 중의 하나이다. 보전 시간은 그 원인과 결과 및 소요 시간과 관계없이 생산량 감소를 비롯한 모든 손실의 근본 원인이 된다. 그러므로 보전 방법에 따른 보전 시간 예측과 결정은 기술적인 것만이 아니라 설비 관리 조직에 의해 결정되는 요소이다.

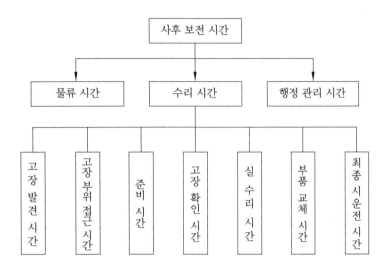

[그림 3-17] 보전 시간

(1) 고장 시간

① 운전자의 고장 확인

② 고장 보고

③ 보전 요원 이동

④ 보전 요원에 의한 고장 확인

　(가) 내부 검사 또는 특정 장비의 도움 없이 고장 여부 확인(자체 검사)

　(나) 외부 검사 또는 특정 장비 필요(외부 검사 의뢰)

⑤ 수리 준비

　(가) 내부 준비

　(나) 외부 발주

⑥ 고장 부위 접근 및 분해

⑦ 원인 분석

⑧ 고장 점검 수리 및 교체

　(가) 고장 부품 제거

　(나) 열화 복원

⑨ 재조립

⑩ 시운전, 조정 및 검사

(2) 예방 보전 시간

① 정기 점검

    ㈎ 내부 검사 또는 특정 장비 없이 자체 점검

    ㈏ 외부 검사 또는 특정 장비로 외주 점검

② 오버홀(overhaul)

③ 수리

④ 부품 교체

⑤ 정기 교정

⑥ 연료 보급

⑦ 셧다운(shutdown)

3-5 설비 보전의 추진 방법

생산 보전은 열화 손실비와 보전비의 합계인 설비 비용을 절감하고, 생산성을 높이는 데 목적이 있으므로 다음과 같은 사항들을 추진하여야 할 것이다.

① 현 보유 설비와 기술 범위 내에서 가장 설비 비용이 적게 드는 보전의 최소 비용점을 찾아내야 한다.

② 열화 손실비를 최소화해야 한다.

열화손실을 최소화하려면 먼저 열화를 방지하여야 하며, 이는 일상 보전의 적정 실시와 정상 운전으로 가능하다. 열화 손실의 근본 대책은 개량 보전, 설비 갱신 및 신 설비의 PM 설계 등을 하는 것이다.

③ 최소의 보전비로 보전 효과를 높이는 방법을 찾아내야 한다.

같은 보전 작업이라도 가장 보전비가 적게 드는 방법을 찾아내야 하며, 그 보전 방법에는 보전 관리 기법(조직, 제도, 절차 등)과 작업 방법의 양쪽이 다 포함되는데, 이들의 요점을 열거하면 다음과 같다.

    ㈎ 보전 작업의 계획적 시행

    ㈏ 보전 작업의 방법의 개선

    ㈐ 보전 작업의 측정의 실시

    ㈑ 보전 요원의 교육 훈련

    ㈒ 외주 업자의 유효 활용

    ㈓ 보전 자재 재고의 적정화

    ㈔ 설비 예산과 보전비 관리

3-6 기본 설비 보전 업무

설비에 대한 보전 요구가 있게 되면 가장 기본적이고 필요한 보전 방법을 적정하게 선택 또는 병행하여 실시한다.

① 고장 점검 수리(trouble shooting) : 시스템이나 설비의 기능 상실의 원인을 명확하게 규명하기 위한 과정으로 외부의 지원이나 장비가 필요한지의 여부, 고장 축적 수준이 어느 정도인지에 대한 규명 활동이다. 이것은 고장 진단 및 고장 제거 성격의 활동으로 보전 활동 중 가장 기본적인 업무이다.

② 교정(calibration) : 교정은 각 부품들을 작업 표준, 2차 표준 및 3차 표준에 대해 확인하는 과정으로 주로 정밀 측정 장치에 대해 실시한다. 이것은 정밀 측정기 또는 검사 설비 사용 중 혹은 수리 직후에 실시한다.

③ 기능 시험 : 구성 요소의 보전 활동 후 운전 조건의 검증을 위하거나 정기 보전 계획 보전 요구를 위해 시스템 운용을 확인하는 것이다.

④ 대체 또는 교체 : 보전 요구에 의해 지정 부품 등을 제거한 후 다른 유사 기능 부품으로 바꾸는 것이다.

⑤ 수리 : 운전 상태로 되기 위해 필요한 사후 보전의 하나로 부품 교체, 보전 자재 개조, 조임, 주유, 청소, 봉합 등의 활동이다.

⑥ overhaul : 운전 사양에 따라 가동 중인 부품들을 완전 분해, 재작업, 시험을 통하여 만족할 만한 상태로 다시 돌려놓는 것이다.

⑦ 윤활 관리 : 윤활의 목적은 감마 작용, 냉각 작용, 밀봉 작용, 방청 작용, 청정 작용 등으로 보전에서 가장 기본적이고 중요한 것이다.

⑧ 재설치 : 보전 요구를 충족시키기 위해 수리 후 같은 기구나 부품을 다시 설치하는 것이다.

⑨ 제거 : 어떤 기본 요소를 보전 요구에 의해 설비나 시스템 계층 구조의 직속 상위 구성 요소로부터 제거하는 활동이다. 설비로부터 조립품을, 또는 단위에서 조립품을 제거하는 것이 그 예이다.

⑩ 점검 : 운전 품질의 필수 조건이 계속 유지되는지를 확인하기 위한 하나 또는 연속적인 검사 활동이다.

⑪ 조정 : 주어진 조건들이 만족될 때까지 부품을 적절하게 정렬하고 조정하여 최적의 운전 조건을 얻기 위해 시스템이나 설비를 복원하는 것이다.

3-7 설비 보전 실시상의 유의 사항

설비 보전을 하고 있는 곳, 혹은 설비 보전을 실시하고 있다고 생각되는 공장에서 만약 설비 보전의 효과가 나타나지 않는다면, 아래와 같은 유의 사항 중 어느 곳에 결함이 있는지 확인해 볼 필요가 있을 것이다.

① 경영자가 설비 보전을 이해하고, 열의를 가지고 있는가.
② 보전상의 문제점을 명확히 하고 있는가.
③ 중점주의적인 사고방식으로 예방 보전을 계획하였는가.
④ 설비 보전을 모든 부분에 잘 이해 · 숙지시키고 있는가.
⑤ 설비 보전 시스템을 확립하였는가.
⑥ 설비 보전의 제도 수속을 확립하였는가.
⑦ 설비 보전을 실천에 옮기고, 개선 향상을 계속하였는가.

4. 설비의 예방 보전

예방 보전의 기본적인 활동은 설비의 고장 방지, 또는 유해한 성능 저하를 유발하는 상태를 발견하기 위하여 설비의 주기적인 검사와 초기 단계에 있는 동안에 그러한 상태를 제거 · 조정 또는 수복하기 위한 설비의 보전으로서 검사와 예방 수리가 특색이라고 할 수 있다.

4-1 예방 보전의 기능

(1) 취급되어야 할 대상 설비의 결정

예방 보전은 공장에 있는 모든 설비나 기계를 전부 대상으로 할 수 없기 때문에 다음과 같은 방법으로 필요한 대상을 선정하여야 한다.
① 점검 대상 설비가 중요한 것인가를 검토하여야 한다.
② 예방 보전 비용이 고장 수리 비용보다 많을 경우에는 예방 보전은 그 가치가 없다.
③ 대기 장비가 쉽게 준비될 수 있는가에 따라 예방 보전의 소요 판단이 될 수 있다.
④ 설비의 상태가 노후하여 수명이 한계에 달하면 예방 보전 효과가 없으므로 이러한 제반 사항을 고려하여 예방 보전 대상을 선정하여야 한다.

(2) 대상 설비 점검 개소의 결정

생산 설비에 대한 점검 목록을 작성하여 그 설비의 상태에 따라 그 체크 포인트가 조정되어야 하며, 항상 설비의 상태가 최적 조건인가를 점검하는 데 필요한 부분을 모두 항목에 넣어야 한다.

(3) 보전 작업에서 점검 주기의 결정

보전 주기는 설비의 노후화에 따라 점검 빈도가 높아져야 하며, 가동 부하의 변동에 의하여 주기를 연장 또는 단축하게 되고, 특히 운전 중에 있어서 마찰, 침식, 진동, 과부하 또는 압력을 받고 있는 설비일수록 주의 깊게 점검 빈도가 조정되어야 한다.

(4) 점검 시기에 관한 결정

보전 작업 계획을 가장 효과적으로 수립하려면 연간 작업 총괄 계획을 작성하여야 하며, 합리적으로 점검 일정이 주기를 충족할 수 있어야 한다.

(5) 조직에 관한 결정

이상의 네 가지 기능을 수행하기 위하여 어떠한 조직이 적합한가 하는 것은 공장의 규모 및 종류에 따라 결정이 되며, 가장 중요한 점은 예방 보전을 포함하여 일반 보전 작업 계획을 수립하고 이를 위해 하자 없는 구성 인원의 자격이 고려된다. 아무리 많은 인원으로 커다란 조직을 갖춘다 하여도 능력 있는 구성 인원과 능률적 편성이 아니면 낭비일 뿐 아니라 책임 한계의 불확실성 때문에 작업 수행에 나쁜 영향이 많게 된다.

4-2 예방 보전의 효과

① 설비의 정확한 상태 파악(예비품의 적정 재고 제도 확립)
② 대수리의 감소
③ 긴급용 예비기기의 필요성 감소와 자본 투자의 감소
④ 예비품 재고량의 감소
⑤ 비능률적인 돌발 고장 수리로부터 계획 수리로 이행 가능
⑥ 고장 원인의 정확한 파악
⑦ 보전 작업의 질적 향상 및 신속성
⑧ 유효 손실의 감소와 설비 가동률의 향상(경제적인 계획 수리 가능)
⑨ 작업에 대한 계몽 교육, 관리 수준의 향상(취급자 부주의에 의한 고장 감소)
⑩ 설비 갱신 기간의 연장에 의한 설비 투자액의 경감
⑪ 보전비의 감소, 제품 불량의 감소, 수율의 상승, 제품 원가의 절감
⑫ 작업의 안전, 설비의 유지가 좋아져서 보상비나 보험료가 감소
⑬ 작업자와의 관계가 좋아져서 빈번한 고장으로 인한 작업 의욕 감퇴 방지와 돌발 고장의 감소로 안도감 고취
⑭ 고장으로 인한 생산 예정의 지연으로 발생하는 납기 지연의 감소

4-3 중점 설비의 분석

중점 설비 분석을 위해서는 다음과 같은 사항들을 파악하여야 한다.
① 현 설비의 이론 능력, 최대 능력, 조건 능력, 기대 능력 등 파악

② 예비기의 유무로 휴지(정지) 손실의 영향이 큰 중점 설비 파악

③ 기준 생산량을 위배한 생산 감소 손실을 주는 것, 수리비가 큰 것 등 과거의 고장 통계 분석

④ 설비 열화가 품질 저하 또는 원단위에 미치는 영향이 큰 설비

⑤ 설비 환경과 작업 조건이 열화에 미치는 영향이 큰 설비

⑥ 안전상의 중점 설비

⑦ 중점도 설정 기준을 수립하여야 한다.

〈표 3-6〉은 중점도 설정 기준의 한 예를 나타내고 있다.

설비 및 기계 장치 PM 평가표의 작성 요령과 평가 방법을 보면 다음과 같다.

   ⑦ 설비 및 기계 장치 PM 평가표의 각 항목에 대하여 평가 기준을 참고로 하여 5, 4, 3, 2, 1의 평점을 부여한다(단, 5점은 전 항목에 부여하지 않는다).

   ⑭ 평점이 많은 설비 기계일수록 PM이 유효하다고 본다(단, 5점 란에 항목 중 하나라도 있을 경우 종합 평점의 여하에 관계 없이 우선적으로 PM의 대상으로 하는 것이 좋으며, 그 순위는 5점을 취득한 수에 따른다).

   ⑭ 비고란에는 표의 항목만으로 부족할 경우 부족한 항목들을 기입한다.

   ⑭ 등급은 종합 평점 비고를 기초로 공무 담당 부문과 협의하여 결정한다(단, 평가는 A, B, C, D로 구분한다).

   ⑭ 평가 결과인 종합 평점이 30점 이상일 경우에는 A, B의 대상, 20~29점은 C의 대상, 19점 이하의 것을 D의 대상으로 한다.

   ⑭ 이상의 결과 A, B의 대상이 된 설비 기계는 정기 점검, C의 대상이 된 설비 기계는 일상 보전, D의 대상이 된 설비 기계는 PM 대상에서 제외한다.

〈표 3 - 6〉 중점도 설정 기준의 예

항 목	채점 내용	항목별 점수	중점도 계수
P(생산량)	① 생산상 애로가 되는 정도 ② 고장 정지에 의한 손실 정도 ③ 예비기의 유무와 대체 난이도	1~5점	10
Q(품질)	① 품질에 영향을 미치는 정도 ② 품질 변동의 다소 ③ 고장에 의한 품질 손실 정도	1~5점	9
C(원가)	① 안전비의 다소 ② 열, 동력의 소비 정도 ③ 고장에 의한 원가 손실의 정도	1~5점	9
D(납기)	① 재고품에 의한 손실 정도 ② 생산 평형이 문제가 되는 정도	1~5점	7
S · M (안전 환경)	① 고장에 의한 안전 조업에 영향을 주는 정도 ② 고장에 의하여 환경이 나빠지는 정도	1~5점	6

〈표 3 - 7〉 중점도별 관리 기준

중점도 구분	관리 기준
A	설비 표준, 보전 작업 표준 및 주유 표준을 설정하여 예방 보전 실시
B	보전 작업 표준, 검사 표준 및 주유 표준을 설정하여 예방 보전 실시
C	간단한 검사 표준 및 주유 표준을 설정하여 예방 보전 실시
D	주유 표준을 설정하여 사후 보전 실시

4-4 예방 보전 검사 제도

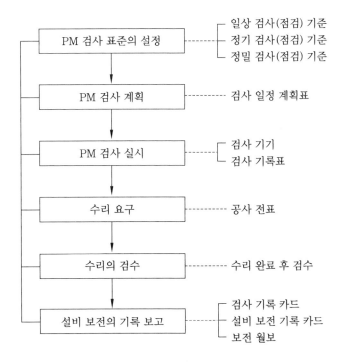

[그림 3 - 18] 전형적인 예방 보전 검사 제도의 흐름

(1) PM 검사 표준의 설정

① 설비의 열화 정도를 조사하는 검사 방법과 측정 방법의 표준을 말한다.

② 설비 표준에는 검사 부위, 항목, 주기, 검사 방법, 기구, 판정 기준 처리 등이 포함된다.

③ 검사의 종류는 다음과 같다.

   ⑺ 방법별 : 외관, 분해, 정밀 검사 등

   ⑷ 주기별 : 일상 · 정기 · 임시 검사 등

   ⒟ 항목별 : 성능, 정밀 검사 등

   ⒠ 대상 설비별 : 기계 장치, 배관, 전기 설비, 계장기기 검사 등이 있다.

(2) PM 검사 계획

검사 계획은 설비 검사 표준에 입각해서 조업 현장의 생산성에 대한 사정과 검사 요원의 부하 양쪽 모두를 고려해서 언제, 무엇을 검사할 것인가에 대해서 계획을 하는 것이다. 일상 검사에서 운전 중에 실행해야 할 외관 검사는 생산에 영향이 없어야 하며, 검사 요원도 정상적인 업무이므로 계획상의 어려움은 없다.

또 운전 중의 검사인 경우에도, 1개월 이상의 주기를 가지고 있는 정기 검사로 하면 주기마다 잊어버리지 않고 검사를 하도록 할 수 있으며, 특히 될 수 있는 대로 검사에 따르는 작업량이 지나치지 않도록 계획을 수립해야 한다.

분해를 필요로 하는 검사의 경우 될 수 있는 대로 조업의 교체라든가 공사 등과 때를 같이 할 수 있도록 미리 일정 계획을 편성해 둘 필요가 있다.

냉동기 등과 같이 계절에 따라서 가동률을 달리하는 설비에 대해서는 가능하면 계절 전에 검사나 보전을 해야 하는 등 검사 계획을 위해서는 검사 일정 계획표와 같은 것을 이용한다.

(3) PM 검사 실시

최근 검사 장비들이 첨단화됨에 따라 육감에 의존하는 검사만이 아니라 검사 장비를 활용한 보다 정확한 정량적인 검사가 실시되고 있다.

비파괴 검사법에는 X선 탐상기, 초음파 탐상기, 자기 탐상기, 침투 탐상액 등이 널리 이용되고 있으며, 최근에 이르러서는 아이소토프(isotope)를 이용해서 운전 중에 검사할 수 있는 수준에 도달하고 있다. 설비에 대한 검사의 결과는 체크리스트나 검사 기록표에 기록하여야 한다. 일상 점검이나 정기 검사 등과 같은 양부 검사의 경우에는 예방 점검표와 같은 체크 리스트가 사용된다. 그러나 정밀 검사와 같이 경향을 조사하는 검사에는 측정치를 검사할 때마다 순차적으로 기입할 수 있는 검사 기록표 양식이 필요하다.

(4) 검사에 따르는 수리 요구

설비 검사를 하는 것은 수리 요구를 계획적으로 하기 위한 것이다. 그러나 검사를 했더라도 필요한 수리가 적절한 시기에 실시되지 못한다면 아무런 의미가 없다. 그러므로 검사 요원이 수리가 필요하다고 인정할 때 수리 요구를 할 수 있는 권리를 가지고 있지 않으면 검사를 통하여 고장 개소를 발견하였어도 적절한 수리 시기를 놓치게 될 것이다. 물론 이 경우에는 검사 요원의 경우 판정에 오차가 없도록 검사 기술이 숙련되어 있어야 한다.

(5) 수리의 검수

일반적으로 수리 요구에 대해서는 적극적이지만, 검수는 대체로 무시되는 경우가 있다. 운전 부문에서는 다소의 문제가 있더라도 빨리 운전을 시작하려고 하며, 수리 공장에서는 조속히 마무리를 짓고 다음 작업을 하려고 하기 때문에 수리 완료의 확인이 다소 소홀해지기 쉬운 것이 보통이다. 따라서 수리 요구자는 요구한 대로 수리가 되었는지 여부에 대해서 확실히 점검하여야 한다. 일반적으로 수리 요구를 한 검사 요원이 검수를 해야 하며, 수리 중이 아니면 볼 수 없는 내부 상태의 점검 등에 대해서는 수리 중에 점검을 해야 한다.

(6) 설비 보전의 기록 보고

설비 보전 기록에는 설비마다 보전에 따르는 이력, 예를 들면 수리한 연월일, 수리 내용, 수리 용 자재, 연 운전 시간 등을 기록하며, 기록 양식으로서는 대장식과 카드식이 있으며, 최근에는 전산 처리를 하고 있다. 설비의 이동, 기록 색인 등을 위한 편리성을 고려하여 대장식보다는 카드식이 편리하다.

이 설비 보전 기록의 역할로서는

첫째, 수리 주기의 예측 및 소요 비용 견적에 도움이 되며 예산 편성의 근거가 된다.

둘째, 설비마다 매년 수리비를 파악할 수 있으므로 갱신 분석 시 기초 자료가 된다.

셋째, 수리용 자재의 상비수 계산의 기초가 된다.

등 그 효과는 아주 크다. 또한, 예방 보전에 대한 실시 결과는 일반적으로 매월 보전 기록을 보고한다.

보고를 하는 목표는 첫째, 경영 간부들에게 PM에 대한 관심을 가지게 하는 것, 둘째, 보전 담당자 스스로가 실시 결과를 반성하는 것, 셋째, 보다 효과를 높일 수 있는 방안을 찾아내는 데 있다.

5. 공사 관리

공사 관리란 미리 정해진 사양에 따라 요구일까지 가장 경제적으로 공사를 수행하는 데 필요한 일시 계획을 세우고 공사를 통제 · 감독 · 조정하여 공사의 실적 집계, 결과 검토, 공사 수행의 문제점을 분석하여 항상 최경제적인 공사를 실시하는 것이다.

5-1 공사의 목적 분류

공사는 그의 지출 목적에 따라서 다음과 같이 구분한다.

(1) 자본적 지출

신설, 증설, 확장, 갱신, 개조 등과 같은 자산 공사비를 가리키는 것으로서, 보통 건설이라고도 한다.

(2) 경비 지출

설비 성능을 유지 보전하기 위한 수리 공사비 등을 말하는 것으로, 보통 수선 또는 보수라고도 한다.

수리 공사에 대해서는 다시 그 목적하는 바에 따라서 〈표 3-8〉과 같이 분류된다.

〈표 3 - 8〉 수리 공사의 목적에 따른 분류

분류	명 칭	설 명	예산 구분	공사 요구
A	돌발 수리 공사	설비 검사에 의해서 계획하지 못했던 고장의 수리	PM 담당과	사용과
B	사후 수리 공사	설비 검사를 하지 않은 생산 설비의 수리		
C	예방 수리 공사	설비 검사에 의해서 계획적으로 하는 수리	PM 담당과	PM 담당과
	정기 수리 공사	정기 수리 계획에 의해서 하는 수리		
D	보전 개량 공사	보전상의 요구에 의해서 하는 개량 공사 (예 : 수리 주기를 연장하기 위한 재질 변경 등)		
E	개수 공사	조업상의 요구에 의해서 하는 개량 공사 (예 : 배관 교체, 기타 변경 공사 등)	사용과	사용과
F	일반 보수 공사	제조의 부속 설비의 공정, 사무, 연구, 시험, 복리, 후생 등의 수리		

공사의 목적에 따르는 분류를 명백히 해 두어야 한다.

그 이유로서는 첫째, 공사비를 이와 같은 분류에 의해서 집계하므로 보전비의 분석이 가능하고, 관리 방침 수립에 크게 도움이 되며, 둘째, 합리적인 예산 편성이 가능하다는 이점이 있기 때문이다.

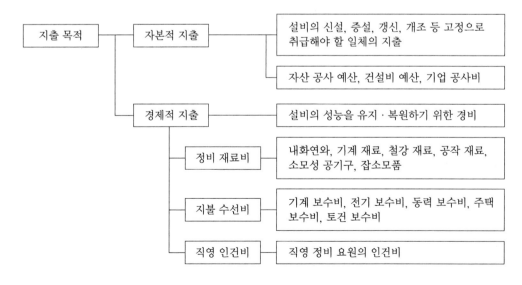

[그림 3 - 19] 보전비의 분류

5-2 공사 관리 제도의 개요

공사 요구가 있게 되면 계획, 실시, 실적 기록이 차례대로 이루어진다. 이와 같은 일련의 공사 수속에 따르는 순서를 요약해 보면 [그림 3-20]과 같다.

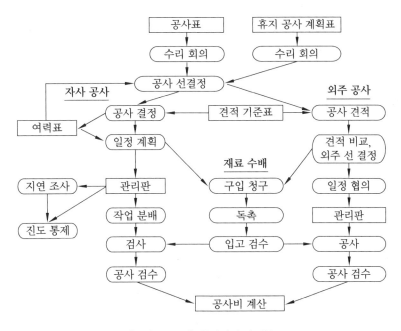

[그림 3 – 20] 공사 수속의 개요

공사의 공정 관리 목표는 일정과 여력의 관리에 있다고 할 수 있다. 즉, 작업원에게 작업 대기가 없도록 하는 것과 동시에 완급도에 입각하여 공사를 완성하는 데 있다. 이와 같이 실시함으로써 조사 결과 필요한 수리가 요구한 시간에 적절하게 이루어지게 될 것이다.

공사 관리가 갖추어야 할 관리 제도에 대해서 그 요점을 간추려 보면 다음과 같다.

① 공사 완급도를 정확하게 결정한다.

② 소요 순서와 공수를 견적한다.

③ 완급도, 견적 공수 능력에 기초를 두고 여력 관리를 하여 일정을 결정한다.

④ 일정을 표시한 작업 명령을 내리고 진도를 통제한다.

⑤ 실적을 조사하여 원가 절감을 꾀한다.

5-3 공사 전표의 역할

관리 제도를 효과적으로 실시하기 위해서는 될 수 있는 한 전표의 경우 몇 가지 기능을 동시에 수행할 수 있도록 함으로써 그 수량을 적게 한다면 공사 관리의 필요성이 줄어들게 될 것이며, 따라서 오기가 적어져서 사무가 간소해질 것이다.

공사 전표는 다음의 몇 가지 요구를 충족해야 한다.

① 공사 요구를 위해서는 공사 요구 부서에서 공사 내용을 작성하여 공사 담당 부서에 보낸다.

② 공사 담당 부서에서는 작업원에 대한 공사 지시서로 사용한다.

③ 공사비 실적을 집계하는 데에도 이용한다.

이상과 같이 공사의 요구에서부터 실적에 대한 집계에 이르기까지 처음에 발행한 전표를 끝까지 일괄해서 사용하는 원 라이팅 시스템(one writing system)을 구축하고, 또한 계획적인 공사 관리에 사용하는 것이 바람직하다.

제도 수속의 중심적 요구는 전표이며, 전표 설계의 적부가 관리의 효과와 사무 절차와의 균형에 크게 영향을 미치므로, 전표의 기능과 사무 능률을 충분히 감안하여 설계해야 할 것이다.

5-4 공사 요구의 방법

예방 수리 공사, 정기 수리 공사, 보전 개량 공사 등에 대해서는 PM 담당 부서의 검사 요원이 공사 전표를 발행해서 공사 요구를 하고, 그 밖의 공사에 대해서는 설비 사용 부서가 공사 요구를 하도록 하는 것이 일반적이다. 공사 전표 발행의 최종 승인자는 될 수 있는 대로 하층의 직위자로 하고 전결 제도를 폭넓게 도입해야 한다.

예를 들면, 검사의 결과에 대해서 필요한 수리 공사의 요구는 검사 요원을 검사계장 정도에 그치도록 하고, 일일이 과장이나 부장의 승인을 받지 않아도 가능토록 해야 한다. 한편, 공사를 요구할 경우에는 공사 기간과 공사 방식을 명백히 해 두어야 한다. 또 전표를 보면 일정이나 공수의 견적을 알 수 있을 정도로 그 내용을 간단명료하게 기입하도록 해야 한다.

5-5 공사의 완급도

공사에 대한 완급도를 정확하게 결정할 필요가 있다는 것은 앞에서 설명하였다. 일반적으로 공사의 완급도는 〈표 3-9〉와 같이 구분하는 것이 바람직하다.

〈표 3 - 9〉 공사의 완급도

완급도	명 칭	설 명	사무 수속
1	긴급 공사	즉시 착수해야 할 공사	구두 연락으로 즉시 착공하고, 착공 후 전표를 제출한다. 여력표에 남기지 않는다.
2	준급 공사	당 계절에 착수하는 공사	전표를 제출할 여유가 있다. 여력표에 남기지 않고, 당 계절에 착공한다.
3	계획 공사	일정 계획을 수립하여 통제하는 공사	당 계절에 접수하여 공수 견적을 한다. 다음 계절 이후로 넘긴다.
4	예비 공사	한가할 때 착수하는 공사	예비적으로 직장이 전표를 보관하고 있다가 한가할 때 착공한다.

이러한 구분을 결정하기 위해서는 다음과 같은 사항을 고려해서 일정한 판정 기준을 결정해 두는 것이 바람직하다.

① 공사가 지연됨으로써 발생하는 생산 변경의 비용

② 공사를 급히 진행함으로써 발생하는 타 공사의 지연에 따른 손실

③ 공사를 급히 진행함으로써 발생하는 계획 변경의 비용

④ 공사를 급히 진행함으로써 발생하는 공수나 재료의 손실

등인데 이것들의 총 평균이 최소가 되지 않으면, 완급도의 결정이 합리적이라고 볼 수 없다.

5-6 공사의 견적

수리 공사의 견적을 작성하기는 매우 곤란하나 같은 공사가 반복되는 경향이 많으므로 일단 정확하게 견적하여 두면 그것을 반복 이용할 수 있는 효과를 얻을 수가 있다.

공사 견적은 절차, 재료, 공수 견적이 실시된다. 견적법에는 경험법, 실적 자료법, 표준 자료법의 세 가지가 있는데, 견적에 어떤 기법이 있는가 하는 것보다는 관리 목적에 얼마나 충실한 견적 정도를 하고 있는가가 중요하며, 다음 세 가지의 요점을 들 수 있다.

① 절차 지정은 직종별 정도로 분류한다.

② 공정 견적은 1일 단위에서는 그 정밀도가 지나칠 경우가 있으므로 3일이나 5일 단위로 하는 것이 실제적이다.

③ 공사 견적은 1인 시간 단위, 또는 1인 일 단위의 정도로 한다.

공사 견적 시 일반적으로 전문적인 공정계를 두어 여력 관리나 일정 계획 등을 함께 담당하게 하는 것이 좋다.

5-7 여력 관리와 일정 계획

(1) 여력 관리

여력 관리의 목적은 계획 공사의 견적 공수와 현 보유 표준 능력을 비교하여 이월량이 거의 일정하게 되도록 공사 요구의 접수를 조정하거나, 예비 공사를 중간에 차입시키거나, 외주 발주량을 조정하는 데 있다. 여력 관리의 기본이 되는 공수 계획을 세우기 위해서는 다음과 같이 한다.

① 작업 직종별 기준 공수를 결정해 둔다.

② 직종별 현 보유 표준 능력을 확실히 파악한다.

③ 작업량과 능력의 균형을 도모한다.

양적인 면만이 아니고 질적인 면에서도 특정 공사에 지나치게 집중되지 않게 조정한다. 그리고 여력 계산은 엄밀하게는 매일 실행해야 하지만, 이것은 번잡하므로 공사 관리상으로 보면 대략 5일마다 정리하는 것이 바람직하다.

(2) 일정 계획

일정 계획은 원칙적으로 공정 담당자의 희망 납기에 맞도록 해야 한다. 순서 계획, 공수 계획을 기본으로 해서 각종 공사 예정이나 관련 업무 수배 시기를 결정해야 할 것이다. 즉, 공사 착수에서 완료에 이르기까지의 세부적인 작업의 예정은 물론, 필요에 따라서 현장 작업과 직접 관련하여 다른 업무의 예정도 반영하는 것이 필요하다.

실제로 현장 작업의 일정을 정하는 데는 작업에 몇 사람이, 몇 시간이 소요되는가 다시 말해서 공사의 순서나 각 공사에서 생기는 순수 작업 시간과 공사 착수 대기 시간을 알아야 한다.

공사의 순서는 공수 계획과 관계를 가지며, 작업 시간 및 대기 시간은 공사별 작업량과 보유 능력 간의 균형을 알 필요가 있다.

일정 계획의 내용을 크게 나누면 다음과 같다.

① 여유표에서 기존 일정을 정한다.

각각의 공사에 대해서 완급도를 기본으로 해서 작업의 착수 및 완성 시기의 기준을 정한다.

② 일별 또는 월별 공사 일정표를 작성한다.

공사마다 설계, 구매 및 현장 공사, 시운전까지 일관된 예정을 표시하는 공사 단위별 일정표와 개인별 또는 그룹별로 공사 건별 예정을 표시한 작업자 개인 또는 그룹별 공사 일정표로 나눌 수 있다.

  ㈎ 공사 단위별 일정표

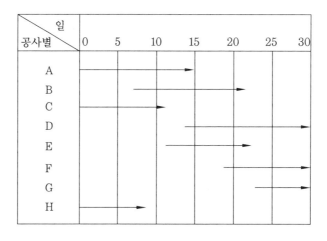

[그림 3 – 21] 공사 단위별 일정표

  ㈏ 작업자 개인 또는 그룹별 공사 일정표

공사 일정의 합리적인 일정 계획을 세우기 위해서는 납기를 정확하게 해야 하며, 관계 각 업무의 동기화, 작업량의 안정화, 공사 기간의 단축 등이 필요하다. 그리고 작업 시간 계획상 유의 사항은 일반적으로 기술, 경험에 의한 계획을 수립하고 시간 계획과 조건을 기록하며, 작업 계획 시간치의 단위를 통일하는 것 등이다.

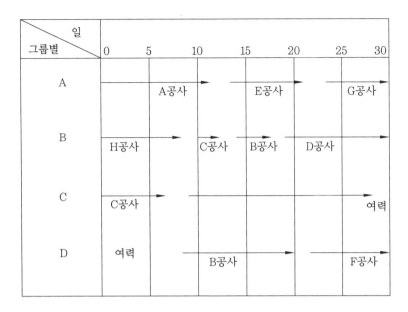

[그림 3 - 22] 그룹별 공사 일정표

5-8 진도 관리

진도 관리란 일정 계획에 결정된 착수·완성 예정에 따라 작업자에게 작업 분배를 하고, 당해 공사의 납기대로 완성해 가는지 시간상 진행을 통제하는 것으로, 납기의 확정과 공사 기일을 단축하는 것이 그 목적이며 납기 관리, 일정 관리라고도 한다.

일반적으로 진도 관리 업무는 [그림 3-23]과 같이 진행된다. 진도 관리에는 공사표와 진도 관리판이 사용된다.

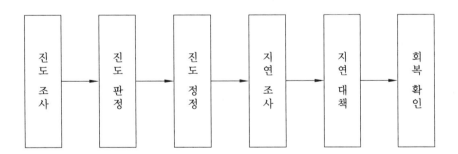

[그림 3 - 23] 진도 관리 순서

규모가 작은 공사의 경우 단위 공정표의 사용 방법은 다음과 같다.

① 단위 공정표는 착수 예정에 따라 품목(item) 착수 현황을 공정표에 표시하여 공정 회의 전에 확인 조치한다.

② 완료된 단위 공정표는 공정 담당에게 모두 제출되어 기본 공정표에 기록하고 확인하는 절차를 밟게 된다.

③ 진행 공정은 당일 완료된 공정만큼 표시하며, 지연 및 단축 공정은 별도 기본 공정표 하단에 건 차트(gun chart) 표기법으로 수정 공정을 표시한다.

④ 공정이 지연될 경우 별도 단위 공정표를 작성하여, 중점 관리 항목으로 공기 회복을 위한 최선의 방법을 찾아 회복시킨다.

⑤ 공사가 요구자의 사정으로 일시 보류가 된 것은 정기 관계자 회의 시 보류 · 취소 등의 결정을 내리며, 보류된 것은 차후 작업 방법 및 시기를 결정하여 재 실시한다.

5-9 휴지 공사

장치 공업과 같이 프로세스 연속 생산 공장에서는 공장 전체 또는 일련의 장치를 휴지(운전 정지)하여 한번에 보전 공사를 실시하는 방법이 채택된다. 이것을 휴지 공사, 정기 수리, 대수리 공사, SD(shut-down) 공사라고 한다.

본래 프로세스 연속 생산에서는 일부라도 고장이 발생되면 전 계열의 조업을 정지시켜야 한다. 예비기가 있는 경우에는 다르지만 주 생산 설비를 개별적으로 검사나 수리를 위해서 정지시킨다는 것은 큰 손실이다. 이를 방지하기 위해서는 수리 검사와 공사 및 생산 계획의 유기적인 연계를 갖춘 계획성이 높은 휴지 공사의 실시가 중요한 것이다.

(1) 휴지 공사의 준비

① 예산을 편성할 때에는 휴지 공사 계획에 관한 예산상의 조치를 마련해 두어야 한다.

② 휴지 공사에 필요한 자재 공급 계획을 세워 상비품 이외의 것에 대해서는 구입 시기를 예측해서 물품 공급에 차질이 없도록 한다.

③ 장치의 노후 상태, 조업 상태에 의해 실시 시기 및 공사 기간, 공사 항목을 확인하고 수리 회의에서 결정한다.

(2) 휴지 공사 계획

① 공사 항목으로는 전회까지의 검사 결과에 의하여 수리나 교체를 필요로 하는 사항이 예정되어야 한다.

② 휴지 때에 개조나 변경이 필요하다고 생각되는 사항도 계획해야 한다.

③ 필요 없는 대기를 없애고 공사 진행을 관리하기 쉽도록 가장 경제적인 일정 계획을 세운다. 이 일정 계획에는 PERT(program evaluation and review technique) 혹은 CPM(critical path method) 등 순수 작업 기법(net work technique)이 사용되고 있다.

(3) 휴지 공사의 실시

휴지 공사는 정밀 검사를 하여 장치 내부의 노화 상태를 찾을 수 있는 좋은 기회이다. 이것이 장치 공업에서 휴지 공사에 중점을 두고 있는 이유이지만, 또 계획이나 실시에 대한 연구 개선을 하여 휴지 기간의 단축, 돌발 고장 방지를 위한 완전한 보수, 연속 조업 연장 등의 문제를 검토하여 조업 계획을 수립함으로써 생산적인 설비 관리를 행할 수 있다.

① 검사, 공사, 조업의 각 부분 책임자를 정해 책임자를 중심으로 연락, 조정한다.
② 검사 요원이 검사 계획에 따라 각부 검사를 실시한 후, 전회의 검사에 비해 예정된 수리 교환 부위의 노화 정도를 확인함과 동시에 예정 외의 수리가 필요한 부분의 유무를 검사한다.
③ 검사 결과에 의해 예정대로 수리할지 다음 휴지 때로 이월할지를 결정하여 공사를 실시한다.
④ 검사에 의해 발견된 예정 외의 추가 공사는 공정 계획에 넣는다.
⑤ 계획된 개조 변경 공사를 실시한다.

5-10 긴급 돌발 공사와 외주 공사

(1) 긴급 돌발 공사

긴급 돌발 공사는 계획 공사와는 별도로 예외적으로 처리해야 한다. 이 때 어떤 공사를 긴급 돌발 공사로 보는가가 중요하다. 이 긴급 돌발 공사의 정의를 명확하게 하고 더구나 그에 대한 규칙을 공장 전체에서 지키지 않으면 계획 공사의 원칙이 없어지게 된다.

긴급 돌발 공사는 고장 정지에 의해서 적지 않은 휴지 손실을 일으키는 경우에 한정하여 실시한다. 긴급 공사를 예외적으로 취급을 하는 것은 대부분의 공사를 계획적으로 처리하고, 계획 공사가 긴급 돌발로 인하여 혼란을 일으키지 않게 하며, 작업의 계획성에만 집착하여 중요한 설비 자체의 생산성 향상을 잊지 않고자 하는 데에 목표가 있다.

최근 미국에서는 긴급 공사 처리를 위해서 작업 분배원(dispatcher)과 긴급 요원(emergency squad)을 두는 시스템을 채택하는 사업장이 점점 늘어나고 있는데, 이것은 집중 보전형인 공장으로서 현장에 신속한 서비스를 제공하고 휴지 시간을 감소시키기 위한 것이다.

돌발적인 고장이 발생하면 현장의 작업반장(foreman)이 작업 분배원에게 연락하며, 이를 작업 분배원은 긴급 요원에게 연락을 하게 된다. 긴급 요원은 즉시 현장에 급히 출동하여 작업을 실시하고 작업이 일단 끝나면 작업 분배원에게 연락한 후, 다음 작업으로 향한다. 이와 같이 돌발적인 작업에 대해서 긴급 요원은 작업 분배원의 지휘를 받으나, 평상시에는 직종별 작업반장의 감독 밑에서 기술적 지휘를 받는다. 매일 아침에 긴급 요원은 소속된 작업반에서 일상 점검 등 예비적인 작업을 하고 있다가 돌발적인 긴급 공사가 발생하게 되면 즉시 출동을 하고, 그 돌발 공사가 끝나면 다시 작업 분배원에게 연락한 후 다른 돌발적인 긴급 공사가 있을 때까지 소속된 작업 부서로 돌아와 하던 작업을 계속한다.

긴급 요원의 인원 수는 돌발적인 긴급 공사의 작업량에 따라 결정되며, 일반적으로는 혼자서도 여러 가지 작업을 할 수 있는 우수한 작업자를 몇 사람 지정해서 긴급 요원으로 하는 것이 보통이

다. 이들에게는 배터리 카(car)에 공구 상자, 사내 송수신용 휴대 전화를 지참·사용하도록 하여
기동성을 부여한다. 그리고 헬멧 및 차에도 긴급용임을 명시하는 색 구분 또는 표지를 갖추도록
한다.

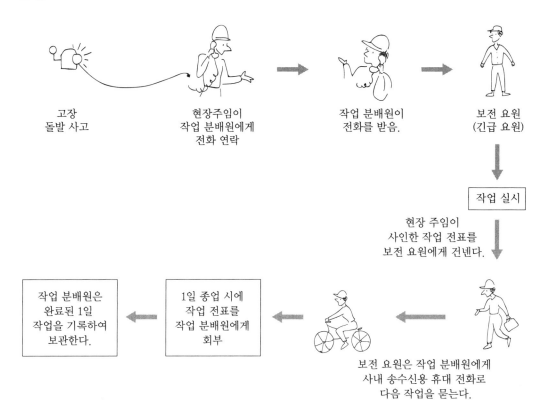

고장
돌발 사고

현장주임이
작업 분배원에게
전화 연락

작업 분배원이
전화를 받음.

보전 요원
(긴급 요원)

작업 실시

현장 주임이
사인한 작업 전표를
보전 요원에게 건넨다.

보전 요원은 작업 분배원에게
사내 송수신용 휴대 전화로
다음 작업을 묻는다.

1일 종업 시에
작업 전표를
작업 분배원에게
회부

작업 분배원은
완료된 1일
작업을 기록하여
보관한다.

[그림 3 - 24] 긴급 작업의 처리 요령

(2) 외주 공사

공사량은 일반적으로 변동이 크다. 따라서 모든 공사를 사내에서 처리할 수 있는 능력을 보유
하는 것이 반드시 좋다고 볼 수는 없다. 실제로 많은 공장에서 이와 같은 공사량의 변동에 대처하
기 위해서 외주 공사 업자를 활용하는 경우가 많이 있다. 또 자사 공사를 전혀 하지 않고 모든 것
을 외주로 처리하고 있는 공장도 있다.

본래 우리나라의 산업적 특징은 이중 구조적인 성격을 지니고 있어서 중소기업인 외주 공사 업
자는 임금 수준이 상대적으로 낮으며, 따라서 자사 공사를 시행하는 것보다 외주 공사 업자를 활
용하는 것이 저렴한 경우가 많이 있다.

이와 같은 경향은 우리나라의 특색으로 미국을 비롯한 선진국에서는 직종별로 임금 수준이 결
정되어 있으므로 내외 공사 요원의 노무비 차이가 없는 것이 보통이다. 그러나 최근에 이르러서
는 우리나라도 경제 성장과 더불어 공사 관계도 다기능 기술자 중심으로 되고, 중소기업자의 임

금 수준도 높아지고 있으며 머지않아 대기업의 임금 수준에 접근하고 있다는 점을 고려한다면 외주 공사에 대해서도 깊이 검토되어야 할 것이다.

(3) 공사비의 실적 자료

자사 공사에 대한 공사비, 즉 자사 노무비와 재료비에 대해서는 공사 전표나 작업 일지의 공수에서, 또한 재료비에 대해서는 출고 전표에서 집계가 이루어지며, 외주 공사에 대해서는 지불된 보수비로서 파악된다.

실적 데이터는 경리상의 문제점만이 아니라 설비 관리상의 문제점까지도 만족시킬 수 있도록 집계되어야 한다.

① 경리상의 문제점

㈎ 설비 예산 항목별로 공사비 실적을 집계한다.

㈏ 원가 부문별로 수선비 실적을 집계한다.

② 설비 관리상의 문제점

㈎ 수선 공사의 계획성 및 목적별 실적(돌발 수리, 사후 수리, 예방 수리, 정기 수리, 보전 개선, 개량 수리, 보수별 수리)을 집계한다.

㈏ 보전 기록, 갱신 분석 등을 위해서 설비별로 공사비의 실적을 집계한다.

공사 전표나 출고 전표 등은 이와 같은 공사비의 실적 집계가 될 수 있어야 한다. 그러기 위해서는 각 전표에 따르는 예산 구분, 원가 부문별, 공사 구분, 설비 번호 등이 명시될 수 있도록 설계되어야 한다.

또한, 공사 번호에 의해서 부문별 · 공사 구분별로 표시하는 방법은 집계상으로도 아주 편리하다. 일본 도요타 자동차에서는 간판이라는 것을 이용하고 있는데 최근에는 실적 자료에 바코드를 사용하고 있어 부문별, 공사 구분별, 설비별로 코드 번호를 결정하여 두면 실적 집계를 매우 용이하게 할 수 있다.

6. 보전용 자재 관리와 보전비 관리

6-1 보전용 자재 관리

보전용 자재 관리란 보전을 효과적으로 수행하기 위하여 부품, 재료 등의 제 자재의 수령, 보관, 불출(拂出)을 경제적으로 실시하는 것이다.

(1) 보전용 자재의 관리상 특징

보전 자재와 원료 등과 같은 생산용 자재를 비교해 볼 때 보전 자재에는 여러 가지 특징이 있으므로 생산용 자재의 관리 시스템을 그대로 보전용 자재의 관리에 적용하려고 할 때 반드시 효율적으로 운영된다고는 볼 수 없다. 같은 밸브와 베어링이라도 그것이 생산용인지 보전용인지에 따라 관리 방식을 바꿀 필요가 있다. 생산용 자재의 경우는 생산 관리 시스템의 일환, 보전용 자재의 경우는 보전 관리 시스템이기 때문에 생산용 자재와는 다른 특징을 가지고 있어 이들의 특징을 고려하여 시스템 설계를 하여야 한다.

① 보전용 자재는 연간 사용빈도 또는 창고로부터의 불출 횟수가 적으며, 소비 속도가 더딘 것이 많다.

② 자재 구입의 품목, 수량, 시기에 대한 계획을 수립하기 곤란하다. 보전용 부품의 수명은 다양하며, 정기 교체를 하여도 돌발 사고를 피하기 어려운 경우가 많다. 따라서 돌발 공사에 대처할 수 있도록 부품을 상비하게 되면 재고가 증가한다.

③ 보전 기술 수준 및 관리 수준이 보전 자재의 재고량을 좌우하게 된다. PM 시스템이 확립되고 부품의 교체 및 교환 시기를 예측하는 확률이 높아질수록 부품 구입의 계획성이 좋아지며, 돌발 공사 대비용 재고품을 가질 필요성도 적어진다.

④ 불용 자재의 발생 가능성이 크다. 설비의 개조가 이상적으로 이루어져야 하며, 또한 설비나 부품의 개량·개선을 하지 않으면 기술력이나 생산량이 발전이 없게 된다. 이것은 재고되어 있는 예비품이 불필요하게 되는 기회가 많다는 것을 의미한다. 이와 같이 예비품이 불용화되지 않도록 하기 위해서는 설비 개선, 설비 변경 등의 정보를 신속히 재고 관리면에 반영시켜 조치를 취할 수 있도록 제도화할 필요가 있다.

⑤ 생산용 자재의 경우 원료로부터 반제품, 제품으로 모양을 바꾸어 판매되고 있으나 보전 자재의 경우에는 소모, 열화되어 폐기되는 것과 예비기 및 예비 부품과 같이 순환 사용되는 것이 있다. 예를 들면, 대형 밸브, 펌프, 모터 등은 예비기기를 재고로 두었다가 수리할 때에는 기기별로 교환해 주고 그 교환된 기기는 보전을 하여 다시 재고, 교환, 보전의 순환을 반복하게 되며 이는 보전용 자재만이 가지고 있는 큰 특징이다.

⑥ 생산용 자재인 경우 어느 단계까지 견적 생산이 가능한가에 따라 소재로부터 완성품에 이르는 것 중 어느 단계의 자재를 재고로 할 것인가가 결정되지만, 보전 자재의 경우 특히 수리 공사에 있어서는 재고 유지비와 수리 기간 중의 정지 손실비의 합계를 최소화하는 형과 소재, 부품기기 또는 완성품 중 어떤 형으로 재고로 두는 것이 가장 경제적인가에 따라 결정한다.

(2) 보전용 자재의 관리상 구분

① 형태 분류

강재, 도료, 유지 등과 같은 소재, 베어링, V벨트 등의 요소 부품, 감속기, 변속기, 펌프, 모터 등과 같은 유닛 등과 같은 형태 분류가 일반적으로 널리 쓰이고 있다. 또 그것들에는 각각 분류 번호를 부여해서 관리하는 경우가 많이 있다.

② 관리 중점에 의한 구분

재고 품절로 생기는 손실의 대소, 자재 단가, 재고 유지비의 대소 등에 의해서 관리의 중점 등급을 순위화하여 중점 관리를 실시한다. 이를 위해서는 ABC 분석 또는 파레토 그림 등이 사용된다.

③ 상비품과 비상비품의 구분

상비품을 사내에 재고로 둘 것인가, 상비해 둘 것인가, 아니면 필요할 때마다 구입할 것인가에 대해서는 신중히 검토하고 나서 결정하여야 한다. 또 비상비품은 필요할 때마다 수시 구입하는 것과 미리 필요한 수량을 예측해서 계획적으로 구입하는 방법이 있다.

④ 상비품 발주 방식에 의한 구분

상비품은 발주 또는 구입 방식에 의해서 다시 다음과 같이 세 가지로 구분된다.

㈎ 정량 발주 방식 : 발주량은 일정하지만 발주 시기를 변화시키는 방식

㈏ 사용고 발주 방식 : 발주량과 발주 시기가 같이 변화하는 방식

㈐ 정기 발주 방식 : 발주량이 변화하고, 발주 시기는 일정한 방식

⑤ 자사 제품과 업자 예치품의 구분

자사의 책임에서 재고 관리하는 것, 즉 자사 관리품 이외에도 울산 현대 자동차 앞 타이어 창고와 같이 업자 예치품 방식이 채택되고 있다. 업자 예치품 방식이란 창고를 업자에게 제공해 주고, 업자가 책임지고 재고 관리를 하는 것이다. 업자는 다시 재고량을 보충해 두게 되는데, 이러한 방식을 사용고 불출 방식이라고 부른다.

⑥ 불출 방법에 따른 구분

불출 방법에는 개별 불출품과 일괄 불출품이 있으며, 개별 불출품은 필요할 때마다 필요량을 불출하는 방법으로 일반적으로 단가가 높은 것에 적용되며, 일괄 불출품은 일정량을 모아서 불출하는 방법으로 단가가 비교적 싼 소모품에 적용되는 것으로 주로 관리 공수의 절감을 목적으로 한 것이다.

(3) 상비품의 발주 방식

상비품의 발주 방식에는 상비수 방식으로 ① 정량 발주, ② 사용고 발주, ③ 정기 발주의 세 가지 대표적인 방식이 있다.

① 정량 발주 방식

주문점법이라고도 하는 이것은 재고량이 있는 양(주문점이라고 한다.)까지 내려가면 일정량만큼 보충 주문을 하고, 계획된 최고·최저의 사이에서 언제든지 재고를 보유해 나가는 방식이다.

이 방식은 발주량이 일정한 것으로서 발주 시기가 변한다. 정량형 소비 경향을 표시한 그림을 보면 소비 속도에 따라 주문점에 도달하는 시기를 알 수가 있다. 이 방식에는 복책법(더블빈 방법) 및 포장법이라는 것이 있는데, 이것들은 정량 발주 방식을 한층 더 간소화하고 체계화한 것이라고 볼 수 있다.

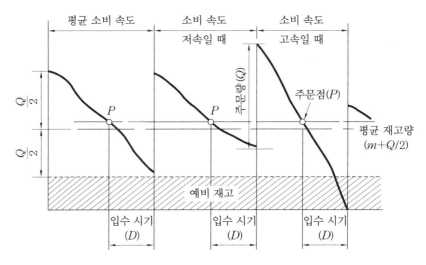

[그림 3 − 25] 정량형의 소비 경향

   (개) 복책법 : 이것은 주문량과 주문점을 균등하게 한 것으로서 용량이 균등한 두 개의 같은 용
      량, 용기를 상호적으로 사용하여, 주문점인 한쪽 용기 내의 물품을 다 소모했을 경우 용량
      분의 주문량을 주문하는 기법이다.

   (내) 포장법 : 이것은 주문점에 해당하는 양만큼을 복수로 포장해 두고, 차츰 소비되어 다음 포
      장을 풀 때에 발주한다.

② 사용고 발주 방식

   최고 재고량을 정해 놓고, 사용할 때마다 사용량만큼을 발주해서 언제든지 일정량을 유지하
는 방식이다. 이 방식은 정량 유지 방식, 정수형 또는 예비품 방식이라고도 한다.

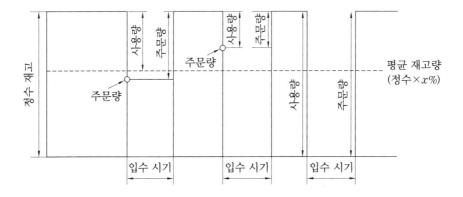

[그림 3 − 26] 정수형의 소비 경향

   고가인 예비품으로 불출 빈도는 낮고, 돌발 고장 대책으로서 일정량을 재고로 두고 사용하면
사용한 양만큼 즉시 보충해 두는 것과 같은 경우에 널리 사용되는 방법으로, 정량 발주 방식의
변형이라고도 할 수 있다.

③ 정기 발주 방식

이 방식은 발주 시기를 일정하게 하고, 소비 실적 및 예상의 변화에 따라 발주 수량을 그때마다 바꾸는 것이다.

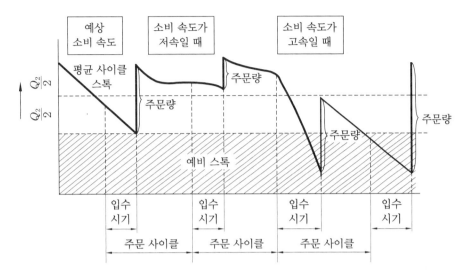

[그림 3 – 27] 정기 주문 방식에 따른 재고량의 변동

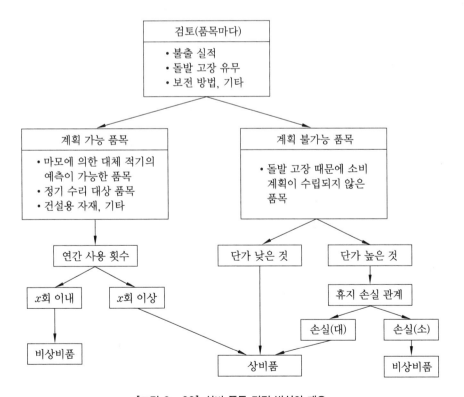

[그림 3 – 28] 상비 품목 결정 방식의 개요

(4) 상비품의 품목 결정 방식

상비품의 요건은 ① 여러 공정의 부품에 공통적으로 사용될 것, ② 사용량이 비교적 많으며 계속적으로 사용될 것, ③ 단가가 낮을 것, ④ 보관상(중량, 체적, 변질 등) 지장이 없을 것 등이다.

- 상비수 방식 : 상비품의 재고 방식으로 관리 절차는 간단하지만 재고 금액은 많아지는 경향이 있다.
- 계획 구입 방식 : 비상 비품의 재고 방식으로 관리 절차는 복잡하나 재고 금액이 적어지는 특색이 있다.

〈표 3 - 10〉 상비수 방식과 계획 구입 방식의 특징 비교표

항　목	상비수 방식	계획 구입 방식
관리 수속	간단하다.	복잡하다.
구입 단가의 경제성	경제적	비용이 높아지는 경우도 있다.
재고 금액	많아진다.	적어진다.
시설 변경, 재질 변경에 따른 손실	많다.	적다.
타 목적 사용에 대한 적응성	없다.	있다.

설비 보전용 자재는 재고 압축을 위해서는 상비품을 필요량의 최소한도로 억제하고, 필요할 때마다 계획 구입하도록 하여야 한다. 즉, 매 품목마다 사용 시기와 사용량을 계획할 수 있는지 현재의 관리 수준을 기초로 하여 검토하고, 계획 가능 품목과 계획 불가능 품목으로 나눈다.

계획 가능 품목은 원칙적으로 계획 구입할 수 있는 것으로서 상비할 필요는 없으나 연간 사용 횟수가 많은 것은 구입 절차가 복잡하므로 기준 횟수 이상의 것은 상비품으로 하고 기준 횟수 이하의 것은 비상비품으로 하는데, 이 기준 횟수는 그 공장의 경험이나 통계적 기준에 의하여 결정하게 된다. 돌발 고장 등으로 소비 계획이 수립되지 않은 품목은 계획 불가능 품목으로 상비하여야 한다.

그러나 재고금액이 현저하게 증대할 경우에는 재고 유지비와 재고하지 않음으로써 발생하는 휴지 손실비를 비교 검토한 후에 결정하여야 한다. 일반적으로 단가가 높은 것으로서 휴지 손실이 큰 것은 상비해 두는 것이 좋다.

(5) 주문점과 주문량의 결정 방식

보전용 자재의 상비품에 대해서는 '언제', '얼마나' 발주할 것인가 하는 주문점이라든가 주문량 등에 대한 표준을 결정해 두어야 하며, 정량 발주 방식(정량형)의 주문점 및 사용고 발주 방식(정수형)의 정수는 부품 단가와 불출 빈도에 따라서 〈표 3-11〉과 같이 계산 구분을 설치하여 다음과 같은 계산에 따라 이루어진다.

〈표 3 - 11〉 주문점 계산 구분

단 가 연 불출 횟수	3천~5천원 이하	3천~5천원 이상	비 고
4회 이상 3회 이하	정량형(Q_1) 정량형(Q_2)	정량형(Q_1) 정수형(N)	정규 분포 푸아송 분포

즉, 연 불출 횟수가 4회 이상인 것은 정량형(Q_1)이라 하고, 정규 분포의 고찰 방법에 따라 주문량을 산출한다. 또한, 동일한 정량형일지라도 단가가 5천원 이하로 저렴하다.

연 불출 횟수가 3회 이하인 것은 정량형(Q_2)이라 하고, 이것은 정수형과 마찬가지로 푸아송 분포의 고찰 방법에 따라 주문점 및 정수를 산출한다.

① 정량형 Q_1의 주문점 산정

이것은 기본적으로 일반 자재의 경우와 같이 정규 분포의 고찰 방법에 따라 주문점을 계산한다. 따라서 자재를 소비하여 이 주문점을 나누면 미리 정한 표준의 1회 주문량만큼 주문하는 방식이다.

일반적으로 보전용 자재인 경우에는 보유 재고 월수가 길어서 조달 기간의 분포를 고려할 정도로 높은 정밀도를 필요로 하지 않는다. 따라서 조달 기간에 대해서는 기준 조달 기간(평균 조달 기간＋여유)을 정해서 관리하고, 주문점 계산에는 사용량의 분포만을 고려하면 될 것이다.

주문점의 계산식은

$$P = \overline{X} \times D + m = \overline{X} \times D + t \times \sigma_x \times \sqrt{D}$$

여기서, P : 주문점, m : 예비 재고(최저 재고), $\overline{X}$: 월평균 사용량, t : 안전 계수

D : 기준 도달 기간, σ_x : 월간 사용량의 불균형(분포)

1회 표준 주문량을 Q라고 하면 최고 재고(M)는 $M = 2m + Q$가 된다. 또한, 평균 재고량은 $m + \dfrac{Q}{2}$로 된다.

표준편차 σ_x는 사용량의 최대 최소의 차, 즉 범위 R에서 추정한다.

$$\sigma_x = \frac{1}{d_2} \times R$$

〈표 3 - 12〉 계수 ($1/d_2$)의 표

자료의 크기	2	3	4	5	6	7	8	9	10	11	12
계 수	0.887	0.591	0.486	0.430	0.395	0.370	0.351	0.337	0.325	0.315	0.307

안전계수의 값은 부품을 중요도에 따라서 대·중·소로 나누어서 $t = 1.65$(대), $t = 1.28$(중), $t = 1.00$(소)로 한다. 특히, 중요한 부품인 경우에는 $t = 1.95$를 사용한다.

[예제 1] 어떤 제품의 조달 기간이 2개월이며, 과거 1년 간의 불출 실적은 표와 같고 중요도를 대($t=1.65$)로 했을 경우의 주문점을 구하라.

1월	2	3	4	5	6	7	8	9	10	11	12	계	평균
20회	10	15	10	20	25	10	20	30	20	10	16	205	17

[풀이]

월평균 사용량 $\overline{X}=17$, 조달기간 $D=2$개월

월간 수요의 분포(불균형) $\sigma_x = \dfrac{R}{d_2} = \dfrac{1}{d_2} \times R = (X_{\max} - X_{\min}) \times R$
$$= (30-10) \times 0.307 = 6.14$$

주문점 $P = \overline{X} \times D + m = \overline{X} \times D + t \times \sigma_x \times \sqrt{D}$
$$= 17 \times 2 + 1.65 \times 6.14 \times \sqrt{2} = 34 + 14.33 = 48$$

즉, 주문점은 48이고, 이 경우 예비 재고 m은 14이다.

② 정량형 Q_2의 주문점 및 정수형의 정수

이것은 푸아송 분포의 사고방식에 따라 산정한다. 이때의 계산식은

$P = k \times u$ (단, $P \geq 1$회의 최대 사용량)

　　(여기서, P : 주문점(또는 구하는 정수), u : 1회 사용량, k : 구입 기간 중의 최대 사용 빈도)

구입 기간 중의 최대 사용 빈도 k는 구입 기간 중의 평균 고장 빈도 λ, 재고 품절 위험률 $\alpha(\%)$로 하고 푸아송 분포의 누적 분포도에서 구해진다.

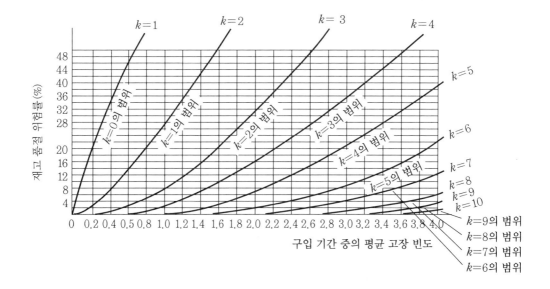

[그림 3-29] 푸아송 분포의 누적 분포도

[예제 2] 평균 고장 발생 연 2회, 부품 조달 기간 3개월, 1회 사용량 2개, 위험률 5%로 하였을 때의 정수를 구하라.

[풀이]

구입 기간 중의 평균 고장 빈도 λ는

$\lambda = 2$회 $\times 3$개월$/12$개월 $= 0.5$회, $\alpha = 0.05$, $\lambda = 0.5$에서 $k = 2$를 그림에서 얻을 수 있다.

따라서 $P = k \times u = 2 \times 2$개 $= 4$

이것은 1회 최대 사용량 2개보다 크므로 구하고자 하는 정수는 4개가 된다. 1회 최대 사용량 쪽이 크다면 그것을 정수로 한다.

정량형 Q_2의 경우도 주문점에 대한 계산 방법은 같다.

(6) 순환 부품의 보전 정수, 주문 정수의 산정

설비용 자재 중 수리, 보관, 재사용의 순환을 되풀이하는 순환 부품이 비교적 많다. 이들 순환 부품에 대해서는 다음과 같은 표준을 정하여 관리한다.

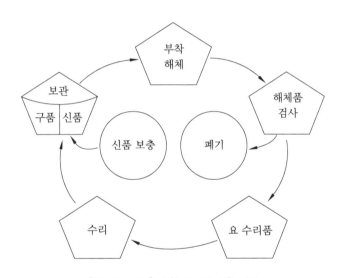

[그림 3 – 30] 순환 부품의 순환 과정

① 예비 정수 : 신품, 재생품을 포함해서 즉시 사용될 수 있는 것이 몇 개가 있으면 좋은가?

② 주문 정수 : 재고(신품＋재생품)가 몇 개 이하가 되면 주문할 것인가?

③ 표준 주문량 : 얼마나 주문할 것인가?

　㈎ 연간 교체 빈도가 낮을 경우(연 3회 이하)

　　정수형 Q_2와 마찬가지로 푸아송 분포 방식에 의해 산정한다.

　　보전 정수 $S_1 = k_1 \times U$　　(단, $S_1 \geq 1$회의 최대 교체 수)

　　주문 정수 $S_2 = S_1 + \overline{X} \times D$

여기서, k_1 : 부품 보전 기간 중의 최대 교체 빈도

u : 1회 평균 교체 수

$\overline{X}$: 월평균 폐기 수

D : 기준 조달 기간(평균 조달 시간＋여유)

(나) 연간 교체 빈도가 많을 경우(연 4회 이상)

정량형 Q_1과 마찬가지로 정규 분포 방식에 의해 산정한다.

보전 정수 $S_1 = \overline{X_1} \times D' + t \times \sigma_1 \times \sqrt{D}$

주문 정수 $S_2 = S_1 + \overline{X} \times D$

여기서, $\overline{X_1}$: 월평균 교체 수 $\qquad$ $\overline{X}$: 월평균 폐기 수

$\qquad$ D' : 순환 부품의 기준 보전 기간 $\qquad$ t : 안전 계수

$\qquad$ σ_1 : 월간 교체 수의 분포

[예제 3] 부품 교체 횟수 연평균 2회, 중요도 대(위험률 5%), 1회 교체량 평균 2개 최대 4개, 보전 기간 2개월, 조달 기간 3개월, 단가 5,000원, 연폐기량 1개인 순환 부품이 있다. 상시 몇 개의 부품을 보전해 두면 좋은가? 또 보전품, 미 보전품, 신품의 전 재고량이 몇 개 이하로 될 때 주문을 하면 좋은가?

[풀이]

교체 빈도 연 2회, 단가 5,000원이므로 정수형으로 계산(표 3-11 참조)

구입 기간 중의 평균 고장 빈도 λ 는 $\lambda = 2$회$\times 3$개월$/12$개월$= 0.5$, $\alpha = 5\%$일 때 $k = 2$(그림 3-29 참조)

따라서 $S_1 = k_1 \times u = 2 \times 2 = 4$

$$S_2 = S_1 + \overline{X} \times D = 4 + 1 \times \frac{1}{12} \times 3 = 5$$

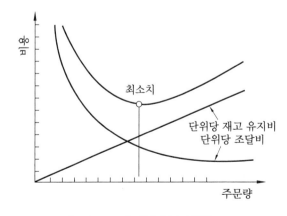

[그림 3 – 31] 주문량 결정 방법

즉, 곧 사용할 수 있도록 4개를 상시 보전하여 두고 전 재고를 5개로 하면서 정수 감소분만 즉시 발주한다.

(7) 주문량 결정 방법

정량 발주 방식에서는 1회당 주문량을 결정해야 한다.

주문량 산정의 기본 방식 중 중요한 것은 재고 유지비(재고 유지에 필요한 인건비, 재고 손실, 기타)와 조달비(물품 조달에 필요한 인건비, 통신비 기타)의 합계 비용을 최소로 하도록 주문량을 결정하는 일이다.

$$Y = \underbrace{\frac{Q}{2} \times C \times i}_{\text{재고 유지비}} + \underbrace{\frac{U}{Q} \times A}_{\text{조달비}}$$

여기서, Q : 주문량, U : 연간 사용량, C : 구입 단가(원), A : 주문 1개당 조달비(원)

$$i : \text{연간 재고 유지 비율} = \frac{\text{금리} + \text{보관비}}{\text{재고 금액}}$$

$$Y : \text{재고 관리비(inventory cost : 연간 총 비용)}$$

Y를 최소로 하는 Q는 $\dfrac{dY}{dQ} = 0$에서

$$Q = \sqrt{\frac{2UA}{iC}}$$

연간 사용량 대신 월간 사용량 U_m을 사용하면

$$Q = \sqrt{\frac{24U_m A}{iC}}$$

어느 그룹 품목에 대해서는 A 및 i가 일정하다고 생각되므로

$$\sqrt{\frac{24A}{i}} = k, \quad Q = k\sqrt{\frac{U_m}{C}}$$

일반적으로 $A = 100 \sim 500$원, $i = 25 \sim 50\%$ 정도이므로

$$k = \sqrt{\frac{24A}{i}} = 100, \quad Q = 100\sqrt{\frac{U_m}{C}}$$

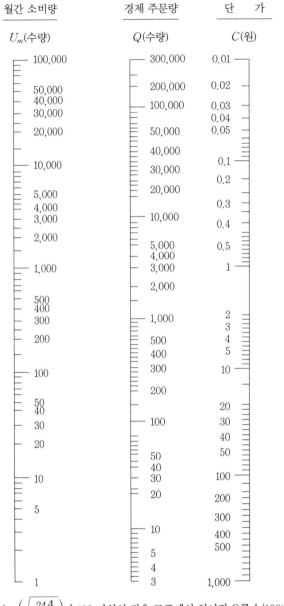

월간 소비량	경제 주문량	단　　가
U_m(수량)	Q(수량)	C(원)

$$k=\left(\sqrt{\dfrac{24A}{i}}\,\right)$$가 100 이외인 경우 도표에서 얻어진 Q를 $k/100$배로 한다.

[그림 3 – 32] 경제 주문량 계산 도표

[예제 4] 월간 사용량 $U_m=1,000$개, 단가 $C=40$원/개, $k=100$이면 경제주문량은?

[풀이]

$$Q=100\sqrt{\frac{U_m}{C}}=100\sqrt{\frac{1000}{40}}=500$$

또는 그림에서 월간 사용량(U_m)과 단가(C)의 눈금선상의 점을 결합시킨 선과 중앙의 경제 주문량의 선과 교차하는 점에서 구할 수 있다.

6-2 보전비 관리

(1) 보전비의 예산 편성

보전비는 경비 지출이므로 자본적 지출인 설비 예산과는 구별되어 취급되어야 한다.

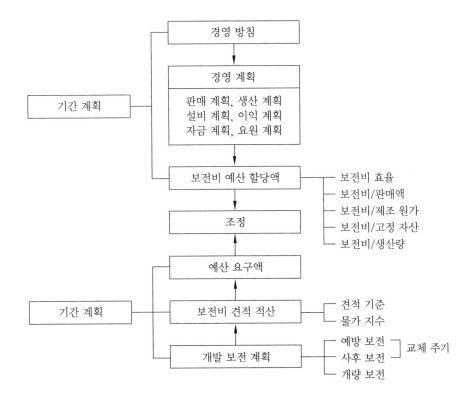

[그림 3 – 33] 보전비의 예산 편성

(2) 보전비 예산 실행

보전비 품의의 목적은 ① 예산 명세, 공사 일정, 시방, 설계도 등 실행에 필요한 구체적 계획을 제출하여 승인을 받아야 한다. ② 물품 구입 또는 외주 공사인 경우 업자, 계약 금액, 계약 조건의 적부에 대한 승인을 받아야 한다 등이다.

지출 실적 파악 방식(세 가지 시점법)은 발주액, 검수액, 지불액이다.

(3) 보전비 예산의 실적 관리

보전비를 통제하려면 위원회를 구성, 개최하여 예산과 실적을 비교 검토한다.

7. 보전 작업 관리와 보전 효과 측정

7-1 보전 작업 관리

(1) 보전 작업 관리의 의의

일상 보전, 검사, 보전 수리 등의 보전 작업은 생산 작업과 비교하면 일반적으로 생산 능률이 낮으며, 보전 작업의 주 작업 비율은 실적 공수의 50% 전후이다. 그 이유는 작업의 성격상 주 작업 이외의 준비 공수나 여유 등이 많기 때문이다.

작업 능률을 저하시키는 요인에는 여러 가지가 있으나, 생산 작업의 벤치 작업과 달리 상당히 열악한 조건 하에서 자주 기름과 뒤범벅이 되고, 특히 대형 설비의 경우 위험이 따르는 작업을 설비 내외에 서서 하여야 하며, 재료 부품 준비와 공구 준비를 위한 준비 작업이 많다. 또한, 개별 생산 작업과 달리 공장 내를 이동하는 시간도 무시할 수 없다. 일반적으로 감독자의 통제가 되지 않는 곳에서는 개별적인 행동을 할 수 있으므로 작업 능률의 개개의 평가는 상당히 곤란하며, 동기가 부여된 조와 그렇지 않은 조는 능률에서 큰 차이가 있다.

작업 능률 저하 요인 중 또 한 가지는 수리 보수의 품질 문제이다. 수리 품질이 낮으면 6개월 정도는 유지될 수 있다고 생각되던 설비나 부품이 2~3개월 정도에서 고장이 나면, 고장 간격에 변동이 생겨 계획 보전 실시가 곤란해질 뿐만 아니라 돌발 고장 대책에 쫓기게 된다.

이러한 보전 작업 능률을 저하시키는 모든 요인은 업종에 따른 생산 설비 특성이나 공장의 규모에 따라 여러 가지이며, 그 요소들은 대단히 많다. 공장 규모가 커짐에 따라 복잡하게 되며, 또

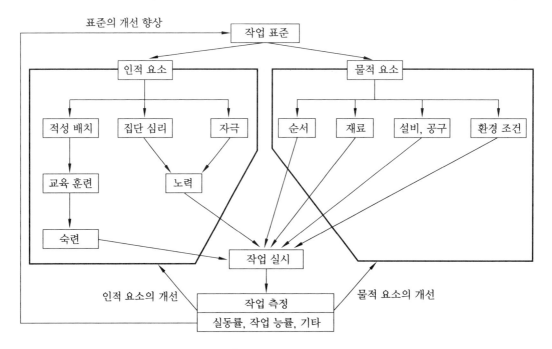

[그림 3 – 34] 보전 작업 관리의 두 가지 측면

한 설비가 대형일수록 능률 저하 요인이 많다.

개선은 항상 현상의 실태 파악을 올바로 함으로써 시작된다. 이를 위하여 방법 개선 기술이나 작업 측정 기술의 적용이 필요하나, 중요한 것은 관리감독자나 작업반장들이 항상 '편안하게, 안전하게, 신속하게' 작업을 추진할 수 있는 방법이 없을까 하는 의욕적인 눈으로 작업 실태를 관찰하는 노력이 필요하다.

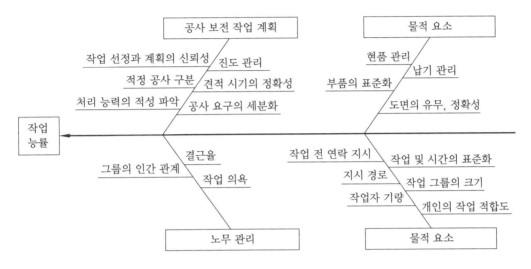

[그림 3 – 35] 관리면에서 본 요인 분석

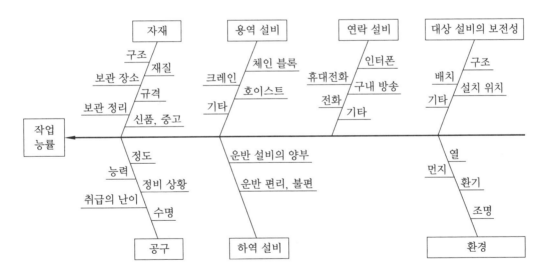

[그림 3 – 36] 설비 · 자재 · 공구면에서 본 요인 분석

(2) 보전 작업 표준의 설정

보전 작업 표준이란 보전 작업에 대한 작업 순서와 표준 시간을 표시하는 것이다. 이것은 작업 측정에 도움이 될 뿐만 아니라, 검사나 공사 등 보전 작업의 여력 계획, 일정 계획, 준비 작업에

도움이 되며, 또한 작업자의 교육 훈련 자료로도 활용된다. 그러나 보전 작업은 대상 설비의 종류가 많아 그 작업 종류나 작업 방법도 광범위하게 그리고 다양하게 발생하는 작업에 대하여 보전 작업 표준을 설정한다는 것은 좋은 방법이 아니다. 발생 빈도가 적은 보전 작업에 대해서는 표준 설정을 위하여 사용된 공수에 비하여 효과를 별로 기대할 수 없다. 따라서 보전 작업, 반복 작업의 빈도가 많은 보전 작업을 주제로 중점적으로 설정하는 것이 바람직하다. 보전 작업 표준 설정을 위한 작업 연구를 할 때 효과 향상을 위해서는 반복성이 많은 작업뿐만 아니라, 다음과 같은 항목을 고려한 작업을 대상 작업으로 선정한다.

첫째, 정기 보전(수리)에 의한 공사 계획이 시간적으로 애로가 있는 작업

둘째, 공사 지연에 의해 생산 품질에 미치는 영향이 큰 작업

셋째, 비용면에 미치는 영향이 큰 작업

넷째, 비교적 작업 능률이 나쁘다고 생각되는 작업

다섯째, 고도의 기술을 요하는 작업

보전 작업 표준은 보전 요원 계획, 보전 진행 계획, 공사 계약 등 공사 관리를 효율적으로 수행하는 데 필요한 것이나, 처음에는 다소 정도가 낮더라도 일단 표준으로 설정하고 실제 작업에 적용하면서 점차로 그 정도를 높여 가는 것이 바람직하다.

보전 작업 표준을 설정하기 위해서는 경험법, 실적 자료법, 작업 연구법 등이 사용되는데, 이들의 특징은 다음과 같다.

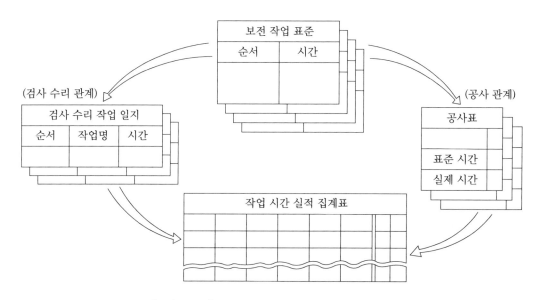

[그림 3 - 37] 보전 작업 표준에 의한 작업 측정 절차

① 경험법

경험법은 경험자의 견적에 의하여 작업 표준을 설정하는 것으로서, 수리공사에 많이 사용되는 방법이다. 그러나 주관적이며 불확실하다. 따라서 초기 단계에서는 이 경험법에 의해 시작

은 하더라도 반복성이 높은 작업에 대해서는 실적을 축적하는 것에 의해서 실적 자료법을 이용하거나, 아니면 작업 연구법에 따르는 것이 보다 효과적이다.

② 실적 자료법

실적 자료법은 실적 기록에 입각해서 작업의 표준 시간을 결정하는 방법이다. 이 경우에는 가능한 한 작업을 세분하여 실적을 선택하게 되면 그만큼 적용 범위가 넓어질 것이다. 또, 작업 시간에 대한 실적은 매우 변동이 많은 수치를 표시하는 것이므로 이상치를 제외하고 표준치를 결정하도록 해야 한다.

③ 작업 연구법

작업 연구법은 작업 연구에 의해서 표준 시간을 결정하는 방법으로서, 작업 순서나 시간이 다 같이 신뢰적인 방법이다. 그러나 이것을 모든 보전 작업에 적용하기 위해서는 상당히 많은 비용과 시간이 소요되므로 반복성이 많은, 즉 소요 시간이 전 작업에서 차지하는 비율이 많은 작업에 적용하는 것이 좋다.

작업 표준 시간을 설정하기 위해서 사용되는 기법에는 PTS(predetermined time standard)법이 있으며, PTS법에서 WF(work factor)법과 MTM(methods-time measurement)법이 대표적인 방법이며, MTM법에 의하면 UMS(universal maintenance standard)가 보전 작업을 위한 작업 표준 시간 설정법으로 미국이나 유럽에서 활용되고 있다.

7-2 보전 효과 측정

(1) 보전 효과 측정의 의의

보전 활동이 활발히 촉진될수록 그 활동의 효과를 어떻게 측정하는가는 중요하다. 보전 효과 측정은 보전 목표에 대한 실적 측정과 목표 달성을 위한 방향 제시의 역할을 한다. 즉 보전 효과 측정의 목적은 설비 보전 부문의 활동 목표를 명확히 하고, 그 목표에 대한 수행도를 측정하여 보전 부문 활동을 극대화하는 데 있다.

이 목적은 효과 측정 결과 및 자료들을 활용하여 보전 기술상의 개선 중점을 발견하고, 그때그때 필요한 조치를 함으로써 달성될 것이다. 그러나 효과 측정 시스템은 다음과 같은 이유로 불완전하고 만족할 만한 상태가 되지 못한다.

첫째, 보전 부문의 실적을 측정하려고 할 때 조업도, 생산 조건, 설비 등의 각종 요인에 의한 영향을 받게 되는데, 이 각종 요인의 영향을 받지 않으면서 보전 효과를 파악하여야 한다는 곤란성이 있다.

둘째, 최종적으로는 보전 효과를 가치적 척도로 파악해야 하나 이 경우, 휴지 손실을 금액으로 평가하여야 한다는 어려운 문제에 부딪힌다.

(2) 효과 측정 제도화의 절차

효과 측정을 제도화하기 위한 절차는 다음과 같다.

① 보전 효과 측정 대상을 그룹으로 나눈다.

조업의 단위 그룹, 보전의 단위 그룹 또는 설비의 단위 그룹 등 각 그룹을 관리할 수 있는 관리자가 보전 효과를 확인하는 것에 의해서 새로운 목표를 세워 노력할 수 있도록 분류를 한다.

② 보전 효과의 평가 요소를 선택한다.

보전 효과를 종합적으로 평가하는 요소로서 보전의 경제적인 효과가 활용된다. 제품 단위당 보전비 등이 그 예인데, 이 종합 평가 요소만으로는 구체적인 목표에 연결되지 않으므로 다시 이 목표에 피드백하기 위한 개별 평가 요소가 선택된다.

③ 보전의 목표를 결정한다.

종합 평가 및 개별 평가의 각 요소에 대해서 목표치를 결정하여야 한다.

④ 평가 요소에 대한 소자료를 결정한다.

미래에 참고 자료가 될 것을 생각해서 결정한다.

⑤ 기록 보고의 절차 양식을 결정한다.

사실을 수집하고 전달하기 위한 기록 보고, 즉 참고 자료 및 이들의 데이터를 집계하여 평가 요소를 계산하고 중요한 사항은 절차에 의해 상부에 보고하는 동시에, 전체를 집약한 것을 그룹에 알리기 위한 절차와 양식(일반적으로 보전 월보, 설비 관리 일지 등)을 결정한다.

(3) 보전 효과 측정을 위한 듀폰 방식

미국 듀폰사에서는 〈표 3-13〉과 같이 16가지의 평가 요소를 선정하여 도식 도표로 보전 효과를 종합적으로 평가하고 해석하여 정기적으로 개선 계획을 수립한다는 방식을 채택하여 보전 효과를 높이고 있다.

① 보전 관리자가 스스로 자기 부문의 결점이나 약점을 발견하기 위해 정기 평가에 따라 자기 진단을 실시한다. 경영진의 보고나 다른 부문에의 선전을 위해 효과 측정을 하는 경우도 있으나 듀폰사에서는 자기 진단에 따라 보전 효과를 높이는 것에 중점을 두고 있다.

② 도식 평가를 하는 것이 특징이다.

③ 보전 효과를 네 가지 기본 기능 즉, 계획(planning), 작업량(work load), 비용(cost), 생산성(productivity)에 따라 표시한다. 이들 네 가지의 기본 기능을 평가하기 위해 이것을 각각 다시 4가지 요소로 분류한다.

④ 16가지의 요소는 작업량의 두 가지 요소를 제외하고 어느 것이나 비율에 의해 표시된다.

⑤ 기본 기능의 평가는 각 기능마다 선택한 네 가지의 요소로서 도표에 의해 작성하게 되는 것이나, 기본적인 기능의 성적을 다음과 같은 여섯 가지로 등급을 부여하고 있다.

E : 우수, G : 양(良), +A : 보통 이상, A : 보통, -A : 보통 이하, P : 불량

그리고 이들 네 가지의 기본 기능의 종합 성적을 도식 평가에 따라 합성한 점수로 표시한다.

⑥ 정기적으로 평가하여 개선 목표를 수립하고, 이 목표를 달성하기 위한 개선 계획을 작성한다.

〈표 3 – 13〉 듀폰사의 보전 효과 측정 요소

기본 기능	요　　　소	현장 조사 결과	미래 목표
계　획	근로 효율	65.0%	80.0%
	주 단위 계획, 예측 작업과 보전 작업 총 공수와의 비	50.0%	35.0%
	월별 긴급 작업과 합계 공수와의 비	15.0%	4.0%
	월별 초과 근무 시간과 합계 공수와의 비	8.0%	2.0%
작업량	주단위로 표시한 당좌 잔류 작업량	5주	3주
	주단위로 표시한 전 보유 작업량	8주	3주
	월별 총 공수에 대한 예방 보전의 비	10.0%	25.0%
	월별 총 공수에 대한 일상 보전 작업의 비	90.0%	75.0%
비　용	설비 투자에 대한 보전비의 비	15.0%	6.0%
	기준 기간에 대해서 생산한 제품 단위당 보전비 증감	+15.0%	−10.0%
	전 보전비에 대한 직접 및 일반 보전의 비	65.0%	85.0%
	전 보전비에 대한 간접 보전의 비	35.0%	15.0%
생산량	생산 작업의 노동력을 %로 표시한 보전 가동률 계획	55.0%	75.0%
	달성률	40.0%	48.0%
	보전으로 기계 중지에 상실된 조업 시간의 %	12.0%	3.0%
	기준 시간에 대해 보전비 1$당 제품 증감 비율	−17.0%	+12.0%

　다음의 도표는 네 가지 기본 기능, 즉 계획, 작업량, 비용, 생산성에 대한 것이며, 다시 이들 네 가지 기능의 성적(각 그림에서 네 가지 요소를 연결하는 직선의 교점이 여섯 가지 등급마다의 부분에 있음을 표시하고 있다.)을 기초로 종합 도표가 작성되어 점수로 표시된다. 여기서 실선, 즉 현상 성적은 28점, 점선인 장래 목표는 69점을 표시하고 있다.

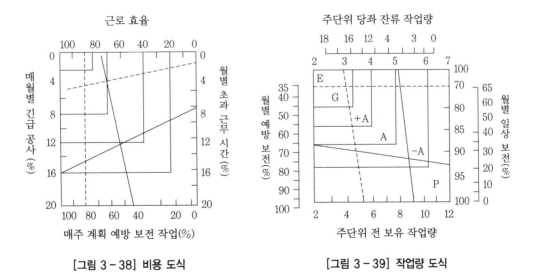

[그림 3 – 38] 비용 도식　　　　　　　　[그림 3 – 39] 작업량 도식

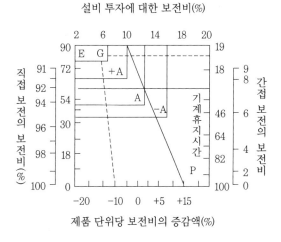

[그림 3 - 40] 비용 도식

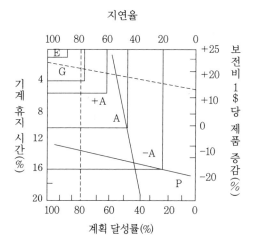

[그림 3 - 41] 생산성 도표

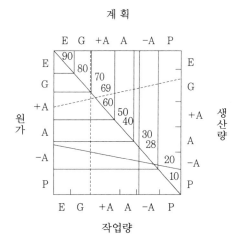

[그림 3 - 42] 듀폰사의 종합도

연 습 문 제

1. 예방 보전과 생산 보전을 비교 설명하시오.

2. 최적 보전 계획, 최적 수리 주기에 대해 설명하시오.

3. 기회 손실과 열화 손실을 비교 설명하시오.

4. 보전에서 중점이란 용어에 대해 설명하시오.

5. 설비 열화 손실 6가지는 무엇인가?

6. 설비 보전 표준과 보전 작업 표준 및 설비 검사 표준에 대해 다른 점을 설명하시오.

7. 상비품 발주 방식 세 가지를 각각 예를 들어 설명하시오.

8. 보전용 자재의 주문점과 주문량의 결정을 설명하시오.

9. 설비 보전의 직접 기능에 대해 설명하시오.

10. 설비 보전 조직에 대해 설명하시오.

11. 설비 보전 시스템에서 보전의 목표를 설정하기 전에 해야 할 것은?
　㉮ 수리계획　　　　　　　　　　㉯ 검사 계획
　㉰ 생산 계획　　　　　　　　　　㉱ 보전 계획

12. 설비 보전에 대한 효과로 볼 수 없는 것은 ?
　㉮ 제작 불량이 적어진다.
　㉯ 예비품에 대한 특별한 관리가 필요하다.
　㉰ 제조 원가가 절감된다.
　㉱ 종업원의 안전, 설비 유지가 잘 되어 보상비나 보험료가 감소된다.

13. 설비 보전의 관리 기능에 속하는 것은?

㉮ 보전 표준 설정   ㉯ 예방 보전 검사
㉰ 설비 성능 유지   ㉴ 수리 요구의 실시

14. 설비 관리 업무에서 생산의 연속화 및 설비의 고도화 경향이 높아짐에 따라 나타나는 것은 무엇인가?

㉮ 휴지 공사, 신 · 증설 공사 등 작업량의 변동이 적다.
㉯ 전문 기술을 갖춘 기술자가 필요하다.
㉰ 경험이 풍부한 숙련 노동력이 필요 없다.
㉴ 관리 책임자가 많아야 한다.

15. 설비 보전 조직 중 집중 보전의 장점이 아닌 것은?

㉮ 충분한 인원을 동원할 수 있다.
㉯ 보전 요원 1인이 보전에 관한 전 책임을 지고 있다.
㉰ 자본과 새로운 일에 대하여 통제가 보다 확실하다.
㉴ 보전 요원이 생산 작업에 대하여 우선순위를 가질 수 있다.

16. 설비 보전 표준을 결정할 때 기술적인 면에 속하는 것은?

㉮ 규격, 사양서   ㉯ 조직 규정
㉰ 관리 규정   ㉴ 책임 한계

17. 설비 열화를 방지하기 위한 표준은?

㉮ 보전 표준   ㉯ 검사 표준
㉰ 수리 표준   ㉴ 보전 작업 표준

18. 보전 작업의 표준을 설정하기 위한 방법으로 적합하지 않은 것은?

㉮ 고장 발생 빈도가 낮은 장비의 보전 작업 표준을 설정한다.
㉯ 작업 능률과 생산 효율이 저하되는 장비를 대상으로 보전 작업 표준을 설정한다.
㉰ 정기 수리 시 시간이 많이 걸리는 설비를 대상으로 보전 작업 표준을 설정한다.
㉴ 공사 지연 시 생산 품질에 미치는 영향이 큰 설비의 보전 작업 표준을 설정한다.

19. 설비의 열화(熱火) 현상의 종류 중 녹, 노화(老化), 이상(異常) 등은 어디에 해당되는가?

㉮ 절대적 열화   ㉯ 상대적 열화
㉰ 경제적 열화   ㉴ 자연 열화

20. 설비 열화의 대책으로 옳지 <u>않은</u> 것은?

㉮ 열화 방지   ㉯ 열화 측정

㉰ 열화 회복   ㉱ 열화 지연

21. 열화 손실의 요소에 대한 연결이 <u>잘못된</u> 것은?

㉮ 생산량 저하 – 생산감 손실

㉯ 품질 저하 – 등외품, 판매 가격 및 회사의 신용 저하

㉰ 원단위 증대 – 재해 손실

㉱ 환경 조건의 악화 – 의욕 저하

22. 보전 계획에 따른 경제 계산의 도표를 보고 무엇을 알 수 있는가?

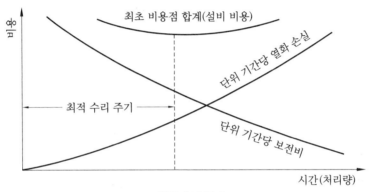

최적 수리 주기

㉮ 수리 횟수당 금액의 증가에 따라 합계별 비용의 증가를 알 수 있다.

㉯ 수리 횟수가 많을 때는 누적 성능 손실은 많은 금액으로 수리가 회복됨을 알 수 있다.

㉰ 전손실 금액은 수리 주기에 의해 수리한계를 알 수 있다.

㉱ 수리 횟수는 바꾸어도 누적 성능 손실이나 수리비는 변하지 않음을 알 수 있다.

23. 최적 보전 계획을 위한 수리 한계는?

㉮ 보전비가 최소일 때

㉯ 열화 손실이 최소일 때

㉰ 열화로 인한 고장 간격이 가장 길 때

㉱ 열화 손실과 보전비의 합이 최소일 때

24. S설비의 경우 순회 검사 비용이 125원, 1일 중 고장이 나서 정지되어 있으면 그 손실은 5,000원, 고장 발생이 1일당 0.2건(5일당 1회 정도)이라고 할 때 순회 검사의 최적 주기를 구하라.

㉮ 0.5일   ㉯ 1일

㉰ 1.5일   ㉱ 2일

25. 설비 보전 시 최적 수리 주기와 같은 개념은?

㉮ 한계 비용 주기   ㉯ 조정 평균치 주기

㉰ 종합 평균 연부담비 주기   ㉱ 최소 비용점 주기

26. 생산 보전(PM)의 관점에서 설비 교체를 위한 수리 한계의 시기를 결정하는 기준은?

㉮ 안전 위생   ㉯ 물리적 손상

㉰ 경제적 비용   ㉱ 제품의 품질

27. 예비품 구입 방법에서 준 계획품 수량을 계산할 때 필요 기준 항목에 속하지 <u>않는</u> 것은 어느 것인가?

㉮ 기준 교체 주기   ㉯ 평균 교체 주기

㉰ 1회당 평균 교체 수량   ㉱ 최소 교체 주기

28. PM 초기에 검사 주기를 결정하기 위해 선결되어야 하는 문제는?

㉮ 생산성 향상   ㉯ 프로세스 개선

㉰ 급유 개소 표시   ㉱ 정확한 자료 축적

29. 전동기 성능 검사 기준 작성 시 과학적인 작업의 진행 방법 즉, 예방 보전의 제1단계를 바르게 나타낸 것은?

㉮ 표준화(계획) – 실행하여 그 결과 검토(체크) – 적당한 처치(수리)

㉯ 실행하여 문제점 검토(체크) – 표준화(계획) – 적합한 처치(수리)

㉰ 표준화(계획) – 적절한 처치(수리) – 표준화 설정

㉱ 검사 기준표 작성 – 실행 – 적절한 처치(수리)

30. 생산 보전 방식의 관점에서 수리를 해야 할 시기는?

㉮ 생산량이 저하할 때

㉯ 돌발 고장이 발생하였을 때

㉰ 열화 손실이 보전비보다 많아질 때

㉱ 기능이 일정 수준 이하로 저하되었을 때

31. 예방 보전의 효과로서 나타나지 <u>않는</u> 것은?

㉮ 설비의 정확한 상태 파악

㉯ 예비품 재고량의 감소

㉰ 유효 손실 및 납기 지연 감소

㉱ 제품 불량 및 수율(收率)의 감소

32. 중점 설비 분석에 관한 설명이 <u>잘못된</u> 것은?

㉮ 현재 사용되고 있는 설비의 능력을 파악한다.

㉯ 정지 손실의 영향이 큰 설비를 파악한다.

㉰ 설비 환경과 작업 조건이 열화에 미치는 영향이 큰 설비를 파악한다.

㉱ 원재료 불량이 품질에 영향을 미치는 상태를 파악한다.

33. 설비 보전을 위하여 비용 개념의 도입을 배제할 수 없다. 기회 손실을 줄이기 위하여 도입되는 손실이 <u>아닌</u> 것은?

㉮ 생산량 저하 손실

㉯ 환경 조건의 악화로 인한 자연 손실

㉰ 납기 지연 손실

㉱ 안전 재해에 의한 재해 손실

34. 보전비의 요소 중 수리비와 가장 관계가 깊은 것은?

㉮ 열화의 방지   ㉯ 열화의 측정

㉰ 열화의 회복   ㉱ 열화의 경향

35. 고장 예방 또는 조기 처치를 위해서 실시되는 급유, 청소, 조정, 부품 교체에 해당하는 설비 보전은?

㉮ 일상 보전   ㉯ 예방 수리

㉰ 사후 수리   ㉱ 개량 보전

36. 휴지 공사를 해야 하기에 예방 보전이 특히 강조되는 생산 방식은?

㉮ 공정별 설비 배치의 제품 생산 방식

㉯ 기능별 설비 배치의 제품 생산 방식

㉰ 프로세스 공업의 연속 생산 방식

㉱ 제품 고정형 생산 방식

37. 계획 공사의 견적 공수와 현 보유 표준 능력을 비교하여 이월량이 거의 일정하게 되도록 공사 요구의 접수 조정, 예비 공사 중간 차입, 외주 발주량 조정 등을 하는 것을 무엇이라 하는가?

㉮ 여력 관리   ㉯ 일정 계획

㉰ 진도 관리   ㉱ 휴지 공사

38. 보전용 자재를 상비품으로 구비하고자 한다. 다음 중 상비품으로 갖추기에 적합한 자재는?

㉮ 여러 공정에 공통적으로 사용되는 자재

㉯ 사용량이 적은 자재

㉑ 단가가 비싼 자재
㉒ 보관이 곤란한 자재

39. 보전 자재를 관리할 때 재고 자재의 상황을 파악하여 분류·정리하면 어떤 좋은 점이 있는가?

㉮ 보관, 보충의 책임 한계가 분명하여 중점 관리가 가능하다.
㉯ 자재 명칭 및 사양을 통일하지 않아도 중점 관리가 가능하다.
㉰ 원단위 손실이 조장되나 보관비는 감소한다.
㉱ 구입 자재가 입하할 때 검수의 필요가 없어진다.

40. 발주점과 발주량이 같고 중요하지 않은 품목에 적용되는 보전 자재 발주법은?

㉮ 정량 발주법   ㉯ 정기 발주법
㉰ 2궤법(2-bin methode)   ㉱ 불출 후 발주법

41. 보전 자재 관리에서 적절한 자재 관리와 관계가 없는 것은?

㉮ 설비 보완의 확보
㉯ 구매, 창고 경비의 최대 확보
㉰ 생산량의 확보
㉱ 품질의 확보

42. 그룹 작업법에 있어서 작업 내용 비율 파악에 적합한 방법은?

㉮ Work Sampling 법(WS법)
㉯ Back Up법(BU법)
㉰ Zero Defect법(ZD법)
㉱ Time Base법(TB법)

43. 정기 발주법에서 발주 목표가 100개이고 현 재고가 30개, 이미 발주된 자재가 40개이다. 이번에는 몇 개를 발주해야 하는가?

㉮ 30(개)   ㉯ 40(개)
㉰ 90(개)   ㉱ 110(개)

44. 주문점 P를 구하라. (단, 조달 기간 $D=2$개월, 중요도 $t(大)=1.65$, 월평균 사용량 $n=17$, 월간 수요의 불균형 $\delta_n=6.3$일 때)

㉮ 15   ㉯ 30
㉰ 49   ㉱ 65

45. 월간 사용량 $U_m = 700$개, 단가 $C = 25$원/개이고 $K = \sqrt{\dfrac{24A}{i}} = 100$이라고 하면 경제적 주문량은 얼마인가?

㉮ 529개 ㉯ 52.9개

㉰ 132개 ㉱ 13.2개

46. 프로젝트의 일정 관리 수법으로 이용되는 네트워크 수법의 특징이 <u>아닌</u> 것은?

㉮ 업무의 상호 관계와 순서를 알 수 있다.

㉯ 진행 중이라도 일정 예측을 하기 쉽다.

㉰ 업무가 독립적으로 되어 있는 듯하고 서로의 관계를 알기 어렵다.

㉱ 중점 작업이 확실하다.

47. 작업 방법 개선에서 가장 먼저 이루어져야 할 요소는?

㉮ 작업 측정 ㉯ 작업 실적

㉰ 작업의 난이도 ㉱ 작업의 중요도

제4장 공장 설비 관리

1. 공장 설비 관리의 개요

1-1 공장 설비의 종류와 관리 목적

설비란 넓은 뜻으로는 건물을 비롯하여 부대 시설(급수 설비, 급양 설비, 배수 설비, 난방 설비, 배기 설비, 조명 설비, 배선 설비 등), 방재 설비(안전 설비, 소방 설비 등), 운반 설비 등을 포함하나 좁은 뜻으로는 직접 생산에 관계되는 공작 기계, 프레스, 열처리 장치 등과 같은 기계 설비와 그것에 사용되는 계측 기구, 지그, 고정구 등으로 분류되는 것을 1장에서 다루었다.

올바른 공장 설비 관리를 위해서는 기계 설비와 계측 기구, 지그, 고정구 등의 양호한 상태를 확보하고, 또 이것의 개선이 이루어지고 표준화에 노력하는 것에 의하여 작업의 진행이 원활하게 되며, 생산 계획이 달성되고 있는지를 조사하기 위하여 점검표를 만들어 활용하면서 문제점을 찾아 상세히 조사하는 것이 좋다.

1-2 설비 분류 방법

기계 대수가 많은 공장, 혹은 프레스 공장과 같이 금형이 많이 있는 공장에서 '우측으로부터 몇 열, 몇 번째의 기계'라든가, '설비 주식회사 제작품인 삼상모터를 밀링에 교체했다' 등의 표시는 숙련자가 아니면 이해하기 어려우므로 알기 쉽게 각종 기호로 분류하여 정리한다.

(1) 분 류

분류를 하기 위해서는 먼저 분류의 기초가 되는 표준을 명확하게 할 필요가 있다. 가령 재고품은 현물의 크기에 따라 구분하거나 사용 빈도에 따라 구분한다. 또한, 분류는 간단하게 하는 것이 이상적이며, 앞으로 기업이 발전했을 때 분류를 확장하는 데 지장이 없도록 여유를 둔다.

(2) 설비 기호

공장이 커지고 설비가 증가함에 따라 분류라든가 기호의 필요성이 증대하게 된다. 따라서 대규모 공장이든, 소규모 공장이든 장래의 증설에 대비해서 초창기부터 명백한 분류 및 기호를 결정해 두어야 한다.

설비를 분류하고 기호를 명백하게 해 두면 다음과 같은 이점이 있다.

• 설비 대상이 명백히 파악된다.

• 설비 계획 수립이 용이하다.

• 사무적인 처리가 쉬워지며, 착오가 감소한다.

• 통계적인 각종 데이터를 얻기가 용이하다.

① 기 호

분류한 사항을 간단명료하고 구분하기 쉽도록 하기 위하여 숫자, 문자, 그림, 색 도형 등과 같은 기호를 사용한다.

(가) 뜻이 없는 기호법

1 : 선반   2 : 밀링   3 : 연삭기

(나) 뜻이 있는 기호법

L : 선반   M : 밀링   G : 연삭기

(다) 혼용법

위 두 가지 기호법을 혼용하는 것이다.

② 각종 기호법

(가) 순번식 기호법

뜻이 없는 기호법과 같이 종류, 크기, 형태 등에 관계없이 배치순, 구입순으로 1, 2, 3등과 같이 기호를 표기하는 것이다.

(나) 세구분식 기호법

연속 번호 중에서 일정 범위의 숫자를 하나의 종류에 해당시킨다.

1~50 : 선반   51~100 : 밀링   101~150 : 연삭기

(다) 십진 분류 기호법

도서 분류법과 같이 표기하는 것이다.

(라) 기억식 기호법

뜻이 있는 기호법의 대표적인 것으로서 기억이 편리하도록 항목의 이름 첫 글자라든가, 그 밖의 문자를 기호로 한다.

L : lathe(선반)   G : grinding(연삭기)   M : milling(밀링)

(3) 설비 번호의 표시 방법

설비에 대한 분류, 기호가 결정되면, 그것에 의해 개개의 설비에 고유 번호를 부여하여 일정한 표시판을 제작, 설비에 부착시킨다. 이 때 주의해야 할 사항으로는 절대로 동일 기호를 2장 만들어서는 안 된다는 것이다. 분류 기호 또는 번호는 사람의 주민등록번호와 같은 것으로서, 한 번 잘못되면 그 수정이 매우 곤란하므로 처음부터 이러한 착오가 일어나지 않도록 세심한 주의가 필요하다.

이러한 분류 기호나 번호를 부착시킬 경우에 반드시 지켜야 할 사항은 다음과 같다.

① 눈에 잘 띄는 곳에 부착하여야 한다.

② 확실하고 견고하게 부착하여야 한다.

③ 표시판은 될 수 있는 대로 손상의 위험이 없는 재질을 사용한다.

④ 부착 방법은 어떤 형태로든지 설비의 성능에 영향을 주는 일이 있어서는 안 된다.

⑤ 부착으로 인해 미관을 해치는 일이 없도록 한다.

[그림 4-1]은 설비 번호 표시판의 보기로, 여기서 M은 대분류를 뜻하고 1100은 중분류를 표시한다. 그리고 167은 소분류를 뜻하며, 88은 소분류마다 한 대 한 대에 붙여지는 분류 번호인데, 이것은 소분류의 내용을 표시하기 위해서 제작되는 경우도 있으며, 그 편의를 생각해서 제작할 필요가 있다.

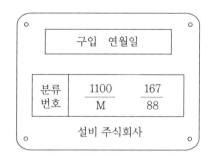

[그림 4 - 1] 설비 번호 표시판

(4) 설비 보전과 설비 대장

설비 관리에서 모든 설비에 대해 설비 대장을 만드는 것이 반드시 필요하다. 다시 말하면 설비 관리를 실시하는 첫째 조건은 설비 대장을 작성하는 것인데, 이 때 구비해야 할 조건으로는 다음과 같은 것이 있다.

① 설비의 개략적인 크기   ② 설비의 개략적인 기능

③ 설비 입수 시기 및 가격   ④ 설비 설치 장소

⑤ 1품목 1장 원칙에 따라 설비 대장에 기입

최근에는 전산 처리가 가능함에 따라 다음과 같은 프로그램을 이용한 대장을 사용한다.

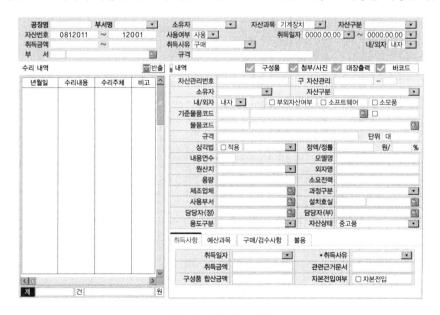

[그림 4 - 2] 장비 대장

2. 계측 관리

2-1 계측 관리의 개요

계측 관리는 과학적이고 합리적으로 계측하기 위해 계측에 관한 모든 문제에 대한 계측화 계획을 추진하고 계측 결과를 유용하게 활용하며, 계측 작업을 실시하고 계측기를 장치하며 관리하는 것을 말한다.

2-2 계측화 계획

(1) 계측화 목적

계측화하는 데는 여러 가지의 목적이 있으므로 그 목적을 미리 명확히 해 놓아야 한다. 생산 공정의 계측화를 추진하는 경우는 다음과 같다.

① 생산 공정의 기술적 해석

생산 공정은 일반적으로 많은 공정 요소(원자재, 부품, 동력, 생산용 설비, 기기, 지그, 고정구, 제품, 작업자, 기술자, 관리자 등)로 구성되어 있다.

이런 요소들은 품질, 무게, 성능, 상태 등 물리적, 화학적 양을 갖고 있어 그 조건에 의해서 생산 공정을 지배하므로 이의 요소, 양을 계측해서 분석하여 생산 공정을 과학적으로 관리하기 위해 계측화한다.

② 공정 작업의 기술적 관리

관리자나 작업자가 공정 요소의 상태나 작업 환경 조건, 작업 방법 등을 조사하여 생산 조건을 조정할 때 객관적으로 실시하기 위해 계측화한다.

③ 시험 검사

원자재, 부품 등의 검사 및 품질 관리를 실시하기 위해 계측화한다.

④ 기업의 경제면 관리

⑤ 설비 보전, 안전 관리, 위생 관리

⑥ 조사 연구

(2) 계측 특성 및 방법의 선정

① 계측기의 선정

(가) 작업용, 관리용, 시험 연구용, 검사용 등 계측 목적에 적합한 것을 선정한다.

(나) 계측해야 할 특성(온도, 압력, 점도, 경도, 크기, 무게 등), 공정에 관한 여러 종류의 변수를 측정하기에 적합한 계측기를 선정한다.

(다) 사용 방법, 사용 장소, 설치 위치, 취급 방법, 계측 대상의 조건 등에 적당한 계측기를 선정한다.

　㈜ 계측기 장치를 위한 난이도 검토

　㈜ 계측기의 원리, 구조, 성능 등 검토

　㈜ 계측기의 보관, 수리 등 관리 문제의 검토

　㈜ 계측기의 가격, 보전 비용 등 경제성 검토

　㈜ 국제 표준, 계측 기술 수준, 미래의 전망, 회사의 사정 등 검토

② **계측 방법 및 조건의 선정**

　㈎ 관리 목적에 적합한 계측 방법을 선정하고 계측기의 취급, 조작 등을 표준화한다.

　㈏ 계측기의 원리, 구조 및 성능에 적합한 방법이어야 한다.

　㈐ 주체 작업(제조, 조정, 검사, 관리 등)과 적당히 관련되어야 한다.

2-3 계측 관리 공정 명세표

생산 공정의 계측화나 자동화를 계획하는 경우, 공정의 개선 합리화를 도모하는 경우, 공장을 신설하는 경우 등에는 전 공정에 걸쳐서 각 공정의 요소, 조건 등의 상호 관계를 구체적으로 추진하는 것이 중요하다.

계측화는 생산 공정을 구성하는 복잡한 많은 공정 요소나 조건에 관계하는 동시에 기업의 경영 방침, 관계자의 사고방식에 좌우되는 일도 많기 때문에 합리적으로 추진하기 위해서는 다음과 같이 요식화하여야 한다.

(1) 공정 명세표 작성

공정 명세표 작성 방식은 제작 공업이나 장치 공업에서도 똑같이 적용할 수 있는 기본적인 것이다. 생산 공정을 'KSA 3002 공정 도시 기호'에 따라서 공정(계통)도(flow sheet)에 표시한다. 이 공정의 흐름에 따라 각 공정에 있어서 중요한 생산 설비(기계 장치, 기구류)나 관리 설비(계측기, 시험기, 검사기, 지그, 고정구 등)의 성능이나 명세 등, 또 원료나 동력 및 제품의 물량이나 품질, 그 외에 작업 방법이나 조건, 기타 제조 및 관리상 필요한 항목들의 상호 관련을 도시 또는 기술한다.

이들 공정의 요소, 요건을 상세히 기술하는 것은 종합적 분석 검토에 편리하고 작업 표준의 기술 양식으로 응용되기도 한다.

(2) 기술 양식

공정 번호 등의 기호에 대해서는 단지 일련번호를 붙이는 것이 아니라, 공정의 흐름과 관련을 보이도록 연구된 계통적 기호를 정하여 각 공정의 고유 번호로도 이용될 수 있도록 표시한다.

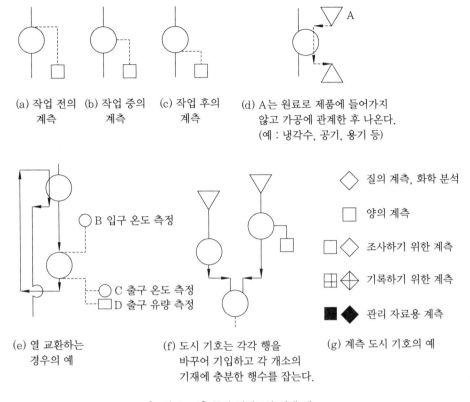

(a) 작업 전의 계측 (b) 작업 중의 계측 (c) 작업 후의 계측 (d) A는 원료로 제품에 들어가지 않고 가공에 관계한 후 나온다. (예 : 냉각수, 공기, 용기 등)

◇ 질의 계측, 화학 분석
□ 양의 계측
□◇ 조사하기 위한 계측
⊞⬨ 기록하기 위한 계측
■◆ 관리 자료용 계측

○ B 입구 온도 측정
○ C 출구 온도 측정
□ D 출구 유량 측정

(e) 열 교환하는 경우의 예   (f) 도시 기호는 각각 행을 바꾸어 기입하고 각 개소의 기재에 충분한 행수를 잡는다.   (g) 계측 도시 기호의 예

[그림 4 – 3] 공정 명세표의 기재 예

2-4 계측기 장치 방법

(1) 직접 측정(直接測定)

곧은 자를 직접 제품에 대고 실제 길이를 알아내는 방법이다. 직접 측정에는 사용되는 측정기는 버니어 캘리퍼스(vernier calipers), 마이크로미터(micrometer), 측장기(測長器), 각도(角度)자 등이 사용된다.

① 장점
- 측정 범위가 다른 측정 방법보다 넓다.
- 측정물의 실제 치수를 직접 잴 수 있다.
- 양이 적고 종류가 많은 제품을 측정하기에 적합하다.

② 단점
- 눈금을 잘못 읽기 쉽고 측정하는 데 시간이 많이 걸린다.
- 측정기가 정밀할 때는 측정하는 데 숙련과 경험이 필요하다.

(2) 비교 측정 (比較測定)

제품을 측정하는 데 표준 치수의 게이지와 비교하여 측정기의 바늘이 지시하는 눈금에 의하여 그 차이를 읽는 것이다.

비교 측정에 사용되는 측정기는 다이얼 게이지(dial gauge), 미니미터, 옵티미터, 공기 마이크로미터, 전기 마이크로미터 등이 사용된다.

① 장점
- 측정기를 적당한 위치에 고정시킴에 따라 측정에 적합하고 높은 정도의 측정을 비교적 쉽게 할 수 있다.
- 제품의 치수가 고르지 못한 것을 계산하지 않고 알 수 있다.
- 길이뿐 아니라, 면의 각종 모양 측정이나 공작 기계의 정도 검사 등 사용 범위가 넓다.
- 치수의 편차(偏差)를 기계에 관련시켜 먼 곳에서 조작할 수 있고 자동화에 도움을 줄 수 있다.

② 단점
- 측정 범위가 좁고 직접 제품의 치수를 읽을 수 없다.
- 기준 치구인 표준 게이지(standard gauge)가 필요하게 된다.

(3) 한계 게이지 (limit gauge)

제품에 주어진 허용차(허용차), 즉 최대 허용 치수와 최소 허용 치수의 두 한계를 정하여 제품의 실제 치수가 이 범위 안에 들었느냐 벗어났느냐에 따라 합격, 불합격을 판정한다.

① 장점
- 다량 제품 측정에 적합하고 불량의 판정을 쉽게 할 수 있다.
- 조작이 간단하고 경험을 필요로 하지 않는다.

② 단점
- 측정 치수가 정해지고 한 개의 치수마다 한 개의 게이지(gauge)가 필요하다.
- 제품의 실제 치수를 읽을 수가 없다.

(4) 현장 작업용 계장

현장 작업자가 작업 중 이용하는 계측기로서 사용이 간편하고 직관적으로 사용하도록 되어 있다.

(5) 관리 작업용 계장

관리자가 사용하는 것으로서 현장 작업 중에 이용하는 것보다도 비교적 장기적, 정기적으로 사용하는 것이 많다. 설비 관리나 열 관리, 안전 위생이나 환경 관리, 품질 관리나 생산 관리, 종합 판단이나 조사, 조정 등에 사용한다.

(6) 시험 연구용 계장

시험 연구의 담당자 또는 계측기의 교정 등에 사용하는 것으로서 정밀도가 극히 높고 취급 시 상당한 지식과 기량이 필요하기 때문에 전문가가 특별히 관리한다.

(7) 장치 공업에 있어서의 계장

화학 공업이나 제철 공업 등 장치 공업에는 공정이 일반적으로 정지되어 있는 장치 내로 원료나 동력이 이동하면서 반응이나 변화가 이루어지고, 제품이 연속해서 정상적으로 만들어지기 때문에 정치식, 자동 지시식, 기록식 계측기가 많이 사용된다. 이와 같은 경우에는 측정해야 할 변수의 종류도 많고, 상호 관련되어 있기 때문에 종합적인 감시나 조정을 위해 원격식 계측기를 집중적, 자동식으로 설치, 운용하고 있다.

(8) 계측기 장치 공정도 방식

계장 계획은 생산 공정의 계획과 유사한 사고방식이 응용될 수 있기 때문에 공정도 혹은 공정 명세표로부터 계측기에 관한 요건을 뽑아서 수립할 수 있다. 이 경우 기입 시에는 KS A 3016 계장용 기호에 따르고, KS C 0102 전기용 기호를 병용한다.

2-5 계측 관리 추진 방법

계측 관리를 추진하는 데 중요한 점은 다음과 같다.
① 기업 목적을 명확히 확립할 것
② 기업을 과학적, 합리적으로 관리 · 운영하는 방침을 수립할 것
③ 기업의 신경계로서 계측 관리, 정보 관리, 자료 관리를 유기적으로 결합할 것
④ 정보 검출부로서 계측기를 정비하고, 계측 관리의 체계를 확립할 것
⑤ 계측 관리에 대해서 필요로 하는 충분한 경제적, 인적 기업 노력을 투입하여 유효하게 기능을 발휘하도록 할 것

3. 지그, 고정구 관리

3-1 지그, 고정구 관리의 개요

(1) 치공구의 정의

치공구란 원래 지그와 고정구를 뜻하나 금형, 절삭 공구, 검사구 등 각종 공구를 통칭하기도 하는데, 그 용어의 정의는 다음과 같다.

① 공 구

소재를 가공해서 원하는 형상으로 만드는 공작 작업에 사용하는 도구를 말하며, 주조, 단조, 용접, 절삭 공구 등 각종 작업에 각각 전용으로 쓰이는 공구가 있다.

② 검사구

재료, 반제품, 혹은 완제품을 공정 도중 또는 공정의 최종 작업 단계에서 규정 기준에 맞는가를 조사하기 위해서 사용되는 공구를 검사구라고 한다. 검사구의 정의는 '각종 물리량, 즉 길이, 압력, 온도, 형상 등의 크기 또는 정확성을 평가하기 위해서 사용되는 기기 및 기구와, 수량적으로 정해진 치수로 만들어졌거나 또는 그 치수로 조정된 측정구로서 측정 시에 조절될 수 없는 것(고정 게이지)'을 말한다.

③ 지그와 고정구

지그와 고정구란 기계, 자동차, 항공기 산업 간에 각각 다른 해석이 있으나 일반적으로 '가공 공작 공정 또는 조립 작업 공정에서 지정된 작업을 용이하게 수행할 수 있도록 하기 위해서 피공작물과 공구로 소정의 위치 관계를 유지시켜 이것들을 보호·지지하고, 공구를 안내할 수 있도록 설계된 구조를 갖는 도구'라고 볼 수 있다.

④ 금 형

금형이란 재료의 소성 또는 유동성의 성질을 이용해서 재료를 가공·성형해서 얻는 것과 같은, 주로 금속 재료를 사용해서 만든 형의 총칭이다.

(2) 치공구 관리의 목적

치공구 관리의 목적은 생산 계획에 입각해서 필요한 때에 적합한 종류의 치공구류를 필요량에 맞게 현장에 공급할 수 있도록 수리·보전·보관 및 조달하고 조직적으로 계획·통제·조정·실시하는 데 있다. 따라서 범용 공구를 관리하는 목적은 사용할 곳에 대해서 어떤 경우에 있어서도 즉시 공급할 수 있는 상태로 관리하는 데 있으며, 또한 상비 공구의 적정 재고량을 결정하는 것도 중요하다.

3-2 지그, 고정구 관리 기능과 조직

(1) 치공구의 종류와 수량

치공구 계획 시 우선 종류와 수량을 결정해야 하지만 일반적으로 공작 작업에서의 방법 결정은 제품이 요구하는 기능, 정밀도, 생산량 또는 예정 원가 등에 의해 좌우된다. 그러나 전용 공구 계획은 전용 공구 제작비의 비중이 크므로 전용 공구에 대한 기본 설계 단계에서 제작비에 대한 견적을 실시하고 기준과의 비교 검토에 의해 결정하게 된다. 즉 주어진 제품의 생산량에 균형될 수 있는 전용 공구 제작비 C는 다음과 같다.

$$C = \frac{Na(1+P')Nw-S}{i+t+m+\dfrac{1}{H}}$$

　　여기서, N : 연간 제품 생산 대수

　　　　　a : 제품 1단위당 절약 노무비

　　　　　P' : 절약된 노무비에 관한 간접비의 비율

　　　　　w : 제품 1단위당 절약 재료비

　　　　　S : 연간 준비 비용

　　　　　H : 감가상각에 소요되는 연수

　　　　　i : 전용 공구 제작 비용에 대한 금리 비율

　　　　　t : 세금, 보험금 등의 고정비에 대한 연이율

　　　　　m : 보수 등을 포함하여 유지비에 허용된 연이율

(2) 치공구의 설계 시 요구 조건

① 제품의 설계 도면에 나타난 설계 정보를 정확하게 이해하고, 이것이 요구하고 있는 기능과 정도를 제품 속에 충분히 살릴 수 있는 구조로 되어야 한다.

② 피공작물의 부착과 해체가 용이하고 공작 작업이 쉬운 구조로 되어야 한다.

③ 강성을 갖춘 것으로서 운전 취급을 하기 쉬운 구조로 되어야 한다.

④ 구조는 될 수 있는 한 단순하면서 균형이 갖추어진 형상이어야 한다.

⑤ 작업자가 작업 시 안전성, 신뢰성이 높은 감각을 줄 수 있는 구조, 형상이어야 한다.

⑥ 경제성이 있는 구조로 되어야 한다.

⑦ 지그와 고정구 구성 부품의 표준화를 고려해야 한다.

⑧ 전 작업 단계에서 검사를 설비할 수 있는 것과 같은 구조이어야 한다.

⑨ 위치 결정, 부착 방법 등에 관한 고려를 해야 한다.

⑩ 절삭에 의해서 생긴 칩을 제거하기 쉬운 구조이어야 한다.

⑪ 작업에 절삭제가 사용되고 있는가를 고려할 수 있는 것이어야 한다.

(3) 치공구 제작

① 치공구 제작 담당 부문의 구성과 내용

　　치공구 제작 담당 부문은 업종 혹은 기업의 경영 방침에 의해서 설계 · 제작 · 수리 담당의 치공구 공장, 보관, 조달의 관리 업무를 전반에 걸쳐서 취급할 수 있는 구성을 갖춘 것으로부터 단순히 치공구의 제작 수리를 하는 것과 같은 공장 조직도 있다. 치공구 공장의 설비 내용은 전용 공구의 제작 수리 혹은 절삭 공구, 금형 등의 재연삭에 이르는 것이므로 주문 다종 소량 생산이나 개별 생산 형태로 구성되어 있다.

　　다시 말하면 설비는 각종 범용 공작 기계와 공구 연삭기, 치구, 각종 측정기, 시험 검사기,

경도 측정기 기타 열처리 관계 설비 등으로 이루어진다.

② 치공구 공장에서의 공정 관리

치공구 공장에서 공정 관리의 주안점은 공구 제작을 위한 작업 계획 시 공수 견적의 정도 및 설비와 작업자의 기능 수준에 의한 부하 혹은 여력 상태를 상세히 파악하고 작업 구분을 하는 것이다.

③ 공구 재료의 관리

공구 재료의 관리는 재고 계획, 구매 관리의 기법에 준해서 한다.

(4) 치공구 관리 기능

① 계획 단계

㈎ 공구의 설계 및 표준화

공구는 가능한 한 산업표준규격에서 규정하고 있는 것을 채택하고 계획하는 것이 경제적이며, 설계 · 제작을 요하는 특수 공구도 표준화하는 것이 바람직하다.

㈏ 공구의 연구 시험

㈐ 공구 소요량의 계획, 보충

생산 계획 및 과거의 실적에 근거를 두고 공구 소요량을 계획하고 보충한다.

② 보전 단계

㈎ 공구의 제작 및 수리

㈏ 공구의 검사

㈐ 공구의 보관과 공급

공구의 보관 및 공급을 위해서는 공구 불출을 직접 담당하는 공구실과 그 공장 공구실에 공구를 보급하는 중앙 공구실로 나누어진다.

㉮ 중앙 공구실

중앙 공구실은 공구의 보관 · 정리 · 공급 보충을 실시하고, 공장 공구실에 공구를 공급할 준비 등을 맡게 된다. 따라서 공구 재고를 관리하며 공구 대장에 의해서 공구의 출입을 명백히 하면서 공구의 공급을 원활하게 한다.

㉯ 공장 공구실

공장 공구실은 가능한 한 생산 현장에 가깝고 작업장에 편리한 위치에 설치하며, 공구의 불출을 신속하게 하면서 불출된 공구의 소재가 명백히 되도록 해야 한다.

㈑ 공구의 연삭

공구를 다량으로 사용하는 공장에는 공구의 집중 연삭 방식이 효율적이다.

(5) 치공구 관리 조직

치공구 관리의 조직은 공장의 제품, 생산방식, 규모 등에 따라 차이가 있다. [그림 4-3]은 기계 공장의 공구 관리 조직 및 그 담당 업무에 대한 예를 표시한 것이다.

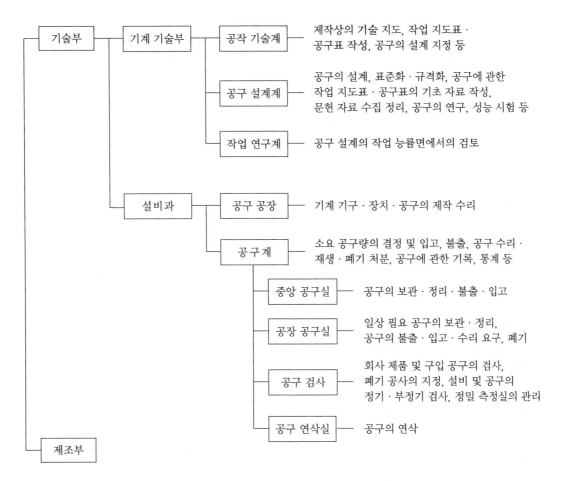

[그림 4 - 4] 공구 관리의 조직

3-3 공구가 미치는 영향

(1) 품질의 영향

제조 작업에서 공구 사용은 필수이며 공구의 성능, 정밀도는 작업자들의 숙련, 기계 성능과 더불어 제품의 품질을 크게 좌우하는 요인이다.

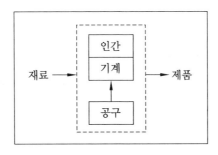

[그림 4 - 5] 공구의 요인도

(2) 생산 수량의 영향

제품 제조에 사용되는 시간은

$$제품\ 1개당\ 제조\ 시간 = \frac{1로트에\ 대한\ 시간(주체\ 작업\ 시간 + 부수\ 작업\ 시간 + 여유\ 시간)}{1로트(lot)\ 내의\ 제품\ 수}$$

로 나타낸다. 공구가 적절히 정비되어 있으면 부수 작업 시간을 단축할 수 있다. 따라서 제품 1개 당 제조 시간을 단축할 수 있으며 생산 수량도 증가시킬 수 있다.

(3) 공구 계획의 영향

공구에 결함이 생겨 교환을 위해 가공을 중지하거나, 예비품이 없어 보조가 늦어짐으로써 작업 계획을 수행할 수 없게 된다. 그러나 새로운 공구 도입이나 개선에 따라서는 능률이 올라가므로 종래의 생산 계획을 변경할 때도 있다.

(4) 공구 관리의 시간과 비용의 영향

공구 수가 너무 많으면 보관, 불출, 입고 시의 수량·품질 검사에 시간이 많이 소요되며, 보관 에 필요한 비용도 커진다.

(5) 공구의 부수 작업에의 영향

작업자가 작업 장소에서 불출, 반납하기 위해서 작업 장소와 보관 장소를 오가는 거리를 고려 해야 한다. 반대로 작업자 개개인마다 공구를 갖는 것으로 하면 사용 빈도가 적은 공구를 보유하 게 되므로 결국 준비 시간이나 기계 정비 시간은 짧아지나 많은 공구를 갖게 됨으로써 비용이 높 아지게 된다.

4. 공장 에너지 관리

4-1 개 요

에너지원에는 태양 에너지, 해양 에너지, 지열 에너지, 대기권 내에너지, 자원 에너지 등이 있 다. 에너지 이용 효율을 높이는 것은 에너지 자원 개발과 공장에서 제품의 원가 절감 면에서 매우 중요하며, 에너지 이용 효율을 높이기 위해서 효율이 높은 혁신적인 에너지 변환 방식을 채택하 거나 현재 방식에서 에너지 사용 효율을 높이는 것이 중요하다.

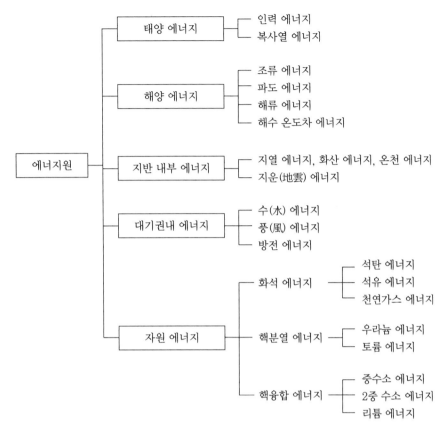

[그림 4 -6] 에너지원

4-2 열 관리

(1) 열 관리의 목적과 중요성

열 관리의 목적은 최소한의 연료 사용으로 최대의 효과를 얻는 것이다. 열 에너지는 재생이 불가능하므로 제품 원가 중에서 연료비가 차지하는 부분의 절감을 꾀하는 데는 열 관리 기술에 의한 바가 매우 크므로 열 설비의 개선 및 신예화로 설비의 효율을 높이고, 열 손실에 대한 연구와 합리적인 연소 관리를 하는 것이 필요하다. 열 에너지 흐름에 따른 열 관리의 영역은 ① 연료의 관리, ② 연소의 관리, ③ 열 사용의 관리, ④ 폐열 회수 이용 등이며, 이 네 가지 분야를 관리하는 관리 시스템으로 열 설비 관리를 확립해야 한다.

(2) 열 관리 방법

① 연료 관리

연료는 사용 목적 및 설비에 적합한 것으로 가격이 저렴하고 쉽게 확보할 수 있는 것이어야 한다. 공장 등에서 사용하는 경우는 이 밖에 저장, 수송 및 사용 시에 취급이 쉽고, 열 설비, 인건비, 관리비, 입지 조건 등을 고려하여 적정 연료를 결정해야 한다. 연료 구입 시 질과 양에 대한 엄격한 검사와 성분, 발열량 등을 정확하게 파악하는 것은 가격 문제뿐만 아니라 열 관리의 성적, 열의 사용효율을 산정하는 데도 필요하다. 또한, 연료의 저장·운반에서는 성분의 변화, 품질의 저하, 발열, 누출 등의 연료 손실이 생기지 않도록 주의해야 하며, 폭발, 화재, 중독 등의 재해 방지를 위한 관리 규정 및 설비 보전 등도 충분히 고려해야 된다.

② 연소 관리

연소 관리란 각 목적에 적합하도록 연료의 선택, 설비, 작업 부하, 작업 방법 등에 대하여 기술적·경제적으로 가장 효과를 얻을 수 있도록 관리하는 것을 말한다. 즉, 연소를 하는 목적에 따라 연소 조건이 다르다. 또, 연료의 성상, 설비의 구조 및 규모, 작업 조건 등도 연소에 크게 영향을 주므로 연소 상황을 알기 위해서는 연소 배기 성분, 온도, 제품 및 처리품의 품질 등을 파악하고 각각 작업 표준을 정하여 항상 최적 연소 상태를 유지하는 것이 중요하다. 또한, 연소의 합리화를 위해서는 우선 연소율을 적당히 유지하는 것이 필요한데, 부하의 과대 혹은 과소에 대한 대책은 다음과 같다.

(가) 과부하인 경우의 대책

㉮ 연료의 품질 및 성질이 양호한 것을 사용한다.

㉯ 연도를 개조하여 통풍이 잘되게 한다.

㉰ 연소 방식을 개량한다.

㉱ 연소실의 증대를 꾀한다.

(나) 부하가 과소한 경우의 대책

㉮ 이용할 노상면적을 작게 한다.

㉯ 연료의 품질을 저하시킨다.

㉰ 연소 방식을 개선한다.

㉱ 연소실의 구조를 개선한다.

③ 열 사용의 관리

열을 사용하는 목적은 증기 발생, 열처리, 용해, 건조, 반응, 증류, 증발, 온냉방 등 다양하다. 이들 설비에 대하여 작업 분석, 설비의 열 계산을 통한 열 손실의 실태를 파악하고 설비의 열 사용 기준을 각각 작성하여 작업 표준화에 의해 열효율 향상을 꾀해야 한다. 연소의 합리화에 따라 발생된 열을 유효하게 이용하여 생산 원가를 절감하기 위해서는 열을 합리적으로 사용하고 전열 및 누설에 의한 열 손실을 방지하며 아울러 남은 열 및 폐열을 회수하여 재사용해야 한다.

(가) 열의 합리적 이용

㉮ 연료의 연소에 의하여 발생된 열을 이용하는 데는 가열로 및 요로와 같이 직접 사용하는 경우와 보일러에서 발생한 증기를 이용하는 간접 사용의 경우가 있다.

㉯ 보일러를 효율적으로 사용하려면 증기 사용을 통제하여 부하를 되도록 일정하게 한다.

㉰ 작업장에서 임시로 다량의 증기를 필요로 하는 경우, 또는 급히 작업을 멈출 경우에는 적어도 30분 전에 보일러실에 통보해야 한다.

(나) 전열 및 누설 손실의 방지

㉮ 증기관의 보온은 보온재의 품질과 두께가 잘 조화되어야 한다.

㉯ 일반적으로 보온층의 두께가 증가하면 보온 효과가 커지나, 불필요하게 두껍게 되면 재료비 및 시공비가 많이 소요된다.

㉰ 보온재에는 마그네시아(탄산마그네슘 85%, 석면 15%)와 같이 열전도율이 0.05(kcal/m·h·℃)인 것부터 규조토를 혼합한 열전도율 0.06~0.08(kcal/m·h·℃)의 것 등 여러 가지가 있다.

〈표 4 – 1〉 보온재에 따른 열 절약률(%)

보온재의 품질 \ 보온재의 두께 (mm)	10	20	30	40	50	60
0.05 kcal/m·h·℃	75	82	86	89	90	91
0.07 kcal/m·h·℃	68	77	82	85	87	88
0.10 kcal/m·h·℃	61	70	76	79	82	83

(다) 폐열의 회수 이용

㉮ 폐열의 이용에는 연도 가스의 이용, 배기, 드레인의 회수 등이 있다. 보일러의 경우 절탄기에서 보일러 급수를 예열하고 공기 예열기에서 연소용 공기를 가열하면 연소 온도가 상승하고 보일러 효율도 상승한다.

㉯ 평로나 균열로 등에서는 벽돌을 쌓은 잠열실이 이용되며, 강재 가열로에서는 타일제나 금속제의 열 교환기가 사용된다.

④ 열 설비의 관리

열을 사용하는 설비의 종류는 매우 많다. 예를 들면 보일러에서부터 각종 공업용 관로 이외에 파이프라인, 건조, 증류, 증발 등의 설비도 포함된다. 이들 열 설비 중에는 새로운 기술이 도입되어 근대화된 것도 있지만, 이미 노후화되어 많은 결함이 있는 상태로 조업되는 것도 있다. 근대화된 설비에 대해서는 그 성능을 충분히 발휘할 수 있도록 관련기기를 포함한 보전을 하고, 저 능률 설비는 그 요인을 분석하여 보전하거나, 경제적·기술적 측면으로 충분히 검토하여 설비 개선의 규모를 결정, 실시하고 연료의 소비적 측면을 검토하여 개선이나 개량하도록 한다.

⑤ 열 계측 관리

설비의 작업 상황을 계량적으로 파악하는 데는 정확한 계측이 필요하게 된다. 목적하는 바에 따라 계측을 정확하고 신속하게 할 수 있는 계측 방법을 택하며, 연료 및 열의 사용 상황, 생산 공정을 정확하게 파악할 수 있는 계측기를 선택하고 설치 장소의 환경, 운전 조업 및 보전상의 편리함을 고려해야 한다.

⑥ 열 관리의 조직

열 관리의 효과를 높이기 위해서는 연료를 사용하는 작업 현장은 물론 연료 자재 등의 구매,

연료 저장, 계측 제조 부문, 설비의 설계·시공·보전에 관계하는 사람을 포함하여 사업장 전 사원이 열 관리에 참여하여야 한다. 공장에서는 일반적으로 열 관리과, 동력과 등 에너지를 유효하게 이용하는 전문 부서를 정하는 동시에 사업장의 관계자가 참석하는 열 관리위원회를 설치하여 표준 작업 방식의 결정, 열 관리 인식의 함양, 선정, 기술 개발의 보급 및 교육과 제안 제도를 실시하도록 한다.

4-3 전력 관리

전력 관리의 목적은 최소한의 전력으로 최대의 효과를 올리는 것이다. 즉 전력의 손실을 배제하는 것이다. 효과적인 공장 관리에 의한 생산을 하기 위해서는 공정 관리의 적정화가 우선 필요하다. 공정 관리와 전력 관계는 고정 전력, 즉 생산량과 무관하게 필요로 하는 전력과 중간 전력(생산에는 꼭 필요하지만 생산량에 비례하지는 않는 전력) 등은 가능한 한 단시간 내에 유효한 양을 생산하는 것이 필요하다.

전력 손실에는 기계의 공회전, 누전, 저 능률 설비와 같은 직접 손실과 공정 관리 및 품질 불량에 바탕을 둔 간접 손실이 있다. 정밀도가 높은 기계 기구, 자동화 설비 및 장치 등 기계 설비를 근대화하거나, 기계 설비에 대한 보전 활동을 적극적으로 벌여 전력 손실을 최소한 줄이도록 하는 것이 중요하다.

4-4 대기 오염 방지

(1) 대기 오염의 발생

대기 오염은 산업, 도시, 수송 교통 등에서 발생하며 이것을 구분하면 다음과 같다.

① 연소에 의한 것

　각종 연료, 가연물의 연소, 내연 기관의 배기 등

② 재료의 운반 및 처리에 의한 것

　운반, 원료의 파쇄, 성형 가공 또는 제품의 제조 공정에서 발생하는 분체 등

③ 고온 야금, 화학 증기의 방출 등 증발에 의한 것

④ 차량 이동, 보행 등에 따른 먼지

⑤ 기타 부패, 청소, 소독 등에 의한 유독 가스 등

　이와 같은 원인에 의하여 연소 배출물, 각종 미세한 입자 및 가스류(유기 가스, SO_2. SO_3, CO, NO_x 등)가 공기를 오염시킨다.

(2) 대기 오염의 영향

공기의 오염에 의해서 인체의 보건상 문제, 제품의 품질 저하, 건물과 기물의 손상, 동식물의 손상, 교통 장애, 송전의 고장 등이 발생된다.

(3) 매연 방지 방법

연료 및 가연성 물질의 연소에 의해서 생기는 매연 방지 방법으로는 완전 연소를 꾀하여 매연 발생을 근본적으로 차단하는 방법과 발생하는 매연을 집진기 등을 설치하여 제거하는 두 가지 방법이 있다.

5. 설비 효율의 분석

5-1 시스템의 진단과 현상 수준의 평가

공장 설비의 PM(productive maintenance) 활동의 실태를 전반적으로 분석하기 위해서는 먼저 설비에 대한 이해, 설비에서 발생하는 작업에 대한 이해, 설비 비용에 대한 이해, 설비 자재에 대한 이해가 필요하다. 분석할 데이터 수집이나 정리에서부터 분석 검토가 관리 활동에서 실시되도록 해야 한다. 이 내용을 요약하면 [그림 4-7]과 같다.

(1) PM 활동의 전반적 이해

PM 활동은 생산 부문의 관리 목표와 밀접한 활동이므로 PM 활동에 대한 이해는 생산 관리 항목의 설정 내용, 또 관리 항목 설정 이유, PM 부문은 물론이고 각 작업원이 설비에 대한 흥미와 적극적인 관심을 가지고 PM의 일부를 분담하고 있다는 자부심과 이 방법을 이해하는 데 달려 있다. 따라서 조직 제도, 구성 인원, 보전 운영 제도, PM 교육의 실태, 외주 수리의 의존율과 그에 따른 문제점을 분석 검토해야 한다.

(2) 설비의 이해

설비의 종류와 수량에 대해서는 설비의 신·구, 유휴 설비나 최근의 폐기 설비도 포함해서 그 이유를 명백히 한다. 모터, 감속기 등의 회전 동력 설비의 대수나 총 마력수 등은 관리 난이도의 척도가 된다.

(3) 보전 작업의 이해

보전 작업에 대해서는 보전 수리 시간, 발생 시기, 작업의 양과 종류, 정기 수리 항목과 보전 작업을 누가 처리하는가, 작업자의 PM 수준 등을 이해하는 것이 중요하다.

(4) PM 관련 비용의 이해

공장 설비 투자와 보전비 관련이 중요하며, 비용 내용이 생산 보전인가, 개량 보전인가, 예방

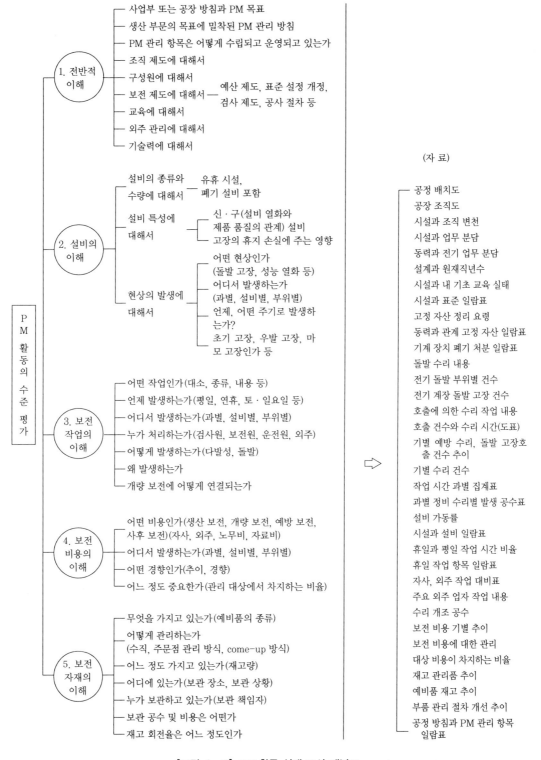

[그림 4 - 7] PM 활동 실태 조사 개념도

보전인가, 돌발 수리에 쓰이는가에 따라서 그의 수준을 평가할 수 있다.

〈표 4-2〉는 어떤 플라스틱 공장의 설비 유지 비용 비율을 조사한 것인데, 설비 유지 비용 비율이 약 24%로 나타났다.

(5) 보수 자재의 이해

보수 자재 예비 부품 관리에는 재고율이 관리의 척도이다.

$$재고율 = \frac{재고\ 금액}{월간\ 예비\ 부품\ 사용\ 금액}$$

분석 사항으로는 상비품 항목이 타당한가, 상비 재고량이 적절한가, 예비품 구입 보충 방법이

〈표 4-2〉 설비 유지 비용이 제조 원가 관리 대상 비용 중에서 차지하는 비율
플라스틱 공장 1/4분기 실적

(단위 : 천원)

적요		금액	%	비고
설비 유지 비용	소모 공구 및 수리재료비	85,337	9.0	임시 구매 전표, 저장 품질
	지 불 수 리 비	20,659	2.2	청부 공사 전표
	시 설 부 문 노 무 부	33,960	3.6	기계, 중기, 전기 각 부문
	제 조 부 문 노 무 비	82,698	8.8	제조 부문 전노무비×1/4
	계	222,654	23.6	
노 무 비	노 무 비	472,373	49.8	공장 전노무비(시설 부문 노무비, 설비 유지를 위한 제조 부문 노무비)
	포 장 재 료 비	91,547	9.6	
	전 기 료	93,630	9.9	
	연 료 비	20,160	2.1	
	여비, 교통비, 통신비	11,397	1.2	
	후 생 비	9,207	1.0	
	외 주 가 공 비	3,880	0.5	
	교 제 비	3,801	0.4	
	운 임	1,487	0.1	
	기 부 금	1,152	0.1	
	기 타	16,506	1.7	차입 차액을 산입
	계	725,140	76.4	
	소 계	947,794	100.0	
기 타 비 용	감 가 상 각 비	228,216		
	조 세 공 과 금	18,718		
	임 차 료	6,612		
	화 재 보 험 료	1,700		
	소 계	255,246		
합 계		1,203,040		

주문점 발주 방식에 의해 표준화되고 있는가, 보관 창고의 배치나 공간 이용 효율 등이 좋은가 등의 현상 분석을 기준으로 정확하게 수집하여 분석, 종합, 개선을 추진해야 한다.

5-2 설비 효율 분석과 개선 절차

PM 추진 시 공장 전체를 PM 지향적으로 나가는 한편 설비 효율을 저하시키는 원인의 본질을 찾아서 적절한 조치를 효율적으로 처리하여야 한다. 설비 생산성 향상을 위한 분석 개선의 절차는 설비 신뢰성 향상을 목적으로 한 설비 연구와 보전 작업 능률 향상을 위한 작업 연구로 나누어서 사업 담당 부서(project team)를 편성하여 개선 연구를 추진하는 것이 좋다.

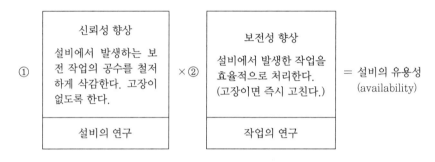

[그림 4 - 8] 설비의 유용성 향상

그림에서 ①×②가 PM의 성과이며, 이를 설비의 유용성이라고 한다. 전체로서는 가동률이 높다는 것을 나타내는 척도이다.

만약 설비 설치 후 고장이 전혀 없다면 보전 요원을 줄일 수 있으나 설비에서 발생하는 돌발적인 작업을 완전히 없애서 계획적으로 발생하는 보전 작업의 주기를 될 수 있는 대로 연장시킬 수 있는 연구를 여러 각도에서 기술적으로 검토하여야 한다.

가령 설비에서 발생하는 작업이 20% 줄고, 또 그것을 처리하는 시간이 40% 감소하는 능률 개선이 가능하다면, 단순 산술 계산으로는

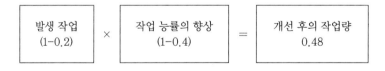

로 되며, 설비 관리를 위한 요원과 설비에 의한 휴지 시간을 반감할 수 있게 된다. 따라서 제조 요원의 보전 기능을 숙달시킴과 동시에 기술자에 의한 설비 연구, 작업 연구 등을 철저히 실시하면 PM 체제가 확실하게 될 것이다. 설비 효율 향상을 위한 분석 전개 절차는 [그림 4-7]에 나타내었다.

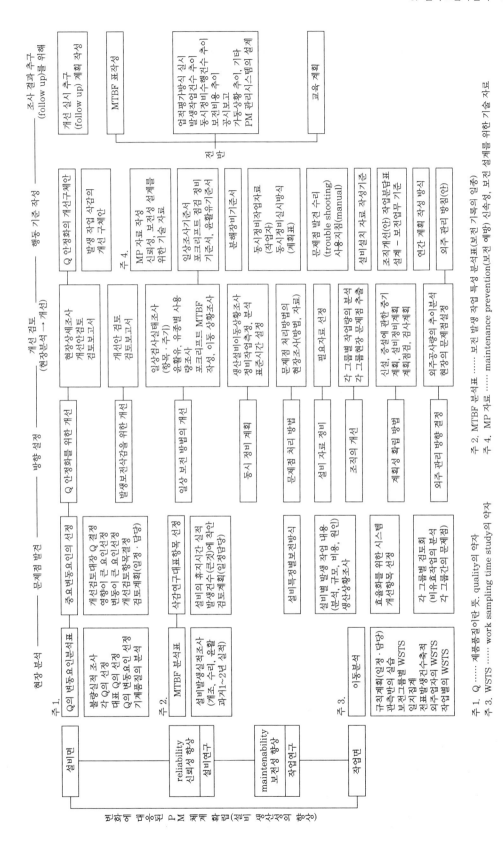

[그림 4 - 9] 설비 효율 분석 절차

주 1. Q …… 제품품질이란 뜻. quality의 약자
주 2. MTBF 분석표 …… 보전 발생 작업 특성 분석표(보전 기록)의 약자
주 3. WSTS …… work sampling time study의 약자
주 4. MP 자료 …… maintenance prevention(보전 예방) 신속성, 보전 설계를 위한 기술 자료

〈표 4 - 3〉 보전 작업의 구분과 내용

보전 작업 구분		목 적	작업 내용	실시 부서	실시 주기	보전 작업 표준화	실시 결과의 기록장 표
예 방 보 전	일상 보전	급유·점검·청소 등 손쉬운 보전 작업에 의해 사용 설비를 유지 관리한다.	급유·점검·청소	생산 담당 부문	1개월 이내	① 급유 지도표 ② 일상 점검표	⑪ 일상 점검 용지
	순회 점검	설비의 이상을 예지해서 정기적으로 점검하여 고장을 미연에 방지한다.	간이순회점검 (일상보전의 점검과 지도를 합쳐서 실시)	보전 담당 부문	1개월 이내	③ 순회 점검 기준	⑫ 보전 연락서 ⑪ 일상 점검 용지
	정기 정비	설비의 이상을 예지해서 정기적으로 검검·검사 또는 부품 교체를 하고 돌발 고장을 미연에 방지한다(원칙적으로 고정 자산의 증가를 수반하지 않는 정도의 것).	•부분적인 분해점검검사 •주유 •조정 •부품 교체 •정도 검사	보전 담당 부문	원칙적으로 1개월 이상 1개년 이내	④ 정기 정비 기준 ⑤ 취급 설명서	⑬ 보전 연락서 ⑭ 정기 정비 카드 ⑮ 윤활 관리 카드
보 전	재생 수리	설비 능력의 열화를 회복시킨다(원칙적으로 설비 전체를 분해해서 대체적인 수리를 하는 것이나 부분적인 분해 수리인 경우에도 고정 자산의 증가가 수반될 경우에는 재생 수리로 한다).	설비의 분해→각부 점검→부품의 수정 또는 교체→조립→조정→정도 체크	보전 담당 부문 (외주업자)	연도계획에 의한다.	⑤ 취급 설명서 ⑥ 기계 수리 시방서 ⑦ 정도 검사 기준	⑫ 보전 보고 -반영서 ⑯ 검사 보고서 ⑰ 기타 필요 서류
	예방 수리	이상 발생 시 초기 단계에 조속히 처리한다.	일상 보전 및 순회 점검에서 발견한 불안정 개소의 수리	보전 담당 부문	월별계획 이외에 수시	⑤ 취급 설명서 ⑧ 보전 작업 표준	⑫ 보전 보고 -반영서
사 후 보 전	돌발 수리	설비가 고장으로 정지했을 때, 또는 성능이 현저하게 열화했을 때에는 신속하게 복원한다.	돌발적으로 일어난 고장의 복원과 재발 방지를 위한 수리	보전 담당 부문	수리	⑨ 시방, 조합, 전기 각 작업 표준	
	사후 수리	경제적 측면을 고려해서 예지될 수 있는 고장을 신속히 복원한다.	고장의 수리, 조정	보전 담당 부문	수리	⑩ 유압 표준	
개 량 보 전	개량 수리	설비의 체질 개선에 의해서 신뢰성·안정성·조작성·경제성·보전성의 향상을 꾀한다.	설비의 기구나 재질에 관한 개선을 위한 수리	보전 담당 부문	수리		
	확인 공사	현재 가동중인 공정에 대해서 계획적으로 열화 상황을 파악하고, 이상 열화 개소에 대해서는 최신의 기술을 도입한 개량 수리를 하여 설비의 신뢰성·보전성을 향상시킴과 동시에 차기 설비 설계·제작에 반영한다.	설비설계·제작부문(보전부문·사업부 생기과)	계획서에 의한다.		

연 습 문 제

1. 설비 기호나 번호를 부여할 때 쉽게 이해하고 관리할 수 있는 방법을 설명하시오.

2. 설비 대장이 갖추어야 할 사항을 설명하시오.

3. 계측 관리와 지그 · 고정구의 목적을 설명하시오.

4. 에너지의 효율적인 이용 방법을 설명하시오.

5. 폐열을 이용하는 방법을 설명하시오.

6. 대기 오염을 줄이는 방법을 설명하시오.

7. 개별 장비를 관리하기 위하여 설비 번호를 부여하고 표시판을 부착한다. 부착시킬 때 지켜야 할 사항이 <u>아닌</u> 것은?

㉮ 눈에 잘 띄는 곳에 부착한다.
㉯ 확실하고 견고하게 부착한다.
㉰ 손상의 위험이 없는 재질을 사용한다.
㉱ 설비의 설치 장소를 기입한다.

8. 설비 보전 내용을 기록하였을 때의 장점이 <u>아닌</u> 것은?

㉮ 설비 수리 주기의 예측이 가능하다.
㉯ 설비 수리 비용의 예측 및 판단 자료가 된다.
㉰ 설비에서 생산되는 생산량을 파악할 수 있다.
㉱ 설비 갱신 분석 자료로 활용할 수 있다.

9. 효율적인 설비 관리를 하기 위하여 설비 대장을 작성하고 개개의 설비에 고유 번호를 부착하려고 한다. 적절하지 <u>않은</u> 것은?

㉮ 설비 번호는 개별 설비의 눈에 잘 띄는 곳에 부착한다.
㉯ 설비 대장에는 설비의 구매 일자, 가격, 크기 등을 기록하고 보전 시 보수 내용을 기록한다.
㉰ 개별 설비마다 눈에 잘 띄는 곳에 설비 대장을 비치한다.
㉱ 설비 표시판은 안전하고 견고하게 부착한다.

10. 설비를 분류하고 기호를 명백히 하였을 때의 이점이 <u>아닌</u> 것은?

㉮ 설비 대상이 명백히 파악된다.

㉯ 설비 계획을 수립하기가 쉬워진다.

㉰ 사무적인 처리는 어려워지나 착오가 적다.

㉱ 통계적인 각종 데이터를 얻기가 쉽다.

11. 다음 중 설비 관리를 효율적으로 하기 위해 설비 대장에 구비해야 할 조건으로 관계가 <u>먼</u> 것은?

㉮ 설비에 대한 개략적인 크기

㉯ 설비에 대한 개략적인 기능

㉰ 설비 구매자

㉱ 설비 배치 장소

12. 생산 공정의 계측화를 추진하는 경우가 <u>아닌</u> 것은?

㉮ 생산 공정의 기술적 해석

㉯ 시험 검사

㉰ 조사 연구

㉱ 계측기 가격

13. 계측기의 선정법에 해당되지 <u>않은</u> 것은?

㉮ 계측 목적에 적합한 것을 선정한다.

㉯ 계측기의 크기, 색상, 디자인 등을 검토하여 선정한다.

㉰ 계측기의 가격, 정비 비용 등 경제성을 검토하여 선정한다.

㉱ 계측기의 원리, 구조, 성능 등을 검토하여 선정한다.

14. 원격 측정식 계측기의 주요 구성 부분으로 짝지어져 있는 것은?

㉮ 검출부, 지시부, 기록부, 경보부, 조절부

㉯ 검출부, 지시부, 구동부, 경보부, 제어부

㉰ 감지부, 입력부, 출력부, 제어부, 신호부

㉱ 입력부, 지시부, 출력부, 제어부, 기록부

15. 다음 중 간접 측정식 계측기인 것은?

㉮ 마이크로미터

㉯ 다이얼 게이지

㉰ 측장기

㉱ 버니어 캘리퍼스

16. 다음 중 제품 1개당 제조 시간을 옳게 표현한 것은?

㉮ $\dfrac{1\text{로트에 대한 시간(주체 작업 시간}+\text{부수 작업 시간}+\text{여유 시간)}}{1\text{로트(lot) 내의 제품 수}}$

㉯ $\dfrac{1\text{로트에 대한 시간(주체 작업 시간}+\text{부수 작업 시간}-\text{여유 시간)}}{1\text{로트(lot) 내의 제품 수}}$

㉰ $\dfrac{1\text{로트에 대한 시간(주체 작업 시간}-\text{부수 작업 시간}+\text{여유 시간)}}{1\text{로트(lot) 내의 제품 수}}$

㉱ $\dfrac{1\text{로트에 대한 시간(정미 시간)}}{1\text{로트(lot) 내의 제품 수}}$

17. 설비의 유용성에 대한 설명 중 옳지 <u>않은</u> 것은?

㉮ PM의 성과이다

㉯ 주문점과 같다.

㉰ 신뢰성×보전성이다.

㉱ 가동률의 척도이다.

제5장 종합적 생산 보전

1. 종합적 생산 보전의 개요

1-1 종합적 생산 보전의 의의

종합적 생산 보전(TPM : total productive maintenance)이란 설비의 효율을 최고로 높이기 위하여 설비의 라이프 사이클을 대상으로 한 종합 시스템을 확립하고, 설비의 계획 부문, 사용 부문, 보전 부문 등 모든 부문에 걸쳐 최고 경영자로부터 제일선의 작업자에 이르기까지 전원이 참가하여 동기 부여 관리, 다시 말해서 소집단의 자주 활동에 의하여 생산 보전을 추진해 나가는 것을 말한다.

이 TPM은 일본에서 처음 실시하여 큰 성과를 올렸으며, 영국에서는 테로테크놀로지를 제창하여 오늘날 전 세계 기업에 TPM의 실시가 확산되고 있다. 테로테크놀로지란 경제적 라이프 사이클을 추구하여 유형 자산(설비)에 적용되는 관리, 재무, 기술 및 기타의 실제 활동을 종합한 기술 관리를 말한다.

다시 말해서 이는 설비의 LCC(life cycle cost)의 경제성 추구를 목적으로 하고 있으며, 표현을 달리하면 TPM을 목표로 하는 종합적 효율화와 같은 의미를 내포하고 있다.

1-2 TPM의 특징과 목표

(1) TPM의 5가지 활동

① 설비 효율화를 위한 개선 활동 : 효율화를 저해하는 6대 로스를 추방할 것

② 작업자의 자주 보전 체제의 확립 : 설비에 강한 작업자를 육성하여 작업자의 보전 체제를 확립할 것

③ 계획 보전 체제의 확립 : 보전 부문이 효율적 활동을 할 수 있는 체제를 확립할 것

④ 기능 교육의 확립 : 작업자의 기능 수준 향상을 도모할 것

⑤ MP 설계와 초기 유동관리 체제의 확립 : 보전이 필요 없는 설비를 설계하여, 가능한 한 빨리 설비의 안전 가동을 할 것

TPM의
5가지 활동

최고 경영층부터 제일선까지 전원이 참가하여

① 설비를 가장
효율적으로
사용할 수 있도록

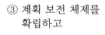

③ 계획 보전 체제를
확립하고

② 자주적 소집단
활동을 통해
PM을 추진하고

④ 기능 교육을
확립하며

⑤ PM 토털 시스템을
만들어 MP 설계와
초기 유동 관리
체제를 확립

[그림 5 - 1] TPM의 5대 활동

현장의 체질 개선
맨 · 머신의 극한 상태의 발휘

	설비 효율화를 위한 개별 개선−6대로스의 추방−(고장 · 작업 준비 조정 · 일시 정지 · 속도 로스 · 불량 로스 · 초기 로스)	자주 보전 체제의 확립	계획 보전 체제의 확립	운전 · 보전반의 기능 교육의 확립	MP 설계와 초기 유동 관리 체제의 확립
목적	• 고장 · 불량 등 '0'을 실현 • 설비 가동률의 극한 상태 발휘	• 설비에 강한 작업자 육성 • 자신의 설비는 자신이 지킨다.	6대 로스를 발생 시키지 않기 위한 보전 부문의 효과	작업자, 보전반의 기능 향상	고장 · 불량을 발생 하지 않는 설비의 설계와 초기 안정화
대상	• 스태프 • 라인 리더	• 작업자(operator) • 라인 리더	보전 부문의 스태프, 리더, 보전 요원	• 작업자(operator) • 보전 요원	• 생산 기술 스태프 • 보전 스태프
구체적 내용	• 6대 로스 파악 • 종합 효율 산출과 목표 설정 • 현상의 해석 관련 요인 재검토 • PM 분석 실시 • 설비의 바람직한 상태를 철저하게 추구	• 7단계 실시 • 조기 청소 • 발생원 · 곤란 요소 대책 • 청소 · 급유 기준 작성 • 자주 점검 • 총점검 • 정리 정돈 • 철저한 목표 관리	• 일상 대책 • 정기 보전 • 예지 보전 • 수명 연장 개선 • 예비품 관리 • 고장 해석과 재 발 방지 • 윤활유 관리	• 보전기초과제 • 체결 작업 • 축받침 보전 • 전동부품 보전 • 누설 방지	• 설계 목적 설정 • 자주 보전성 ┐ • 보전성 │MP • 조작성 │에 • 신뢰도 ┘반영 • LCC 검토 • 설계 · 도면 작성 · 제작 설치 단계 의 문제점 지적 • 디버깅 실시

[그림 5 - 2] TPM의 전체 흐름도

(2) TPM의 특징

TPM의 특징은 '제로(0) 목표'에 있다. 즉, '고장 제로', '불량 제로'의 달성을 의미하며 이를 위하여 '예방하는' 것이 필수 조건이다. 또한, TPM의 이념은 '예방 철학'에 있다고 볼 때 고장, 불량이 발생하지 않도록 예방하기 위해 사전에 조처를 하는 것을 말한다.

[그림 5 - 3] TPM의 특징

〈표 5 - 1〉 TPM 보전과 전통적 보전의 비교

TPM 보전	전통적 보전
input 지향	output 지향
무결점 목표	상대적 벤치마크 달성
원인 추구 시스템	결과 중심 시스템
예방 활동	사후 활동
현장에서의 사실에 입각한 관리	사무실에서의 자료 분석에 의한 관리
문제를 제거하려는 방법	문제를 해결하려는 방법
손실 측정	결과 측정
개선을 위한 자기 동기 부여	상벌 위주의 동기 부여
눈에 보이고 공개적인 의사소통	제한적이고 터널식인 의사소통
top down 목표 설정과 bottom up 활동	top down 지시
예상치 못한 실수 없음	고장 있게 마련
사람 실수 없음	사람 실수 있음
불량 발생원 제거	품질 개선
전사적 조직과 전사원 참여	기능적 조직에 의한 참여

예방의 개념은 다음과 같다.

① 정상적인 상태를 유지할 것 : 일상 청소, 점검, 급유, 나사 조이기, 정도 체크 등을 하면서 방지한다.

② 이상을 빨리 발견한다 : 작업자가 수시로 감각이나 측정기기에 의해서 이상을 발견하거나, 정기적으로 진단기기를 사용하여 이상 유무를 체크하는 활동이다.

③ 이상 발견 시 조기에 대처한다.

(3) TPM의 목표

TPM의 목표는 크게 나누면, ① 맨·머신·시스템을 극한 상태까지 높일 것, ② 현장의 체질을 개선할 것의 두 가지이다.

① 맨·머신·시스템을 극한까지 높일 것

현장에서 맨(작업자)과 머신(설비)은 항상 대응 관계로 성립되어 1인이 한 대 또는 여러 대의 기계를 맡고, 어떤 설비라도 작업자와 설비가 밀접하게 움직이는 시스템으로 이루어져 있다. 맨·머신·시스템의 머신 측에서 고장, 일시 정지 등을 발생시키지 않는 최대한의 설비 가동률을 향상시켜 돌발적인 사고를 해결하기 위한 방법은 다음과 같다.

㈎ 설비의 성능을 항상 최고의 상태로 유지한다.

㈏ 그 상태를 장시간에 걸쳐서 유지한다.

② 현장의 체질을 개선할 것

그러기 위해서는 사물을 바라보는 법, 생각하는 법을 바꾸고 고장, 불량 발생은 현장의 수치라고 생각하는 마음가짐을 가져야 한다. 즉 설비가 변하고 사람이 변하고 현장이 변하는 것 이것이 TPM의 목표이다.

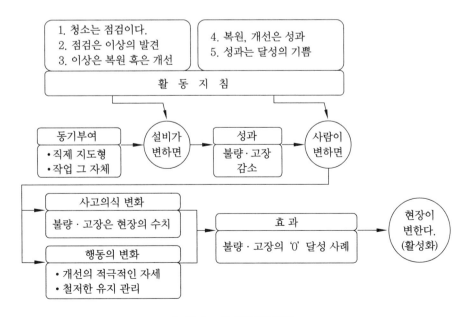

[그림 5 - 4] TPM의 목표

1-3 TPM 추진 기구의 역할

전사적 추진 기구로서는 최고 경영자를 중심으로 한 종합적 PM 추진위원회의 설립이 바람직하나, 공장 단위로 추진할 때는 공장장을 중심으로 한 PM 추진위원회와 그 산하 기구로서 각 부서에 PM 분과위원회 등을 설치하여 구체적으로 추진하고, 현장 제일선의 추진 기구를 조직화한다. PM 추진위원회나 분과위원회에서 심의·검토하여야 할 내용은 다음과 같다.

① 공장의 철저한 PM 방침과 목표량의 심의

② 사용 부문, 보전 부문, 스태프 부문의 PM 실시 계획

③ 공장 내 PM 활동의 통일 조정과 수준 향상 대책 검토

④ PM 의식 고취, PM 서클 활동 상황 체크

⑤ PM 교육에 관한 사항

⑥ 월별, 분기별 보전 종합 성적과 차월, 차기에 반영할 사항의 검토 등이다. 특히 보전 부문, 생산 부문, 설비 계획의 설계 부문 등 관련 활동을 보다 종합적으로 충실히 하기 위한 프로젝트 주제 선정이 중요하다. [그림 5-5]는 TPM의 추진 기구를 나타낸 것이다.

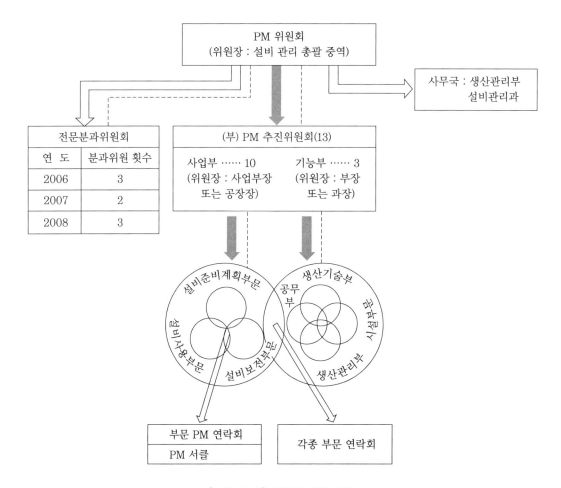

[그림 5 - 5] TPM의 추진 기구

1-4 PM의 방침 및 목표 설정 요령

TPM을 전개하고 운영하기 위해서는 PM의 기본 방침을 설정해야 하는데, 경영자나 공장 관리자가 PM의 위치를 어떻게 이해하고 있으며 인식하고 있는지가 가장 중요한 사항이다. 즉, PM의 기본 방침을 설정하고 실행하기 위해서는 최고 경영자의 강한 의지와 뒷받침에 승패가 달려 있다.

이를 위해서는 PM의 목표 설정이 필요하다. PM 활동의 목표 설정 시 PM 활동이 단지 설비 고장의 보수 활동이 아니고, 품질·원가·생산 관리 등 공장의 생산성 향상과 밀접하게 관련되어 있으며, 그 기대되는 결과를 설정해 나가는 과정이나 실적 평가 방법 등이 체계적으로 운영되는 것이 PM 목표 달성을 거두기 위한 불가결한 요소라는 것을 인식해야 한다.

2. 설비 효율 개선 방법

2-1 설비의 효율화 저해 로스(loss)

TPM의 목적인 설비를 가장 효율적으로 이용한다는 것은 설비가 갖고 있는 성능이나 기능을 최고로 발휘시키는 것이므로 효율화를 저해하는 로스를 완전히 없애면 효율도 높게 된다. 설비효율을 저해하는 6대 로스는 다음과 같다.

(1) 고장 로스

효율화를 저해하는 최대 요인은 돌발적 또는 만성적으로 발생하는 고장 로스이며, 고장 제로를 달성하기 위하여 다음의 7가지 대책이 필요하다.

① 강제 열화를 방치하지 않는다.

예를 들어, 급유할 곳에 급유를 하지 않으면 과열을 일으키고, 덜거덕거림을 방치해 두면 다른 부위에 덜거덕거림을 일으키며 고장의 원인이 된다. 이와 같이 인위적으로 열화를 촉진시키는 것을 강제 열화라고 한다.

② 청소, 급유, 조임 등 기본 조건을 지킨다.

③ 바른 사용 조건을 준수한다.

④ 보전 요원의 보전 품질을 높인다.

부품 등을 교환한 것이 부착 방법 또는 수리 방법이 좋지 않아 고장이 발생되는 경우가 있으므로 이와 같은 보전 실수가 일어나지 않도록 보전 기능을 향상시켜 보전 품질을 높인다.

⑤ 긴급 처리만 끝내지 말고, 반드시 근본적인 조치를 취한다.

⑥ 설비의 약점을 개선한다.

⑦ 고장 원인을 철저히 분석한다.

발생 원인, 사전 징후의 유무, 점검 방법의 좋고 나쁨, 대책 수립 방법 등을 검토하여 반복되는 고장 재발 방지에 활용한다.

(2) 작업 준비 · 조정 로스

작업 준비 및 품종 교체, 공구 교환에 의한 시간적 정지 로스로서 조정을 줄이기 위해서는 조정의 메커니즘을 연구하여 피할 수 있는 조정은 가능한 한 피해야 한다.

① 오차의 누적에 의한 것

예를 들면, 지그(jig)의 정밀도가 좋지 않거나 설비의 정밀도가 관리되어 있지 않아 정밀도가 낮은 부분이 누적되기 때문에 필요한 조정이다.

② 표준화의 미비에 의한 것

가공 기준면의 통일, 측정 방법, 수식화 등의 표준화가 이루어지지 않았을 때 생기는 조정이다.

(3) 일시 정체 로스

예를 들면, 공작물이 슈트(chute)에 막혀서 공전하거나, 품질 불량 때문에 센서가 감지하여 일시적으로 정지 또는 설비만 공회전하는 경우의 순간 정지 로스로, 공작물을 제거하거나 리셋(reset)하는 등 간단한 처치로 설비는 정상적으로 작동하며, 설비의 고장과는 본질적으로 다르다.

일시 정체에 대한 대책은 다음 3가지가 중요하다.

① 현상을 잘 볼 것
② 미세한 결함도 시정할 것
③ 최적 조건을 파악할 것

(4) 속도 로스

속도 로스란 설비의 설계 속도와 실제로 움직이는 속도와의 차이에서 생기는 로스이다. 예를 들면, 설계 속도로 가동하였을 때 품질적 · 기계적 사고가 발생하면 속도를 감소시켜 가동하는 경우 감속에 의한 로스가 발생하는데 이를 속도 로스라 한다. 이 속도 로스는 설비의 효율에 영향을 주는 비율이 높으므로 충분한 검토가 요구된다.

(5) 불량 · 수정 로스

주로 공정 중에 발생하는 불량품에 의한 불량 로스로 불량 중에서도 돌발 불량은 비교적 원인을 파악하기 쉬우나 만성적으로 발생하는 불량은 원인 파악이 어려워 방치되는 경우가 많다. 불량에 대한 대책은 다음과 같다.

① 원인을 한 가지로만 규정하지 말고 생각할 수 있는 요인에 대해 모든 대책을 세울 것

② 현상 관찰을 충분히 할 것
③ 요인 계통을 재검토할 것
④ 요인 중에 숨어 있는 결함의 체크 방법을 재검토할 것

(6) 초기 · 수율 로스

초기 로스란 생산 개시 시점으로부터 안정화될 때까지의 사이에 발생하는 로스를 말한다. 가공 조건의 불안정성, 지그 · 금형의 정비 불량, 작업자의 기능 등에 따라 그 발생량은 다르지만 의외로 많이 발생하며 대책은 불량 로스와 비슷하다.

2-2 로스 계산 방법

(1) 시간 가동률

유용성을 나타내는 척도로 설비가 가동하여야 할 시간에 고장, 조정, 준비 및 교체 또는 초기 수율 저하에 의해 시간이 손실되는 지수로 설비 가동률을 시간 가동률이라고도 하며, 부하 시간 (설비를 가동시켜야 하는 시간)에 대한 가동 시간의 비율이다.

$$\text{시간 가동률} = \frac{\text{부하 시간} - \text{정지 시간}}{\text{부하 시간}} = \frac{\text{가동 시간}}{\text{부하 시간}}$$

여기서, 부하 시간이란 1일(또는 월간)의 조업 기간으로부터 생산 계획상의 휴지 시간, 계획 보전의 휴지 시간, 조회 시간 등의 휴지 시간을 뺀 것이며, 정지 시간이란 고장, 준비, 조정, 바이트 교환 등으로 정지한 시간을 말한다.

(2) 성능 가동률

성능 가동률은 속도 가동률과 실질 가동률로 되어 있으며, 설비가 가동 또는 운전되고 있는 시간 동안 정상적으로 생산되어야 할 생산량과 설비의 공회전, 순간 정지 및 속도 저하 또는 비정상적인 설비 가동에 의해 감산된 실제 생산량과의 비를 시간으로 나타낸 것이다.

속도 가동률은 속도의 차이로서 설비가 본래 갖고 있는 능력(cycle-time-stroke 수)에 대한 실제 속도의 비율이다.

$$\text{속도 가동률} = \frac{\text{기준 사이클 시간}}{\text{실제 사이클 시간}}$$

또, 실질 가동률이란 단위 시간 내에서 일정 속도로 가동하고 있는지를 나타내는 비율이다.

$$\text{실질 가동률} = \frac{\text{생산량} \times \text{실제 사이클 시간}}{\text{부하 시간} - \text{정지 시간}}$$

그러면 성능 가동률은 다음과 같이 산출된다.

$$\text{성능 가동률} = \text{속도 가동률} \times \text{실질 가동률}$$

(3) 종합 효율(overall equipment effectiveness)

TPM에서는 설비의 가동 상태를 측정하여 설비의 유효성을 판정한다. 즉, 유효성은 설비의 종합 효율로 판단된다.

종합 효율＝시간 가동률×성능 가동률×양품률

양품률은 총 생산량 중 재가공 또는 공정 불량에 의해 발생된 불량품의 비율을 나타낸 것이다.

일반적으로 이 지표로 계산하면 설비의 종합 효율은 50~60%의 수준이 많으며, 로스 파악 방법은 [그림 5-6]의 내용과 같다.

〈산출의 예〉

1일 조업 시간 : 60(분)×8(시간)＝480(분)　　1일 부하 시간 : 460(분)

1일 정지 시간 : 60(분)　　　　　　　　　　1일 생산량 : 400(개)

양품률 : 98%　　　　　　　　　　　　　정지 내용 : 준비 20분, 고장 20분,

　　　　　　　　　　　　　　　　　　　　　　　　　조정 18분, 수리 2분

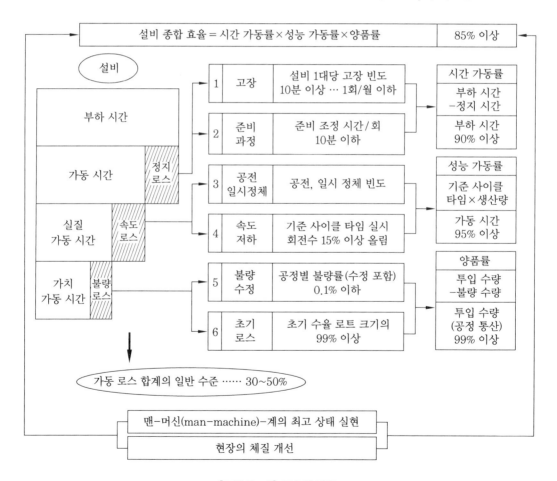

[그림 5 - 6] 로스의 내용

기준 사이클 0.5분/1개, 실제 사이클 0.8분/1개이라면

$$시간\ 가동률 = \frac{400}{460} \times 100 = 87\%$$

$$속도\ 가동률 = \frac{0.5}{0.8} \times 100 = 62.5\%$$

$$실질\ 가동률 = \frac{400개 \times 0.8}{460분} \times 100 = 69.6\%$$

$$성능\ 가동률 = 62.5 \times 80.8 = 50.5\%$$

$$종합\ 효율 = 87.0\% \times 50.5\% \times 98\% = 43.1\%$$

이 예에서 종합 효율이 43.1%로 좋지 않은 이유는 속도 가동률과 실질 가동률이 나쁘기 때문이다. 따라서 속도를 올릴 것과 일시 정지 대책을 세우는 것이 필요하다고 할 수 있다.

2-3 로스의 6대 개선 목표

로스의 6대 개선 목표와 효율화를 위한 지표는 〈표 5-2〉와 [그림 5-7]과 같이 표시된다.

TPM에서는 시간 가동률에 고장·준비·조정·기타(공구 교환 등)의 로스, 성능 가동률에 영향을 주는 일시 정체·속도 저하 로스, 그리고 양품률에 영향을 주는 불량, 수정·초기 로스 등을

〈표 5-2〉 로스의 6대 개선 목표

로스 대책	목 표	설 명
1. 고장 로스	제로	모든 설비에 있어서 제로
2. 작업 준비·조정 로스	극소화	가능한 한 짧은 시간, 10분 이하의 단순 조정 제조
3. 속도 저하 로스	제로	설계 시방과의 차이를 제로, 개량에 의한 그 이상의 속도
4. 일시 정체 로스	제로	모든 설비에 있어서 제로
5. 불량 수정 로스	제로	정도 차이는 있어도 ppm으로 논할 수 있는 범위
6. 초기 로스	극소화	

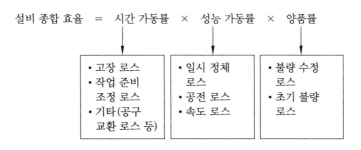

[그림 5-7] 효율화를 위한 지표

감소시킴으로써 보전 전체의 효율화를 향상시킬 수 있다.

또한, 각 현장에서 종합 효율에 크게 영향을 주고 있는 6대 로스가 무엇인지를 파악하고 이를 개선하기 위해서는 다음 단계를 밟을 필요가 있다.

① 6대 로스의 발생량을 정확하게 측정할 것

② 그것들이 종합 효율에 어느 정도 영향을 주고 있는지 측정할 것

③ 시간 가동률, 성능 가동률, 양품률을 향상시키기 위해 문제점과 중점 과제 측정

④ 각각 목표, 방향 설정 측정

⑤ 종합 효율을 올리는 것이 비용 절감 및 수익성과 어떤 연관성이 있는지 측정한다.

6대 로스를 철저히 배제하여 설비 효율을 극한 상태까지 추구함으로써 기업의 수익 목표 향상을 꾀하는 활동이 TPM이 말하는 '체질 개선'인 것이다.

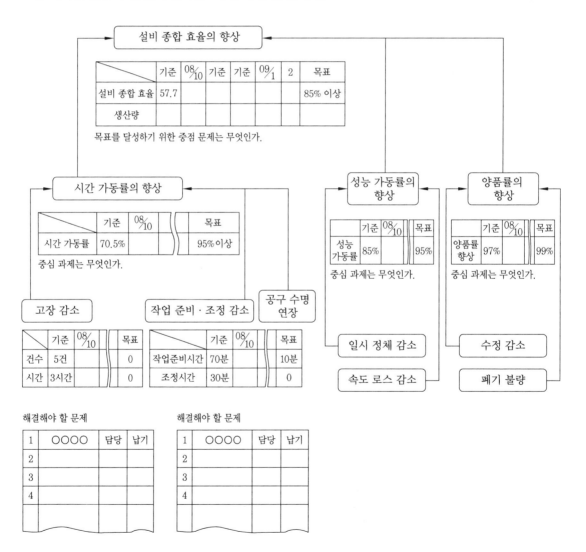

[그림 5 - 8] 로스의 6대 개선을 위한 과제와 설비 효율의 관계

3. 만성 로스 개선 방법

3-1 만성 로스의 개요

(1) 돌발형과 만성형

고장이나 불량의 발생 형태에는 돌발형과 만성형이 있다.

돌발형은 예를 들면 지그가 마모되어 정밀도가 유지되고 있지 않기 때문에 불량이 발생하거나, 또 주축의 진동 발생으로 치수의 산포가 크게 되어 급격히 조건이 변함으로써 발생한다.

만성형은 원인이 하나인 경우가 적고 원인을 명확히 파악하기 어려우므로 혁신적인 대책, 즉 종래와는 다른 새로운 대책이 요구된다.

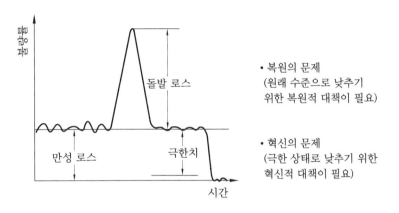

[그림 5 – 9] 돌발형 로스와 만성형 로스의 차이

(2) 만성 로스의 특징

① 원인은 하나이지만 원인이 될 수 있는 것은 수없이 많으며, 그때마다 바뀐다.

예를 들면, 원인을 a~j의 10가지로 생각할 수 있다면, a가 원인인 경우가 있고 c나 k가 원인

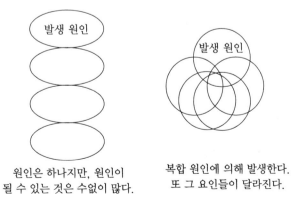

[그림 5 – 10] 만성 로스의 특징

인 경우도 있어 매번 달라진다. 그러므로 특정한 것 a만 중점 대책을 세워도 효과는 기대할 수 없으므로 전면적으로 대처하여 바른 상태로 유지시켜 변동하여야 한다.

② 복합 원인으로 발생하며, 그 요인의 조합이 그때마다 달라진다.

예를 들면, abc의 요인이 합쳐져서 현상을 발생시키고 다시 acgh의 요인이 합쳐지는 것처럼 그 요인의 짝이 그때마다 바뀌는 경우이다.

내경 연삭기로 부품을 연삭하는 공정에서 진원도 불량이 생기는 경우를 생각해 보면, 재료의 치수가 일정하지 않고 테이블 마모와 연삭기 스핀들의 흔들림 등의 요인이 겹쳐져서 불량이 발생하는 경우가 있다.

이것들은 각각의 요인이 겹쳐지고 복합된 결과 그것이 진원도 불량을 일으킨 결과이므로 원인으로 생각할 수 있는 것의 전부에 대해 한 가지씩 대책을 세워야 한다.

[그림 5 - 11] 만성 로스 원인의 다양성

(3) 만성 로스의 대책

① 현상의 해석을 철저히 한다.
② 관리해야 할 요인 계를 철저히 검토한다.
③ 요인 중에 숨어 있는 결함을 표면으로 끌어낸다.

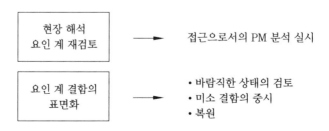

[그림 5 - 12] 만성 로스 개선의 개념

3-2 PM 분석 방법

(1) PM 분석

로스 개선의 수단으로서, '특성 요인도'가 많은 현장에서 쉽게 활용되고 있으나 복잡하고 만성 로스를 감소시키기 위해서는 다소의 단점이 있다. 그것은 현장의 해석을 충분히 하지 않은 채로, 또 생각나는 대로 원인을 작성하는 경향이 있기 때문이다.

PM 분석은 이러한 단점을 보완하기 위해 개발된 것으로 다음과 같이 단계적으로 실행한다.

① 제1단계 : 현상을 명확히 한다.

현상의 출현 방법·상태·발생 부위·기계 종류 간의 차이 등을 검토하여 현상의 형태를 구분한다.

② 제2단계 : 현상을 물리적으로 해석한다.

현상을 물리적으로 해석하면 모든 현상은 원리 원칙에 의해 설명될 수 있다. 예를 들면, 물건의 흠집은 물건과 물건이 접촉되었거나 혹은 충격에 의해 물성적(物性的)으로 약한 쪽에 발생하게 된다. 따라서 접촉이나 충격의 가능성이 있는 곳을 조사하여 개선이 요구되는 점과 요인을 명확하게 해야 한다.

③ 제3단계 : 현상이 성립하는 조건을 모두 생각해 본다.

④ 제4단계 : 각 요인의 목록을 작성한다.

각각 성립하는 조건에 대해서 설비·재료·방법·사람의 관련성 등으로 요인의 목록을 모두 작성한다. 이때 영향도의 크고 작음을 생각하지 말고 작성하고, 설비의 기구, 작동 원리, 부품의 기능을 유지하기 위한 정밀도 조정 방법에 대해서도 평상시에 연구해야 한다.

⑤ 제5단계 : 조사 방법을 검토한다.

각 요인에 대한 이상을 조사하기 위해 구체적인 조사 방법·측정 방법·범위 등을 검토한다.

⑥ 제6단계 : 이상 상태를 발견한다.

⑦ 제7단계 : 개선안을 입안(立案)한다.

예를 들면, 정밀도가 나쁜 것은 부분적으로 오버홀(overhaul)하거나, 부품 교환 등에 의해 일정 수준으로 정밀도를 올리도록 복원하는 것이 기본이 된다. 그러나 복원만으로는 해결할 수 없는 것, 예를 들어 강성이 약하거나 기계적으로 무리가 있는 경우에는 형상·기구의 개선이 필요하게 된다.

※ PM 분석의 단어 : '현상을 물리적으로(phenomena, physical)'에서 P, '메커니즘과 설비·사람·재료의 관련성'(mechanism·machine·man·material)에서 M이란 머리글자를 따서 PM이라고 한다.

(2) PM 분석의 예

〈표 5 - 3〉 PM 분석의 예

현 상	물리적 시각	성립 조건	설비, 재료, 지그의 관련성
회전 테이블 위에서 전지가 쓰러짐	외적 조건 (충격, 마찰, 진동, 기타)에 의해 중심 이동을 수반하여 균형을 잃음	1. 마찰이 발생하는 조건 생략 • 회전 테이블과 워크의 접촉면 • 전기 자체에 기인 (저면의 변형, 이물질 부착) 2. 진동을 발생하는 조건 • 회전 테이블 자체에 기인(채터링, 불규칙 이송) • 회전 테이블과 주변의 가이드와의 접촉 3. 충격을 발생하는 조건	생략 2-1 테이블의 표면 상태 2-2 테이블의 평면도 2-3 테이블의 흔들림 2-4 테이블의 회전 불규칙 2-5 가이드의 형상, 위치, 각도 2-6 가이드의 표면 상태 2-7 테이블과 가이드의 접촉 상태

3-3 결함 발견 방법

(1) 이상적 상태의 개념

이상적인 상태란 공학적 원리, 원칙에 입각한 바람직한 상태를 말한다. 그것을 위한 조건은 필요 조건과 충분 조건으로 나누어 생각할 수 있다.

〈표 5 - 4〉 벨트를 올바르게 가동시키기 위한 조건의 예

구 분	설 명
필요 조건	• 3개를 거는 경우 1개 이상 걸려 있을 것 • 규격에 맞을 것
충분 조건	• 3개가 걸려 있을 것 • 3개의 장력(tension)이 가능한 한 균일할 것 • 벨트에 균열이 없고 기름이 묻어 있지 않을 것 • 풀리에 마모가 없을 것 • 모터와 감속기 사이에 편심이 없을 것 등이다.

(2) 이상적인 상태의 검토

이상적인 상태를 검토할 때 또 하나 유의할 점은 정상과 비정상의 경계가 분명하지 않은 경우이다. 극단적인 상태에서는 정상과 비정상을 구분할 수 있지만, 구분할 수 없는 구역도 있다. 예를 들어 설치 상태에 흔들림이 발생할 경우, 큰 흔들림인 경우는 비정상적인 상태라고 판단할 수 있지만 작은 경우는 정상으로도 이상으로도 볼 수 있으므로, 정상과 비정상의 경계가 불완전 할지라도 경계선을 설정할 필요가 있다.

[그림 5 – 13] 이상적인 상태의 검토

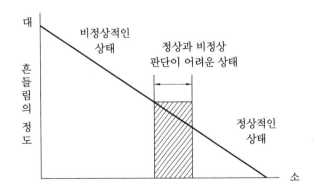

[그림 5 – 14] 정상과 비정상의 경계

(3) 미소 결함으로부터의 접근

미소 결함이란 극히 작은 정도의 결함으로서 불량, 고장 등에 주는 영향이 적다고 판단되어 무시될 수 있으나, 미소 결함을 매우 중요시해야 한다. 그 이유는 미소 결함의 축적에 의해 결함 상승 작용이 일어나기 때문이다. 상승 작용으로 인하여 다른 요인을 유발하고, 또 다른 요인과 겹쳤을 때 큰 결함을 일으킬 수 있으며 연쇄 반응을 일으키므로 미소 결함을 방치해서는 안 된다.

(4) 미소 결함을 발견하는 방법

① 원리 · 원칙에 의해 다시 본다.
② 영향도에 구애받지 않는다.

3-4 복 원

설비가 연속적으로 고장 나는 경우 기구의 변경, 부품 형상의 변경, 재질의 변경 등의 대책을 세워도 정상 회복이 되지 않는 경우가 있다. 이런 경우에는 기구 · 부품을 변경하기 전에 반드시 복원을 하고, 그 결과를 확인하여 좋아지지 않았으면 개선을 하는 것이 바람직하다.

이상과 같이 만성 로스는 설비의 효율화를 저해하는 커다란 요인이며, 이것을 개선하는 것이 설비 종합 효율의 향상, 나아가서는 수익의 개선으로 이어진다.

4. 자주 보전 활동

4-1 자주 보전의 개요

자주 보전(autonomous maintenance)이란 작업자 개개인이 '내 설비는 내가 지킨다'는 목표를 갖고 자기 설비를 평상 시에 점검, 급유, 부품 교환, 수리, 이상의 조기 발견, 정밀도 체크 등을 행하는 것이다.

자주 보전을 하기 위해서는 '설비에 강한 작업자'가 되어야 한다. 작업자는 단순한 조직의 일원으로만 그치는 것이 아니라 설비 보전 업무도 수행할 수 있도록 해야 한다. 오늘날과 같이 대형화, 다기능화, 자동화 · 로봇화가 이루어지면서 그 필요성은 더욱 커진다. 또한, 작업자에게 가장 중요한 것은 '이상을 발견할 수 있는 능력'을 갖추는 것이다. 설비 보전에 강한 작업자의 요구 능력은 다음과 같다.

(1) 설비의 이상 발견과 개선 능력

① 설비의 이상 유무를 발견할 수 있다.

② 급유의 중요성을 이해하고 정확한 급유 방법, 급유한 결과의 점검 방법을 알고 있다.

③ 청소(점검)의 중요성을 이해하고, 정확한 방법을 알고 있다.

④ 칩(chip)·냉각제의 비산 방지, 극소화가 중요하다는 것을 이해하고 개선할 수 있다.

⑤ 스스로 발견한 이상을 복원, 혹은 개선할 수 있다.

(2) 설비의 기능·구조 이해와 이상 원인 발견 능력

① 기구상 유의점을 이해할 수 있다.

② 성능 유지를 위한 청소 점검을 할 수 있다.

③ 이상의 판단 기준을 알고 있다.

④ 고장 진단을 어느 정도 할 수 있다.

(3) 설비와 품질 관계를 이해하고 품질 이상의 예지와 원인 발견 능력

① 현상을 물리적으로 볼 줄 알고 특성 품질과 성능 관계를 알고 있다.

② 설비의 정밀도 점검과 불량 원인을 알 수 있다.

(4) 수리할 수 있는 능력

① 부품의 수명을 알고 교환할 수 있다.

② 고장의 원인을 추정하고 긴급 처리를 할 수 있다.

③ 오버홀일 때 보조할 수 있다.

4-2 자주 보전의 진행 방법

(1) 진행 방식의 특징

① 단계(step) 방식으로 진행시킨다.

　우선 한 가지 일을 철저히 하고 어느 수준에 도달한 후 다음 단계로 이행한다.

② 진단을 실시한다.

　단계마다 진단을 받은 후 다음 단계로 이행한다.

③ 직제 지도형으로 한다.

　자주 보전에 행하는 모든 작업은 직제에서 하는 일로 되므로 중복 소집단 조직을 취한다. 즉, 말단 서클의 리더반과 그 한 단계 위의 조장으로 하나의 서클을 형성하며, 또 몇 사람의 조장과 계장으로 하나의 서클을 형성한다. 그러므로 각 서클의 활동 상황을 검토하면서, 동시에 약한 점을 보강하고 지도를 받는 것이 바람직하다.

④ 활동판을 활용한다.
　㈎ 행동 내용과 계획 진도표
　㈏ 행동 방침 · 생각을 나타낸다.
　㈐ 성과 기록
　　㉮ 6대 로스(불량, 고장, 일시 정체)의 추이
　　㉯ 종합 효율 · 시간 가동률 · 성능 가동률의 추이
　　㉰ 보전 횟수의 추이
　　㉱ 작동유 · 윤활유 보충량 추이
　　㉲ 청소 시간 추이

〈표 5 - 5〉 자주 보전에 강한 작업자

단계	육성 내용	자주 보전과의 관련		관련된 교육 훈련	
1	• 설비의 이상을 발견할 수 있다. • 개선할 수 있는 힘을 키운다.	제1단계 조기 청소	이상을 이상으로 보는 눈을 키운다.	TPM 도입 교육	반장 이상
		제2단계 발생원 대책 청소 곤란 요소 대책	이상을 개선할 수 있는 힘을 키운다.		
		제3단계 청소 · 급유 기준의 작성과 실시	스스로 기준서를 작성함으로써 지켜야 할 것을 스스로가 정한다.		
2	설비의 기능의 구조를 알 수 있다.	제4단계 총점검	전달 교육에 의해 설비의 이상적 모습과 설비의 기능적 구조를 알고 보전 기능을 몸에 익힌다.	총점검 교육을 위한 연수	과장 조장
3	설비와 품질의 관계를 알 수 있다.	제5단계 자주 점검	설비에서 불량이 나오지 않게 하기 위한 조건을 정리하여 유지 · 관리한다.	PM 분석 연수	과장 계장 조장
		제6단계 정리 정돈			
		제7단계 철저한 자주 관리		보전 기능의 수준 향상	반장 PM맨 작업자 (opera -tor)
4	설비 수리를 할 수 있다.	소 수 리			
		대 수 리	보전 기능 양성 코스에 의함		

㈔ 중점 과제

　　㉮ 무엇을, 지금 왜 하는가?

　　㉯ 다음 과제는 무엇인가?

㈕ 반성할 점

　　㉮ 고장 발생 시 반성과 원인

　　㉯ 무엇을 발견하지 못했는가?

　　㉰ 그것은 왜인가?

　　㉱ 앞으로는 어떻게 할 것인가?

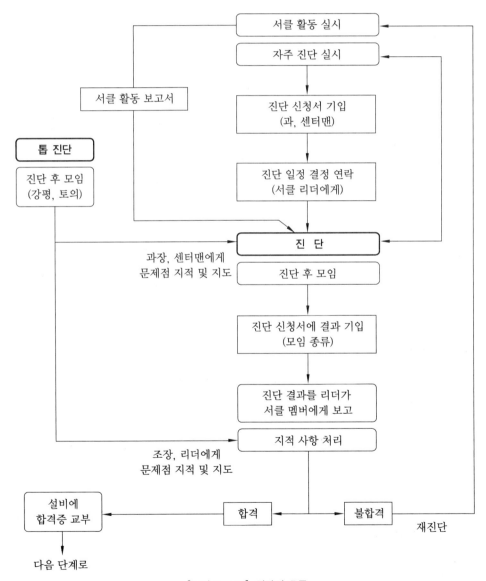

[그림 5 – 15] 진단의 흐름

〈표 5 - 6〉 TPM 자주 보전 진단 신청서 예

TPM 자주 보전 진단 신청서

			과
No.		제 1단계	

	신청 소속	축반침대 제조 4과 2조 1반	수진 설비	
신청자 기입	서클명	거미회	수진대	
	리더명(인원수)	이순신 : 남(4), 여(0)명, 계(4)명	이번 회까지의 활동 상황	항목 횟수
	자가 평가점(월일)	85점 (6월 9일 평가)		1
	희망 진단 일시	6월 12일 14 : 00시경		2
				3
	성과 지표	일시 정체, 수정률, 준비 시간의 추이		
	진단받을 때 특히 강조하고 싶은 사항	1. **그룹 활동**(이번 진단까지의 모임 횟수) 대수가 많기 때문에 청소하는 데 시간이 걸렸으나, 이상점을 보는 법에 대해 그룹 내에서 여러 가지 토의를 하면서 이상의 적출에 중점을 두었음. 2. **현장 진단** 보지 못하고 그냥 지나쳐 버린 이상점이 있는지 체크 요망. 또, 절삭유의 비산 방지 개선 방식에 대해서도 잘되고 있는지 체크 요망.		
과 기입	진단 월일 시간	2008년 6월 12일 14:00~17:00	진단 요원 집합 장소	
	진단 요원	황보, 이경규, 노무현, 진대제	○○○	

(바) 개선 사례와 이상 발생 사례

(사) 이상 추출 건수

이상과 같이 활동판을 활용함으로써 서클 활동의 현재 상황을 알 수 있고 앞으로의 과제를 알 수 있도록 한다.

⑤ **전달 교육을 한다.**

서클 전원에 대한 전달 교육 수단으로 리더가 원 포인트 · 레슨을 하는 것이 매우 효과적이다.

⑥ **모임을 갖는다.**

(가) 모임의 성패는 리더에게 달려 있다.

리더는 무엇을 의제로 할 것인지와 목적, 개선 목표, 개선점, 효과 예측 등을 사전 검토해 두는 것이 중요하다.

(나) 반드시 보고서를 쓴다.

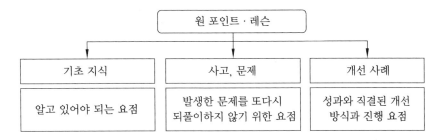

[그림 5 - 16] **원 포인트 · 레슨의 종류**

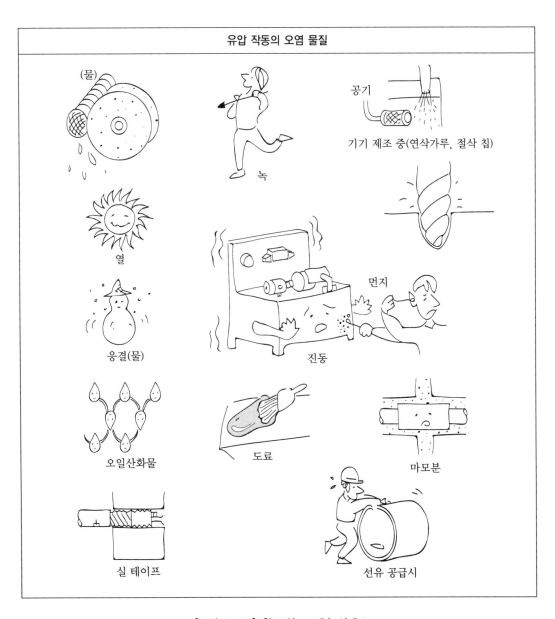

[그림 5 - 17] **원 포인트 · 레슨 사례 1**

유압 장치와 오염에 대해

○ 유압 장치는 그 효율을 높이기 위해 내부 부품 간의 간격(clearance)을 매우 작게 잡고 있기 때문에 오염에 매우 약하다.

[예]

	명 칭	대표간격(μ)
	포핏밸브	13~40
	베인 펌프	5~13
	스풀밸브	1~23
	기어 펌프 (톱니나사와 사이드 플레이트)	0.5~5

○ 오염은 유압의 큰 적이다.

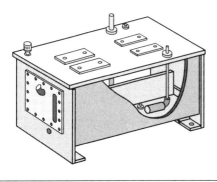

◎ 불필요한 구멍이 그대로 있지 않은가?
◎ 드레인 파이프는 탱크에 바르게 삽입되어 있는가?
◎ 급유구는 뚜껑이 제대로 꼭 닫혀 있는가?

오염물의 침입을 철저히 막는다.

[그림 5 - 18] 원 포인트 · 레슨 사례 2

〈표 5 - 7〉 서클 활동 보고서

서클 활동 보고서		발 행	2008년 3월 25일(제4회)		
		서 클	거미 서클		
주제		소 속	공구 1과 1조 1반		
		서클 리더	이순신	기록	사임당
제2단계 진단	활동 모임	실작업	월 일 시 분 ~ 시 분		
참가자		모 임	월 일 시 분 ~ 시 분		
		교육 실습	월 일 시 분 ~ 시 분		
불참자		총 시간	(시간)×(명)×(시간)		

NO.	항 목	실시 내용 또는 대책	기 일	담 당
1	제2단계 진단일을 4월 22일로 설정한다. 그 때까지 앞으로 어떤 것을 할 것인가?	1) 초기 청소의 점검 (주야근 모두 휴식 후 15분간 정력적으로 한다.) 2) 초기 청소의 중점 항목을 든다. 3) 누유, 표시하기 상황을 활동판에 기입한다.	3/8부터 3/8 3/20	전원 강호동 홍길동
2	비산 방지 커버를 부착시켰으나 M/C를 휴지하고 있어 효과를 알 수 없다.	1) D9M/C를 사용하므로 D9M/C로 모델을 만들어 효과를 본다.	3/20	이수근 김제동 김용만
3	흡입구의 개선도 진척이 되지 않고 있다. (발생 원인 대책)	1) DM/C로 시험해 본다. 지석분의 추이를 잡는다.	3/20	김경민 윤정수 이윤석
(과장 논평) 제3단계를 읽고 이해할 것		(계장 논평) 모델 횟수를 더 늘려 줄 것		(조장 논평) PDCA를 돌리면서 진행시킬 것

(2) 자주 보전의 전개 단계

① 제1단계 : 초기 청소

㈎ 청소로 이상을 발견한다.

이 단계는 '청소는 점검'이라는 것을 실천을 통해 배우고, 몸으로 익히는 것을 목표로 한다. 즉, 청소를 한다는 것은 설비를 만지고 동작해 보는 작업을 통해 설비의 이상이나 결함을 찾아내는 것이므로 소홀히 했던 부분을 분해하여 보거나, 보통 때는 할 수 없는 곳을 청소 점검함으로써 이상을 발견할 수 있다.

㈏ 오염의 발생 원인을 찾는다.

㈐ 이상은 가능한 한 자신이 고친다.

이상을 발견한 장소에는 표시를 하여 자주 보전할 것과 보전에 의뢰할 것을 분류하여, 언제까지 고칠 것인지 계획을 세운다.

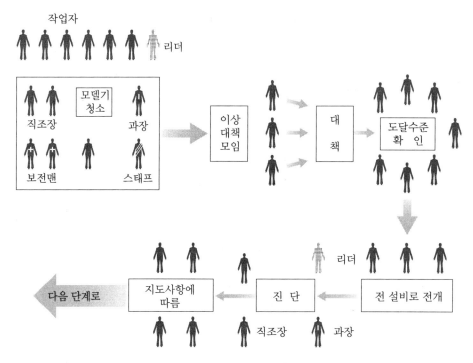

[그림 5 - 19] 제1단계 : 초기 청소

② 제2단계 : 발생 원인·곤란 개소 대책

  ⑺ 발생 원인을 없앤다.

  ⑻ 청소 곤란 개소를 개선한다.

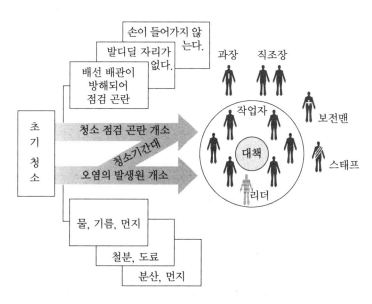

[그림 5 - 20] 제2단계 : 발생 원인·곤란 개소 대책

③ 제3단계 : 청소 · 급유 기준 작성과 실시

㈎ 기준은 자신이 결정한다.

　자신의 설비에 대해 '지켜야 할 것은 자신들이 결정'하는 것을 목적으로 하여 서클 전원이 작성해야 한다.

　실제로 지킬 수 있는 청소나 급유 기준이 되기 위해서는 다음 것들이 필요하다.

　㉮ 지키는 작업자가 청소 · 급유의 필요성이나 중요성을 이론적으로 알고 있어야 한다.

　㉯ 실제로 할 수 있고, 쉽게 할 수 있도록 개선되어 있어야 한다.

　㉰ 청소 · 급유에 필요한 시간을 직제로서 인정받고 있어야 한다.

㈏ 청소 점검 기준 작성

　제1, 2단계에서 실시해 온 것을 바탕으로 청소 점검 개소, 방법, 판단 기준, 처리, 작업

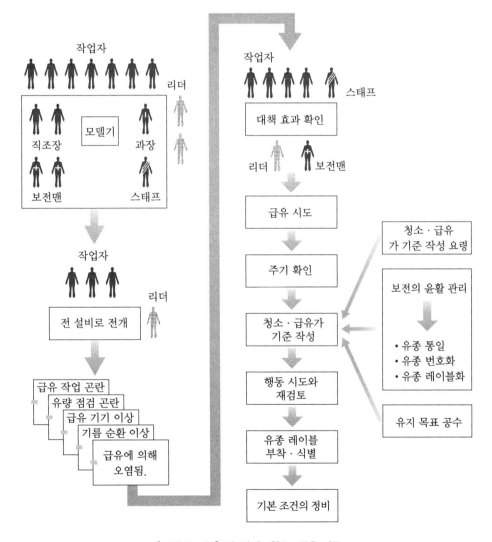

[그림 5 - 21] 제3단계 : 청소 · 급유 기준

시간, 주기를 설정한다. 이때 각 시간을 측정하여 시간을 단축하기 위한 방법의 개선이 중요하다.

㈐ 급유 기준 작성

㉮ 유종을 가능한 한 통일하고 급유구, 급유 개소를 기입한다.

㉯ 집중 급유의 경우 급유 계통을 정리하여 윤활 계통도를 작성한다.

㉰ 분배 밸브에서의 막힘, 분배량의 차이를 확인한다.

㉱ 단위 시간당 소비량 또는 1회당 급유량을 파악한다.

㉲ 적절한 급유 배관의 길이를 정한다.

㉳ 폐유 처리 방법을 옳게 정한다.

㉴ 급유 레이블을 설정한 후 급유할 곳에 부착한다.

㉵ 급유 서비스, 스테이션 설치(기름 급유기기의 보관)

㉶ 급유 곤란 개소의 목록 작성과 대책

㉷ 급유 개소에 대해 보전 부문과의 분담을 정한다.

④ 제4단계 : 총점검

설비에 능통한 작업자가 되기 위해서는 각 설비의 공통 항목이나 유닛의 기초를 배운다.

㈎ 기초 기술을 익힌다.

이 4단계에서는 윤활, 기계 요소, 공압, 유압, 전기, 구동 장치 등의 항목에 대한 기초 교육

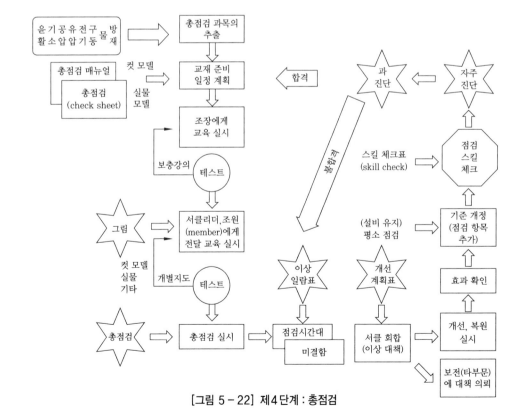

[그림 5 - 22] 제4단계 : 총점검

을 받고, 그것을 바탕으로 점검하여 이상을 발견하는 기능을 익힌다.

(나) 제 4단계의 진행 방법

㉮ 설비에 대한 기초 교육을 받는다.

㉯ 작업자에게 전달한다.

㉰ 배운 것을 실천하여 이상을 발견한다.

㉱ '눈으로 보는 관리'를 추진한다.

(다) 눈으로 보는 관리의 구체적인 방법

㉮ 윤활 관계

ㄱ 급유구의 색깔별 표시　　　　ㄴ 유종 레이블과 주기 표시

ㄷ 상한, 하한의 레이블 표시　　ㄹ 단위 시간당 소비량 표시

ㅁ 오일 잭의 유종별 레이블 표시

〈표 5 – 8〉 눈으로 보는 관리

하위 단계 (sub step)	과 목	내　　　　용
4-1	윤활	급유구 · 페인트 식별 유종 레이블　오일등급표　급유구 레이블　유면계 표시 적색 식별
4-2	기계 요소 (볼트, 너트)	점검한 백색 마크　백색의 접합 마크　고장났던 적색 마크　보전원이 봐야 하는 청색 마크 또는 풀(full) 마크　불필요한 구멍
4-3	공 · 유압	유체가 흐르는 방향　설정 압력 표시　용도 명판 sol 5 리프트 상승용　배관 접속 마크　배관 접합 마크 〈유체의 종류에 따른 색깔 표지판〉 물: 가압 청색 / 개방 흑색 유압: 가압 주황색 / 개방 회색 휘발유: 적색 공기: 백색

    ㉯ 기계 요소 관계
       ㉠ 점검 종료의 표시와 합격선
       ㉡ 보전원이 봐야 하는 볼트의 색깔별 표시(청색 마크)
       ㉢ 볼트 구멍이 필요 없는 것(미사용인 것)과 색깔별 표시(황색 마크)
    ㉰ 공압 관계
       ㉠ 설정 압력 표시   ㉡ 공급 라인과 작업 라인 표시
       ㉢ 엑츄에이터 작업 안경   ㉣ 솔레노이드 밸브의 용도 표시
       ㉤ 배관 접속 표시(IN · OUT)
    ㉱ 유압 관계
       ㉠ 설정 압력의 표시   ㉡ 유면계의 표시
       ㉢ 유종 표시   ㉣ 유압 펌프의 온도 레이블
       ㉤ 솔레노이드 밸브의 용도 표시   ㉥ 드레인 라인 표시
    ㉲ 구동 관계
       ㉠ 벨트 · 체인의 형식 표시
       ㉡ V벨트 · 체인의 회전 방향 표시
       ㉢ 점검을 위하여 들여다보는 창 설치

⑤ 제5단계 : 자주 점검

이 단계는 제3단계에서 작성한 가 기준서와 제4단계의 총점검 과목마다의 점검 항목을 추가한 것을 합쳐서, 본 기준서를 작성하고 실천하는 단계이다.

하나의 설비에 대하여 필요한 점검 사항을 모두 생각해 보고, 자주 보전에서 점검하는 것, 보전 부문의 전문적 입장에서 점검하는 것의 분담을 확실하게 정하여 빠짐없이 구분해야 한다. 그리고 돌발적인 사고가 발생했을 때의 재발을 방지하기 위하여, 자주 보전에서의 점검 항목과 건성으로 본 것을 보전 부문과 검토하여 기준서를 고쳐 나간다.

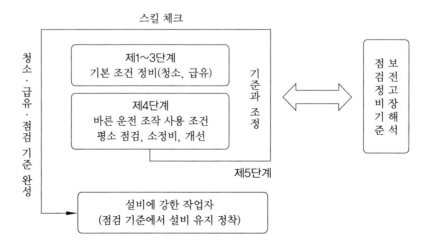

[그림 5 - 23] 제5단계 : 자주 점검

⑦ 청소 · 점검 · 급유 가 기준의 항목, 방법, 시간의 재검토

㈏ 점검 항목에 대해 보전 부문과 분담

㈐ 목표 공수 내에서 점검할 수 있는지 시간의 재검토와 개선

㈑ 점검 수준 향상을 위한 체크

㈒ 작업자 전원 실시

이상과 같이 자주 보전은 TPM을 추진하는 데 매우 큰 비중을 차지하고 있다. 개별적인 개선으로 '고장 제로', '불량 제로'를 달성하기 위해서는 일상 점검 · 급유를 소홀히 하여서는 안 된다.

⑥ 제6단계 : 자주 보전의 시스템화

⑦ 제7단계 : 철저한 자주 관리

5. 계획 보전 활동

5-1 보전 부문과 제조 부문의 분담

보전 부문의 활동을 효율적으로 하기 위해서는 계획 보전 체제가 확립되어 있어야 한다. 계획 보전이란 미리 작성한 보전 일정표에 따라서 계획적으로 보전 활동을 전개해 나가는 것을 말한다.

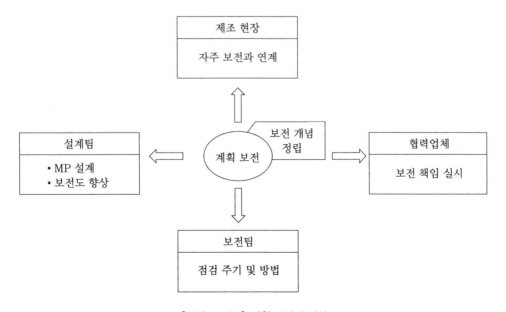

[그림 5 – 24] 계획 보전의 정의

TPM 활동에서의 자주 보전 활동 범위는 한정되므로 다음과 같은 점검, 측정은 자주 보전에서는 할 수 없다.

① 특수한 기능을 요하는 것
② 오버홀을 요하는 것
③ 분해, 부착이 어려운 것
④ 특수한 측정을 필요로 하는 것
⑤ 고공 작업처럼 안전상 어려운 것

이러한 것에 대해서는 보전 부문이 하고 각 설비 중 점검이 필요한 곳에 대해서는 자주 보전과 협동하여 점검한다. 또한, 자주 보전이 어느 정도 진행되면 보전 측과 보전 영역을 검토할 필요가 있다. 자주 보전에서 어느 정도 범위까지의 청소, 점검, 수리, 부품 교환을 하는가에 대해 보전 측과 개개의 설비에 맞춰 정해 나간다. 가능한 한 자주 보전의 수준 향상을 도모하면서, 자주 보전 측에 위임하는 것이 필요하다.

보전 측으로서는 가능한 한 그 범위를 줄이는 방향으로 자주 보전을 지도하는 것이고, 그 남은 공수를 다른 개량 보전 등에 힘쓰도록 한다.

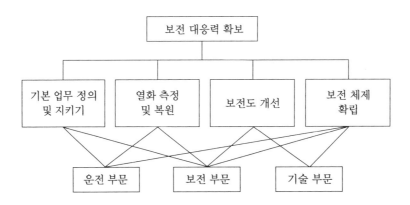

[그림 5 – 25] 계획 보전의 업무 배당

5-2 계획 보전의 활동 내용

(1) 현장에 적응하는 체제

① 정기 보전
　(개) 정기 점검(주 · 월 · 연간 단위)
　(내) 정기적 부품 교환
　(대) 정기적 오버홀
　(래) 정기적 정밀도 측정(정적 · 동적)
　(매) 정기적 갱유 등

또한, 설비가 점검할 곳이 많은 경우 '보전 캘린더'를 작성하는 것이 효과적이다. 보전 캘린더란 각 설비 부위마다 점검, 오버홀, 작동유, 부품 교환 등의 목록을 작성하여 그것을 언제 해야 하는가를 한눈에 알아볼 수 있도록 한 장의 종이에 설정한 것으로서 보통 연간·월간·주간 단위로 작성되며, 아울러 점검 보전 기준을 작성하여 활용하면 효과적인 설비 보전을 할 수 있다.

〈표 5 - 9〉 연간 보전 캘린더와 정기 점검 월간 계획표

〈기입 예〉 ○ : 계획　● : 완료

제작 3과 핸들 가공라인		2008　연간 보전 캘린더				작성	년　월　일 제작3과·제작자								과 장	과 장
기번	설비명	점검 개소	점검 기간	공수	담당	1월	2월	3월	4월	5월	6월	7월	8월	9월		
98011	밀링	1. 테이블 윗면의 평면도	6개월	16′	진시황		●						○			
		2. 주축의 상하 운동과 베드 미끄럼 직각도	12개월	20′												
		3. 스핀들 진동	3개월	5′												
		4. 절연 저항	6개월	5′												
		5. 간극 조정	6개월	30′												

4월　　정 기 점 검 월 간 계 획 표

설비명	기번	점검·정비 내용	담당	스 케 줄			
				1	2	3	4
연삭기	20177	테이블 분해			→		
CNC 선반	16222	정기 점검				→	
CNC 밀링	20142	Z축 스러스트 받침대 교환					→
머시닝 센터	22064	DC 스핀들 모터 교환					→

② 예지 보전

진단기기를 사용하여 설비 열화의 진행 상황을 측정하고, 이상을 진단하여 설비의 상태에 따라 보전하는 방법이다.

예지 보전의 기초가 되는 설비 진단은 다음 두 가지 방법으로 한다.

㈎ 간이 진단 : 간이 진동계의 기기를 사용하여 측정한 후 이상으로 판별된 것은 수리한다.

㈏ 정밀 진단 : 정밀 진동계 등을 사용하여 주파수 분석 등을 통한 이상이 여부의 판별과 진동계의 원인 계통을 파악한다.

이상과 같이 진단기기를 통한 설비 진단은 분해하지 않고 사전에 이상 있는 곳을 추정할 수 있으며, 오버홀 후의 품질 수리의 체크와 교환 시기를 추정하여 보전 비용을 절감할 수 있다.

(3) 고장을 재발시키지 않는 활동

① 만성화된 고장을 줄이기 위한 개별적 개선 → 현 설비의 약점 파악, 개선 계획 활동 추진
② 수명 연장을 위한 개별적 개선 → 재질 검토, 부품 선택, 시스템 및 기구 검토

(4) 수리 시간 단축을 위한 활동

① 고장 진단의 연구 : 고장이 발생했을 경우 고장 부위를 한눈에 볼 수 있는 자기 진단 기능이 되어 있으면 수리 시간이 대폭적으로 단축되므로 자기 진단 기능 검토가 필요하다.
② 부품 교환 방법의 연구 : 부품을 교환할 때 한 개 한 개 분해 조립하지 않고 세트 단위로 유닛 교환하는 방식과 외(外)준비 작업 과정에서 보전하고 돌발, 정기 수리 시에 세트를 교환하는 방법으로 교환 시간을 단축하는 활동
③ 예비품 관리 : 제3장 6절 참조

(5) 그 밖의 활동

① 윤활 관리
② 도면 관리
③ 보전 정보의 수집과 활용 시스템

설비의 개량, 고장 정보, 고장 분석의 정리 등 보전 정보 시스템 정비는 보전 활동의 기초이므로 구입 후의 개량 정보나 고장 이력을 확실하게 파악하여 고장 평균 간격(MTBF)·고장 통계 등을 신속하게 집계, 해석하는 시스템의 검토가 중요하다.

5-3 기능 교육

TPM을 보다 효율적으로 추진하기 위해서는 작업자가 자주 보전을 실시하여 자신의 설비는 자기 스스로 지키기 위한 기능을 갖도록 해야 하며, 보전 요원은 보전 계획·고장 수리 실시, 개량 보전의 원활한 실시가 가능한 능력을 갖추어야 하므로 작업자와 보전 요원 전원에게 기초적 기능을 교육하여 확실한 수리 작업을 할 수 있도록 육성하는 것이 중요하다.

5-4 MP 설계와 초기 유동 관리 체제

(1) MP 설계

MP(maintenance prevention) 설계란 신설비의 도입 단계에서 고장이 나지 않고 불량이 발생되지 않는 설비를 설계하기 위한 활동이다.

즉, 설비의 약점을 연구하고 그것들을 설계에 피드백시켜 설비의 신뢰도를 높이는 활동이며, 최종적으로 보전이 필요 없는 설비를 설계하는 데 목적이 있다.

설비의 약점 연구는 다음 관점에서 한다.

① 자주 보전을 하기 편한 면에서

⑺ 청소, 점검

㉮ 청소, 점검이 용이한가?

㉯ 청소, 점검 개소가 보기 쉬운가?

㉰ 청소, 점검 개소에 손 등 신체가 들어갈 여유가 있는가?

㉱ 청소, 점검 시 방전 대책은 있는가?

⑼ 윤활 급유 대책

㉮ 윤활 방식은 올바르게 선정되어 있는가?

㉯ 부위별 윤활유의 선택 기준이 설정되어 있는가?

㉰ 급유 상태를 육안으로 확인할 수 있는가?

㉱ 누유 및 비산 방지 대책이 있는가?

㉲ 급유 및 갱유를 쉽게 할 수 있는가?

㉳ 설비의 녹 방지 대책이 있는가?

㉴ 표면 처리 선정은 올바른가?

⑺ 공유압

㉮ 배관의 교환이 용이한가?

㉯ 압력 게이지의 지침은 보기 쉬운가?

㉰ 실린더 등 부품이 바르게 부착되어 있는가?

㉱ 기기류, 배관 등이 보기 쉬운 위치에 있는가?

㉲ 밸브의 교환이나 드레인이 쉬운가?

㉳ 배관의 부식, 녹 방지 대책은 있는가?

㉴ 가동에 의한 배관의 이탈 · 파손 대책이 있는가?

㉵ 유압 탱크의 유량을 확인할 수 있는가?

⑻ 가스 기기

㉮ 배관 계통은 어떤가?

㉯ 배관이 정리되어 있어 누구라도 알기 쉽게 되어 있는가?

㉰ 배관의 이완, 가스의 누설 방지가 되어 있는가?

㉱ 압력계 보기가 쉬운가?

㉲ 밸브의 개폐 표시가 되어 있는가?

⑼ 구동

㉮ 벨트, 체인 등의 절단 시 교환 및 수리가 쉬운가?

㉯ 헐거움, 변형, 발열, 진동 등 진단이 용이한가?

㉰ 벨트의 마모 확인 및 교환이 쉬운가?

㉱ 커플링(coupling), 키(key) 등 체결 요소의 헐거움 방지 대책이 있는가?

        ㉠ 회전부, 운전부에 안전 커버가 씌워져 있는가?

        ㉡ 벨트, 체인의 회전 방향 표시가 있는가?

    (바) 전기

        ㉮ 운전 중 정전ㆍ단선 대책은 있는가?

        ㉯ 배선의 길이, 레이아웃은 너무 길지 않은가?

        ㉰ 램프, 스위치, 센서 등의 청소ㆍ점검ㆍ교환이 쉬운가?

        ㉱ 램프의 점검ㆍ확인이 쉬운가?

        ㉲ 배선 접속부에 배선 번호가 부착되어 있는가?

        ㉳ 예비품이 확보되어 있는가?

        ㉴ 조작반, 점검반은 점검하기 쉬운 위치에 있는가?

    (사) 스크루(screw)

        ㉮ 스크루의 풀림에 대한 대책이 있는가?

        ㉯ 진동 부위의 스크루 풀림 확인이 쉬운가?

        ㉰ 공구 사용이 쉬운가?

        ㉱ 전용 공구를 고려하는가?

    (아) 철분 등의 처리

        ㉮ 철분, 크랙 등의 비산 방지 대책이 있는가?

        ㉯ 철분의 청소, 회수가 쉬운가?

        ㉰ 부품 스티커, 오염물 회수가 쉬운가?

    (자) 기타

        ㉮ 칩, 냉각제의 비산 방지를 어떻게 할 것인가?

        ㉯ 칩의 회수 방법이 용이한가?

        ㉰ 조정 시 전용 공구가 있는가?

        ㉱ PM용 만능 공구 및 지그를 고려하고 있는가?

        ㉲ PM용 매뉴얼이 작성되어 있는가?

② 신뢰성 면에서

    (가) 고장, 순간 정지, 불량의 발생 빈도가 낮은가?

    (나) 기종 변경에 대한 조작이 쉬운가?

    (다) 사이클 타임의 안정성을 가지고 있는가?

    (라) 설정한 조건이 안정되어 있는가?

    (마) 고장 발생을 알려 주는 알람 기능이 있는가?

③ 조작성 면에서

    (가) 조작성

        ㉮ 조작 버튼은 조작하기 쉬운 위치에 있는가?

        ㉯ 조작 매뉴얼은 바르게 작성되어 있는가?

　　ⓓ 조작 패널은 조작하기 쉬운 위치에 있는가?

(나) 기종 변경

　　㉮ 기종 변경은 쉽게 할 수 있는가?

　　㉯ 기종 변경 시 위험한 작업은 없는가?

　　㉰ 기종 변경은 한 사람으로 가능한가?

　　㉱ 기종 변경 때 안전 대책은 있는가?

　　㉲ 기종 변경은 자동과 수동을 선택할 수 있는가?

(다) 기준면

　　㉮ 조정하기 쉬운 기준면으로 설계되어 있는가?

　　㉯ 기준면에서 측정이 가능한가?

(라) 품질면

　　㉮ 유지해야 하는 정밀도를 정했는가?

　　㉯ 정적·동적 정밀도를 측정하기 쉬운가?

　　㉰ 진단기기를 쉽게 설치할 수 있는가?

　　㉱ 진단기기 측정 방법은 정해 있는가?

(마) 보전면

　　㉮ 수명 파악과 그 연장을 꾀하고 있는가?

　　㉯ 부품 교환이 쉬운가?

　　㉰ 유닛 교환이 되는가?

　　㉱ 동일 유사 설비의 고장 부위, 현상, 고장률에 대한 대책이 있는가?

　　㉲ 자기진단기기를 설치하고 있는가?

　　㉳ 오버홀이 용이한가?

　　㉴ 급유, 갱유를 하기 편한가?

　　㉵ 고장 부위 및 열화 부위의 발견이 용이한가?

　　㉶ 설정 조건 변동(프로그램 변경)이 용이한가?

　　㉷ 보전 작업성이 쉬운가?

　　㉸ 고도의 숙련 기능이 필요 없는가?

　　㉹ 예비품의 구매가 용이한가?

　　㉺ 조달 시간이 오래 걸리는 부품에 대한 대책이 있는가?

　　㉻ 재조립 후 재현성이 좋은가?

　　㉼ 전체 정지나 부분 정지에서 운전이 가능한가?

(바) 안전면

　　㉮ 인터로크(inter lock)는 어떤가?

　　㉯ 안전 철망이 있는가?

　　㉰ 트러블이 있을 때 안전 대책은 수립되어 있는가?

㈜ 동력이 정지됐을 때 안전 대책은 수립되어 있는가?

㈅ 정전일 때 안전 대책은 수립되어 있는가?

㈆ 비상 정지 버튼의 위치가 제대로 되어 있는가?

㈉ 안전 커버가 쉽게 벗겨지지 않는가?

㈎ 안전 커버의 강도가 충분한가?

㈏ 안전 규격을 준수하고 있는가?

㈐ 커버 개폐부에 스위치는 있는가?

㈑ 가공부에 경계 색상은 있는가?

㈒ 감전 방지 대책, 폭발 방지 대책, 소음 진동 대책이 수립되어 있는가?

㈓ 긴급할 때 작업자가 신속히 대응할 수 있는가?

㈔ 진동, 소음, 냄새, 열, 어둠 등이 있는가?

㈕ 무리한 작업 자세 및 압박감, 고독감 등이 많은가?

⑺ 운전성

㈎ 운전 절차가 쉬운가?

㈏ 준비 교체 조정이 용이한가?

㈐ 운전 스위치의 개수가 적고 형상 및 배치, 색상 등이 편리하게 되어 있는가?

㈑ 이상 발생 후 원점 복귀가 용이한가?

⑧ 환경성

㈎ 오염 발생원이 극소수인가?

㈏ 설비 폐기 시 폐기 비용이 저렴한가?

⑨ 라이프 사이클 코스팅(life cycle costing) 면

최초 경비(initial cost)와 보전 경비(running cost)를 고려하여 가장 경제적인 의사 결정을 하는 방법으로, 예를 들면 최초 경비를 저렴하게 하였을 때 고장이 자주 일어나서 보전 경비가 많이 소요되면 결국 손해가 되므로 최초 경비가 다소 많이 들더라도 나중에 문제가 발생하지 않는 쪽으로 하는 것이 경제적이다.

(2) 초기 유동 관리

초기 유동 관리란 신설비를 설치·시운전·양산되기까지의 기간, 즉, 안전 가동(고장, 불량 모두 낮은 상태)에 들어가기까지의 기간을 최소로 하기 위한 활동이다.

처음부터 문제가 없고 설치 후 곧바로 양산으로 들어가는 것이 가장 바람직하나, 실제로는 그렇지 못한 것이 대부분이다. 그 이유는

① 제작에 기인하는 것(부품 치수 착오, 조립 착오)

② 설치, 시운전에 기인하는 것(레이블 불충분, 공사 착오) 등이 발생하기 때문이다.

그러므로 설계 단계, 도면 작성 단계, 제작 단계, 시운전 단계에서 예상되는 문제점, 현실로 나타나는 문제점을 파악하여 대책을 세워야 한다.

6. 품질 개선 활동

6-1 문제 해결의 기본

(1) 문제 해결의 기본

① 개선할 문제점 발견 방법

　　문제란 '개선을 필요로 하는 사항'이라고 정의할 수 있다. '작업 중에 어떤 문제가 있는가?'
에 대해서는 그 일을 담당하고 있는 사람이 가장 잘 알고 있으므로 직장에서의 문제점을 어떤
방법으로든지 해결하겠다는 적극적인 자세가 필요하다.

　　㈎ 현장의 여러 가지 사항에 눈을 돌려야 한다.

　　　㉮ 무리한 것이나 낭비는 없는가?

　　　㉯ 자신들의 일이 제대로 진행되고 있는가?

　　㈏ 현장에서 어려운 사항에 유의

　　　㉮ 하기 힘든 것

　　　㉯ 어려운 일

　　　㉰ 제대로 안 되는 일

　　　㉱ 시간이 걸리는 일

　　　㉲ 위험한 일

　　㈐ 현재는 구체적인 문제로 부각되지 않으나 앞으로 문제가 될 가능성이 있다고 생각되는 것
　　　을 자신들이 발견한다.

② 문제점 도출 정리 방법

③ 현장의 문제점을 발견하는 체크 리스트

　　문제점을 발견하기 위한 첫 단계는 '문제점을 내세운다'는 것이다. 공장에서의 문제점을 찾
아 내는 데는 몇 가지 방법이 있으나 체크 리스트를 이용하여 이것이 자문자답하면서 자기공장
이나 작업면에서

　・문제가 없는 것에는 (×)

　・문제가 있는 것에는 (○)

체크 리스트에는 미리 생각할 수 있는 문제점을 열거하여 문제점의 누락을 막아야 한다.

④ 문제점의 결정 방법

　　㈎ 데이터를 모아 분석한다.

　　　㉮ 데이터를 분석한다. : 최근 1~3개월 간 정도의 데이터를 모아 QC 수법을 활용하여 분
　　　　석한다. QC 수법으로는 그래프와 관리도, 히스토그램 등이 유효하다.

　　　㉯ 사업부 계획과의 관련성을 확인한다.

　　　㉰ 상사나 타부문의 요구 사항을 확인한다.

〈표 5 – 10〉 문제의 분류

문제 항목	내　용
주어진 문제	상사나 관련 부서에서 방침이나 계획적으로 주어진 문제 예 : '현재의 공정 불량률을 3%로 내려라'든지 '공정 능력을 2배로 향상시켜라' 등
부딪힌 문제	현장에서 일을 하고 있는 도중에 생긴 문제로 '불량품에 대한 조처'나 '작업 표준의 불비', '관리도에 있어서 한계 밖의 것이 나왔을 때의 문제' 등
찾아낸 문제	데이터를 다시 정리해 보거나, 전(前) 공정이나 후(後) 공정에 관련된 것에 대해 의견을 듣기도 하고, 직장 내의 모임에서 의견을 교환하기도 하며, 적극적으로 문제점을 발견하는 일들이다.

〈표 5 – 11〉 문제점 발견 방법의 순서와 요령

순　서		요　령	이용된 수법
제1단계	문제점을 낸다.	각 방면에서 검토하여 될 수 있는 한 많은 문제를 낸다.	• 결점 열거법 • 희망점 열거법 • KJ법 • 브레인스토밍 • 3무법(무리, 불균형, 낭비)
제2단계	데이터를 모아서 분석한다.	① 데이터를 모아서 분석한다. ② 부서 방침과의 관련성을 조사한다. ③ 상사나 타부문의 요망 사항을 확인한다.	그래프, 관리도, 히스토그램, 체크 시트, 파레토그램
제3단계	문제점을 자기 평가한다.	다음 항목에 대해서 자기 평가한다. ① 기대되는 효과는? ② 활동 기간은 적당한가? ③ 착수하기 쉬운가? ④ 조원의 이해도와 그 협력성은?	자기 평가
제4단계	상사의 평가를 받는다.	제3단계에서 자기 평가한 항목에 대해서 상사에게도 평가를 받는다.	상사 평가표
제5단계	문제점을 결정한다.	평가점에 의하여 문제점의 비중을 정하고, 테마로서 내세울 문제점을 결정한다.	파레토그램

㈏ 문제점을 자기 평가한다.
　㉮ 기대되는 성과는 어떤가?
　㉯ 활동 기간은 적당한가?
　㉰ 개선 착수의 용의도는 어떤가?
　㉱ 조원의 이해도와 협력성은 어떤가?

〈표 5 − 12〉 문제점 일람표

문제점	데이터와 분석	사업계획과의 관련	상사의 요구	타부문의 요구
초기 불량이 높다.	$n=200$ / UCL, CL, LCL 관리도 그래프 (P, 15.0, 10.0, 5.0, 0 / 1 3 5 7 9 11 13 15 일)	공정불량률을 5.0% 이내로 한다.	내년 말까지는 공정 불량률을 5% 이하로 한다.	다음 공정에서 수리의 건수를 0으로 한다.
품질 특성 A의 산포가 크다.	규격 / 건수 히스토그램 (30, 20, 10, 0 / 6 7 8 9 10 11 12 13 14 15 치수)	불량품은 0으로 한다.	산포 σ를 반감하고 공정 능력을 확보한다.	불평 건수를 0으로 한다.
수정 작업이 많다.	꺾은선 그래프 (150, 125, 100, 75 / 1 2 3 4 5 월)	수정 작업 박멸 운동을 전개한다.	수정 작업의 원인을 파악하여 조치한다. 1일 5건 이하로 좁힌다.	수리 공수를 0으로 한다.
작업자의 품질 의식이 낮다.	작업자의 QC 교육 수강률은 13%이다. 몸에 지닌 도구의 명칭을 알고 있을 정도이나 사용해 본 적이 없다.	TQC 활동의 추진과 QC 서클 활동의 발전을 꾀한다.	QC 교육의 실시, 1동아리에 1테마를 완결한다.	서클 교류회에 적극적으로 참가하도록 한다.

〈표 5 − 13〉 문제점의 평가표(자기용, 상사용)의 예 (원안 참조)

평가 항목 / 문제점	기대되는 성과	활동 기간	진행상 난이도	이해도 협력성	평가점 (합계)
초기 불량이 높다.	높다(5)	2개월로 보통(2)	쉽다(3)	높다(3)	13
품질 특성 A의 산포가 크다.	높다(5)	3개월로 좋다(3)	보통(2)	낮다(1)	11
손질이 많다.	보통(3)	6개월로 나쁘다(1)	어렵다(1)	낮다(1)	6

⑤ 상사의 평가 의뢰 방법

각 문제점에 대한 해석 결과와 자기 평가표를 정리하여 평가를 받는다.

⑥ 문제점의 결정

문제의 결정에 있어서 파레토도를 작성하여 상사의 평가와 자기 평가 중 공통 순위가 높은 항목을 테마로 선정한다.

⑦ 문제점 발견을 위한 수법을 익힌다.

(2) 문제 해결의 개념 및 순서

① 문제 해결의 개념

'문제 해결을 위해서 항상 후 공정에 어려움을 주고 있지 않은가?', '현재의 업무 처리 방식보다 더 나은 방법은 없는가?'를 생각하고 개선 활동으로 연결한다.

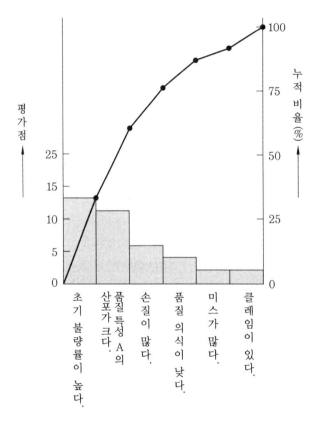

[그림 5 - 26] 자기 평가점의 파레토도

② 문제 해결의 순서

〈표 5-14〉는 기본적인 문제 해결 방법 및 순서이다.

〈표 5 - 14〉 문제 해결의 기본 단계

순 서	기본 스태프(단계)	실시 사항	
1	테마 선정	• 문제 파악	• 테마 결정
2	현상 파악 및 목표 설정	〈현상 파악〉 • 사실 수집 〈목표 설정〉 • 목표(목표치와 기한)를 정한다.	• 공격 대상(특정치)을 정한다.
3	활동 계획 입안	• 실시 사항을 정한다. • 일정, 역할 분담 등을 정한다.	
4	요인 분석	• 특정치의 현상 조사 • 요인 분석	• 요인 체크 • 대책 항목 결정
5	대책 검토 및 실시	〈대책의 검토〉 • 대책에 대한 아이디어 창출 • 대책의 구체화 방법 검토 • 대책 내용 확인 〈대책 실시〉 • 실시 방법 검토	 • 대책 실시
6	효과 확인	• 대책 실시 결과 확인 • 성과(유 · 무형) 파악	• 목표치와 비교
7	표준화와 관리 정착	〈표준화〉 • 표준 제정 또는 개정 〈관리 정착〉 • 관계자에게 철저히 주지시킨다. • 담당자 교육 • 유지되고 있는지를 확인한다.	 • 관리 방법 결정

6-2 단계별 전개 방법

(1) 주제 선정

① 주제 선정 방법

　㈎ 경험이 적은 부서에서는 '조장의 능력에 적당한 문제인가?', '너무 어렵거나 긴 기간을 요하지 않는가?', '너무 쉽지 않은가?' 하는 점을 설명한 후 의견을 청취한다.

　㈏ 전사적 품질 관리가 도입되고 수준이 높아지면 부서에서는 QC 분임조 활동을 정리할 때 정리하고 남겨진 문제점 중에서 그 중요성과 우선도를 고려하여 주제를 선정한다.

② 적용 사례

　㈎ 주제 선정 당시 여건과 분위기

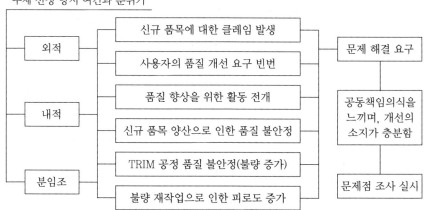

(나) 큰 주제 중 적절한 주제의 예

〈표 5 - 15〉 주제 선정 예

구분	막연한 문제	큰 주제의 예	문제의 소재		적절한 주제의 예
1	불량 다발	불량 감소	• 공정별 • 기계별	• 작업자별 • 원재료별	가공 공정에서의 불량 근절
2	업무 능력 감소	업무 효율화	• 운반 • 수명 업무	• 교체 • 작업 방법	불필요한 업무 제 거로 업무 효율화

(2) 현상 파악

① 데이터 정리

데이터 정리란 확실한 현황 파악과 함께 문제점 파악이 동시에 이루어질 수 있을 정도의 상태이어야 한다. 즉 문제점이 파악되지 않거나 어려울 경우 이는 불완전한 데이터의 정리라고 할 수 있다.

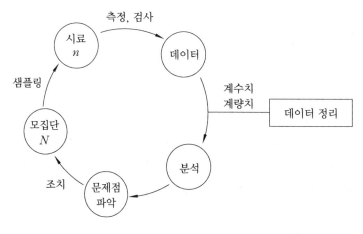

[그림 5 - 27] 데이터 정리의 흐름도

② 현상을 파악하는 법

(가) 불량률은 어떤가?

(나) 불량한 것은 최근의 경향인가? 수년 또는 수개월 계속되어 온 현상인가?

(다) 평균치가 무엇인가? 산포가 너무 큰 것인가?

(라) 특성값은 명확하고 적절한가 등에 대해 더욱 자세히 알기 위해 현상을 잘 관찰한다.

③ 현상 파악 시 관찰 포인트

(가) 포인트 1 : 가장 성적이 좋은 때는 언제인가? 주기성이 있는가? 지난주 동향은 어떠했는가?

(나) 포인트 2 : 표준을 지키고 있었는가? 표준을 지키고 있어도 문제가 나왔는가? 그렇지 않으면 표준을 지키지 않았기 때문에 나온 문제인가?

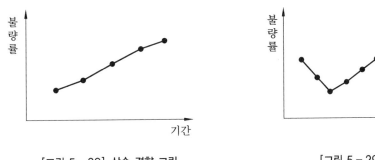

[그림 5 – 28] 상승 경향 그림   [그림 5 – 29] 주기성

④ 불량 원인의 두 가지 형태

(가) 원인을 찾기가 어려우나 찾기만 하면 해결하기 쉬운 것

(나) 원인은 알고 있지만 해결하기 어려운 문제

⑤ 현상 파악에 사용되는 수법

(가) 체크 시트 : 체크 시트란 불량 항목별, 요인별, 결점 위치별 체크 시트 등으로 데이터를 간단히 취해서 정리하기 쉽도록 사전에 설치된 시트를 말하며, 이것을 이용하면 간단한 체크만으로도 필요한 정보가 정리된다.

〈표 5 – 16〉 체크 시트의 예

불량 항목	1주	2주	3주	4주	합 계
오물 혼입		/		/	2
색 상	///	////	///	///// /	16
냄 새	////	///	///	/	11
수 분	///// ///	///// ///	///// ///	///// ///// ///	37
산 화	////	/		/	6
점 도	/	/	//		4
합 계	20	18	16	22	76

(나) 히스토그램 : 공정에서 취한 계량치 데이터가 여러 개 있을 때 데이터가 어떤 값을 중심으로 어떤 모습으로 산포하고 있는가를 조사하는 데 사용하는 것이다. 그림의 형태, 규정 값과의 관계, 평균치와 표준 차, 공정 능력 등 되도록 많은 정보를 얻어 내도록 한다.

(다) 파레토도 : 불량품, 결점, 클레임, 사고 건수 등을 그 현상이나 원인별로 데이터를 내고 수량이 많은 순서대로 나열하여 그 크기를 막대그래프로 나타낸 것으로, 문제점이 무엇인지를 찾아낼 수 있다.

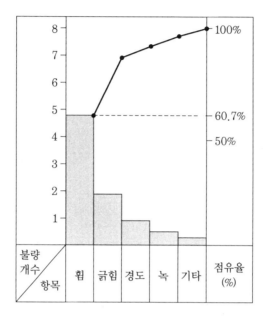

[그림 5 - 30] 파레토도

(라) 관리도 : 품질은 산포하고 있으므로 공정에서 시계열적으로 변화하는 산포의 모습을 보고 공정이 정상 상태인가 이상 상태인가를 판독하기 위한 수법이다. 관리도를 작성할 때에는 설비, 작업자, 재료, 작업 방법 등 제조 요인에 따라 층별하는 방법을 강구하여야 한다.

(마) 산정도 : 대응하는 두 개의 데이터가 있을 때 두 데이터가 상관 관계가 있는지 여부를 판단하는 수법으로 30개 이상의 대응하는 데이터가 필요하다.

(바) 그래프 : 수치를 도표화하여 보는 사람이 쉽게 이해할 수 있게 하는 수법으로 목적에 따라 적절한 것을 사용한다.

(3) 목표 설정

① 목표 설정 방법

주제가 정해지면 목표를 설정하게 되는데 목표는 '불량 제로' 등의 막연한 것을 뜻하는 것이 아니라, 예를 들면

(가) 무엇을-------------- 홈 불량률, 긁힘 불량률, 공정 불량률을

(나) 언제까지----------- 10월 말일까지는(완료 시간, 기간)

(다) 얼마만큼(어떻게) ---- 월평균 1%를 0.7%로(도달 수준 : 비율, %)

(라) 무슨 근거로--------- • 현재의 불량 발생 요인 중에 작업 방법을 개선시킨다면

　　　　　　　　　　　• 방침에 의거 ○○○ 개선은 '상반기 불량을 0% 감소로'라는

　　　　　　　　　　　　내용으로 명확히 정해야 한다.

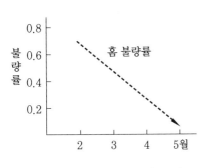

[그림 5 - 31] 목표값과 그래프화

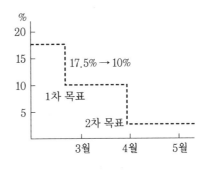

[그림 5 - 32] 단계별 목표

② 목표 설정할 때 이용되는 QC 수법

　(가) 레이더 차트에 의한 방법

　(나) 막대그래프에 의한 방법

　(다) 꺾은선 그래프에 의한 방법

　(라) 히스토그램에 의한 방법

③ 목표 설정할 때 주의 사항

　(가) 좋은 목표의 조건

　　㉠ 구체적인 목표

　　㉡ 목표의 기대 효과가 결부되는 내용

　　㉢ 수치에 의해 정량적 표시

　　㉣ 분임조 능력에 맞는 목표

　　㉤ 분임조원이 이해하고 달성 가능한 것일 것

　(나) 나쁜 목표의 내용

　　㉠ 직장의 방침과 관련이 취해지지 않은 목표

　　㉡ 자기 분임조가 지닌 능력 이상의 목표

　　㉢ 분명하게 목표를 세우지 않고 '공정 불량률을 줄인다.'고 하는 식의 막연한 목표

따라서 위의 (가), (나) 내용을 잘 고려하여 목표를 설정한다.

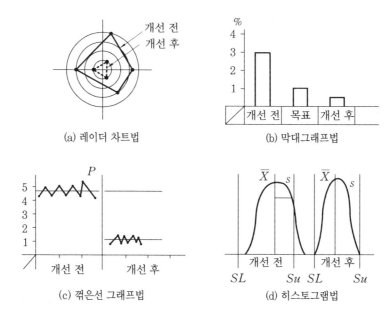

(a) 레이더 차트법   (b) 막대그래프법

(c) 꺾은선 그래프법   (d) 히스토그램법

[그림 5 - 33] 목표 설정 시 이용되는 QC 수법

(4) 원인 분석

현상 파악된 문제점에 대해서는 대책을 수립 · 실시하여야 하며, 대책을 수립하기 위해서는 그 문제점의 원인이 무엇인지 정확히 분석해야 한다.

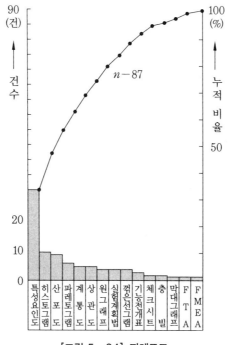

[그림 5 - 34] 파레토도

이 단계에서는 특성 요인도가 널리 사용된다. 다음으로 히스토그램, 산포도, 파레토도 등이 사용된다. 특성 요인도를 작성할 때는 '왜?'라는 질문을 지속적으로 던지면서 문제가 발생되는 가장 큰 급소에서부터 세부적인 부분까지 차근차근 조사해야만 문제의 중요한 본질적 요인을 파악하는 것이 가능해지며, 이에 따라 바람직한 대책을 수립할 수 있게 된다.

① 특성 요인도 작성 순서

　㈎ 문제되는 특성을 정한다.

　㈏ 특성과 큰 가지를 그린다.

　㈐ 중간 가지의 요인을 적는다.

　㈑ 요인의 세부 가지를 기입한다.

　㈒ 요인 기입 시 누락을 확인한다.

　㈓ 영향이 크다고 생각되는 요인에 표시를 한다.

　㈔ 필요한 사항을 기입한다.

② 요인 추출법

　㈎ 요인을 많이 찾아낸다.

　㈏ 많은 사람의 의견을 받아들인다.

　㈐ 사실을 충분히 관찰한다.

　㈑ 요인의 표현은 구체적이고 간결하게 한다.

　㈒ 요인의 조치를 취할 수 있는 데까지 한다.

　㈓ 원인과 대책을 혼동하지 않도록 한다.

　㈔ 요인을 확인한다.

③ 중요한 요인의 선정법

　㈎ 현재까지의 데이터를 분석한다.

　㈏ 모두의 지식, 경험을 살려 토의한다.

　㈐ 전문가의 의견을 참고로 한다.

(5) 대책 수립 및 실시

① 대책 수립 방법

　㈎ 경제성의 평가

　　㉮ 필요 경비는 얼마인가?

　　㉯ 개선 후 공수는 얼마로 줄어드는가?

　　㉰ 원가는 얼마나 절감되는가?

　　㉱ 개선 실시 후 경비가 높아지지는 않는가?

　㈏ 기술적인 면의 평가

　　㉮ 개선의 목적 달성도

　　㉯ 요구 품질 성능의 만족도

ⓒ 생산량 납기의 확보

ⓡ 기술적 실시 가능성

ⓜ 안전, 공해상 문제점

ⓑ 품질 보증(QA), 제품 책임(PL)의 문제점

㈐ 작업성의 평가

㉮ 현재의 기능으로서 수행 가능성

㉯ 작업 시간

㉰ 작업의 난이도

㉱ 작업 인원

㉲ 일의 편리성

㉳ 전후 공정의 작업성

㉴ 특수 기능자의 필요성

② 대책 실시 방법

㈎ 스스로 자진해서 하겠다는 적극성을 갖도록 한다.

㈏ 사실로서 설명한다.

㈐ 상대를 비난하지 않는다.

③ 기법 적용의 바른 사용 방법

㈎ P(plan) : 업무 계획에 해당

㈏ D(do) : 계획에 따라 실시

㈐ C(check) : 점검 내용의 성과 확인

㈑ A(action) : 불합리한 점이 있을 경우 대책을 세워 다음 계획에 반영

(6) 효과 파악

① 활동 효과 파악법

㈎ 개선 후의 데이터를 수집한다.

㈏ 개선 후의 데이터를 해석한다.

㈐ 개선 목표와 결과를 비교한다.

㈑ 결과 조사 때 주의 사항

㉮ 경제성을 반드시 검토한다.

㉯ 일이 편해졌는지 여부를 점검한다.

㉰ 안전 사항을 점검한다.

② 활동 효과 산출 방법

(7) 표준화 및 사후 관리

① 확고한 정착화 방법

〈표 5 − 17〉 활동 결과 산출 방법

항 목	산 출 방 법

품질 향상	가) 불량 감소 효과
	    월 생산량×{(개선 전 불량률−개선 후 불량률)÷100}×단위당 생산 시간(초)×
	    초당 임률×연간＝효과
	나) 재료비 효과(불량으로 인하여 자재가 폐기될 경우)
	    월 생산량×{(개선 전 불량률−개선 후 불량률)÷100}×개당(단위당) 손익 금액
	    (자재비)×연간＝효과
	다) 수리 공수 절감 효과
	    월생산량×{(개선 전 불량률−개선 후 불량률)÷100}×개당(단위당) 수리 시간
	    (초)×초당 임률＝효과

생산성
향상
	가) 작업 공수 효율 향상
	    월생산량×(개선 전 작업 공수−개선 후 작업 공수)×초당 임률
	
	    • 1일 작업 공수＝440분/일×근무 인원＝작업 공수
	      초과 근무 시 추가 작업 공수가 포함되어야 함.
	      (440분/일×근무 인원)×(초과 근무 60분/1hr×근무 인원)
	             └───── (추가 공수) ─────┘
	    • 표준 공수＝생산량 S/T×제품 개당
	    • 작업 공수율＝$\dfrac{표준 공수}{작업 공수}$
	
	나) 인원 절감
	    절감 인원×440분/일×60초×25일×초당 임률×연간＝절감 효과
	다) 가동률 향상(기계)
	    월생산량×{(개선 전 가동률−개선 후 가동률)÷100}×제품 개당 S/T×초당
	    임률×연간＝효과
	라) S/T 절감
	    월생산량×(개선 전 S/T−개선 후 S/T)×초당 임률×연간＝효과
	※ 참고
	    1. 월생산량은 최근 3개월치 생산량을 평균한 값으로 할 것
	    2. S/T : 표준 작업 공수

원가 절감	월생산량×(개선 전 재료비−개선 후 재료비)×연간＝효과
소모품 절감	(개선 전 소모품 사용량−개선 후 소모품 사용량)×개당 소모품비×연간＝효과
에너지 절감	(개선 전 사용량−개선 후 사용량)×단위당 가격×기간＝효과
설비 수명 연장	신규 구입가×(연장 사용년수÷계획 사용년수)＝효과

보전 재료 및 연장	절감 효과×월 보전 횟수(3~6개월 평균)×초당 임률×연간＝효과
재료 절감	가) 절감 재료 금액×월 보수 횟수(3~6개월 평균)×연간＝효과 나) 월 생산량×단위당 절감량×원가×연간＝효과 　　단위당 절감량＝개선 전－개선 후
재료 대체 및 에너지 대체	월 생산량×(고가 단위 사용 단가－저가 단위 사용 단가)＝효과
시설비 투자	〈개선을 위한 설비, 치공구 제작으로 인한 투자비〉 가) 설비 투자 　　(설비 구입 가격－잔존가)÷4년×사용대가＝효과 　　반도체 설비 및 지그·고정구는 정액법 4년 감가상각을 적용 　　설비 및 지그·고정구의 4년 사용 후 잔존 가치는 설비 구입 가격의 10%를 적용한다. 나) 치구 투자 　　(지그·고정구 단가－잔존가)÷4년×사용수량＝효과 　　설비, 지그·고정구 투지비는 설비 및 지그·고정구의 개선 또는 제작으로 인한 연간 소요 경비로 효과 금액에서 빼 주어 실제의 연간 효과를 산출 다) 실제 효과＝효과 금액－투자비

㈎ 정착화 실시할 때 고려 사항

　㉮ 작업하는 방법에 대하여 정착한다.

　㉯ 도면, 작업 조건 등을 수정해 받는다.

　㉰ 관리 방법에 대해 결정적인 방법을 정착시킨다.

　㉱ 교육 훈련에 의해 새로운 방법을 주지시킨다.

㈏ 작업 표준 작성할 때 주의 사항

　㉮ 현재하고 있는 작업을 그대로 기록한다.

　㉯ 작업 순으로 순서를 기록한다.

　㉰ 문장은 '~이다'라는 식으로 조항별로 간단히 기록한다.

　㉱ 문장을 설명하듯이 기록한다.

　㉲ 가능하면 약도, 만화, 사진 등을 넣어 알아보기 쉽게 한다.

　㉳ 추상적인 내용은 피하고 되도록이면 숫자로 표시한다.

　㉴ 기재 내용에 빠진 것이 없도록 5W1H 원칙으로 점검한다.

㈐ 표준화 순서

㉮ 4M 중 개선 활동이 이루어진 항목을 점검한다.

㉯ 개선 활동이 이루어진 항목의 관련 표준을 찾아 변경될 작업 방법이나 작업 요건을 파악한다.

㉰ 파악된 관련 표준의 변경 사항을 개정 또는 제정토록 조치한다.

㉱ 관련 표준이 변경되어 도착되면 이를 준수한다.

㉲ 표준대로 진행되다가 개선점이 발견되면 충분히 검토한 후 개정 조치를 취한다.

〈표 5 - 18〉 표준화 순서

4M	개선 요소	관리 표준
사람(man) 기계(machine) 재료(material) 방법(method) 기타	작업자 교육/인원 재배치 작업 조건/설비 점검 보수 원자재 변경 작업 순서/검사 기준 환경	기술 표준/설비 표준 자재 표준 작업 표준/품질 표준 일반 표준

② 사후 관리

㈎ 대책 실시 후 실행 사항을 관리한다.

㈏ 각자 5W1H를 명확히 하는지를 관리한다.

㈐ 5W1H 사용할 때 유의점

㉮ 5W1H에 해당되는 항목을 모두 채운다.

㉯ 실행할 수 있느냐, 지킬 수 있느냐를 분임원 전원이 토의해 둔다.

〈표 5 - 19〉 사후 관리 대책(5W1H)

5W1H＼항목	레포트 발행	M/C 정기 검사	점검 요원과 정보 교환
언제(when)	1회/1개월	1회/6개월	2회/1개월
어디서(where)	가동률 검토회의	직장	점검대기실(보전실)
누가(who)	분임원 전원(점검 요원)	점검자	분임원과 점검 요원 그룹
무엇을(what)	설비 진단 기술에 대한 정보	M/C 정밀도 유지	설비 진단의 문제점
왜(why)	설비 진단의 PH	M/C 검사 장비 사용	설비진단기술의 레벨업
어떻게(how)	검토회 ← 분임조 → 분임조 → 스태프		일상 작업을 통해 점검 요원과 의견 교환 및 커뮤니케이션 노트에 기록 및 전달

연 습 문 제

1. TPM을 하는 이유는 무엇인지 설명하시오.

2. TPM의 5대 활동을 설명하시오.

3. TPM의 특징과 목표 및 추진 방법을 설명하시오.

4. 6대 로스에 대하여 기술하고 그 방지책을 설명하시오.

5. 종합 효율을 설명하시오.

6. 돌발형과 만성형 loss의 차이점을 설명하시오.

7. 자주 보전이 무엇이며, 추진 방향에 대하여 설명하시오.

8. 자주 보전의 필요성을 예를 들어 설명하시오.

9. 설비효율을 저해하는 손실 요소가 <u>아닌</u> 것은?
　㉮ 돌발적 또는 설비 열화로 발생하는 고장 손실
　㉯ 불량품의 재작업에 의한 불량, 수정 손실
　㉰ 설비의 설계 속도와 실제 가동되는 속도와의 차이에서 생기는 속도 손실
　㉱ 지그·고정구의 잘못된 조작에 의한 조정 손실

10. 돌발 고장으로 인한 설비의 열화(劣化) 현상은?
　㉮ 과부하로 인한 축의 절단
　㉯ 장기간 사용에 의한 기어의 백래시(backlash) 증가
　㉰ 녹 발생, 부품의 마모 등으로 인한 열화(劣化)
　㉱ 윤활 불량으로 인한 베어링의 온도 상승

11. 설비의 열화 중 피로 현상의 원인은 어느 것인가?
　㉮ 사용에 의한 열화　　　　　　㉯ 절대적인 열화
　㉰ 자연적인 열화　　　　　　　㉱ 비교적인 열화

12. 제품 생산 중 만성적인 불량품이 발생되어 대책을 세우고자 한다. 불량 수정 로스(loss)에 대한 대책이 <u>아닌</u> 것은?

㉮ 강제 열화를 방치한다.
㉯ 불량품이 발생하는 모든 요인에 대하여 대책을 세운다.
㉰ 불량 현상을 충분히 관찰한다.
㉱ 불량 요인의 계통을 재검토한다.

13. 보전비를 들여서 설비를 만족한 상태로 유지하여 막을 수 있었던 생산상의 손실을 기회 손실이라고 하는데, 다음 중 기회 손실에 해당하지 <u>않는</u> 것은?

㉮ 휴지 손실   ㉯ 준비 손실
㉰ 회복 손실   ㉱ 재고 손실

14. 종합적 생산 보전(total productive maintenance)이란?

㉮ 설비의 고장, 정지 또는 성능 저하를 가져온 후에 수리를 행하여 완전한 설비로 만드는 설비 보전
㉯ 설비의 고장이 없고 보전이 필요하지 않은 설비를 설계 및 제작하거나 구입하여 사용하는 설비 보전
㉰ 설비의 고장, 정지 또는 성능 저하를 예방하기 위한 설비의 주기적인 검사로 고장, 정지, 성능 저하를 제거하거나 복구시키는 설비 보전
㉱ 설비 효율을 최고로 하는 것을 목표로 생산의 경제성을 높이고 설비의 계획, 사용, 보전 등의 전 부문에 걸쳐 행하는 기업의 전 직원이 참여하는 설비 보전

15. 설비 효율을 최고로 하는 것을 목표로 그룹별 자주 활동에 의한 PM 추진 방법은?

㉮ BM(사후 보전)   ㉯ TPM(종합적 생산 보전)
㉰ MP(보전 예방)   ㉱ RM(종합적 효율보전)

16. 설비의 특성을 유지하고 열화를 방지하는 단계적 대책으로 <u>틀린</u> 것은?

㉮ 열화 방지   ㉯ 열화 측정
㉰ 열화 회복   ㉱ 열화 유지

17. 일시 정체 로스의 중요 대책 중 거리가 <u>먼</u> 것은?

㉮ 현상 파악   ㉯ 미세 결함 시정
㉰ 최적 조건 파악   ㉱ 요인 계통 재검토

18. 설비의 만성 로스의 대책 중 <u>잘못된</u> 것은?

㉮ 현상 해석 철저   ㉯ 관리 요인 계 철저한 검토
㉰ 요인 중 결함을 표면화   ㉱ 속도 저하 로스 극대화

19. 다음은 만성 로스에 대한 대책이다. 거리가 <u>먼</u> 것은?

㉮ 로스의 발생량을 정확하게 측정할 것

㉯ 관리해야 할 요인 계를 철저히 검토한다.

㉰ 현상 해석을 철저히 한다.

㉱ 요인 중에 숨어 있는 결함을 표면으로 끌어낸다.

20. 설비의 효율화 저해 6대 로스에 대한 것 중 <u>잘못된</u> 것은?

㉮ 효율화를 저해하는 최대 요인은 고장 로스이다.

㉯ 생산 개시 시점으로부터 안정화될 때까지의 사이에 발생하는 로스는 일시 정체 로스이다.

㉰ 속도 로스란 설비의 설계 속도와 실제로 움직이는 속도와의 차이에서 생기는 로스이다.

㉱ 작업 준비, 조정 로스에는 오차 누적에 의한 것, 표준화의 미비에 의한 것 등이 있다.

21. 설비의 열화 대책 중 일상 보전에 해당되는 것은 무엇인가?

㉮ 열화 회복　　　　㉯ 열화 측정　　　　㉰ 열화 방지　　　　㉱ 열화 지연

22. TPM(total productive maintenance)의 특징은 '고장 제로, 불량 제로' 이다. 이를 위해서는 예방이 가장 좋은 방법인데, 이 예방의 개념과 거리가 <u>먼</u> 것은?

㉮ 정상적인 상태 유지　　　　　　㉯ 이상 조기 발견

㉰ 조기 대처　　　　　　　　　　㉱ 현장 체질 개선

23. TPM(total productive maintenance)의 활동과 관계 <u>없는</u> 것은?

㉮ 설비에 관계하는 사람은 빠짐없이 참여한다.

㉯ 작업자를 보전 전문 요원으로 활용한다.

㉰ 설비의 효율화를 저해하는 로스(loss)를 없앤다.

㉱ 계획 보전 체제를 확립한다.

24. 설비의 효율화를 저해하는 가장 큰 로스(loss)는?

㉮ 고장 로스　　　　　　　　　　㉯ 조정 로스

㉰ 일시 정체 로스　　　　　　　　㉱ 초기 수율 로스

25. TPM을 전개해 나가기 위한 5대 활동이 <u>아닌</u> 것은?

㉮ 설비의 효율화를 위한 개선 활동　　㉯ 작업자의 자주 보전 체계의 확립

㉰ BM 설계와 유동관리 체계의 확립　　㉱ 계획 보전 체계의 확립

26. 설비 사용 중 설비의 신뢰성 향상을 위해 수행해야 할 일은?

㉮ 운전 조작의 오류(miss)를 방지한다.

㉯ 열화 방지를 위하여 사후 보전을 실시한다.

ⓒ 체질 개선을 위하여 경제성을 고려치 않는다.
ⓓ 보전 효율을 높이기 위하여 작업 인원을 축소한다.

27. 최소의 비용으로 최대의 설비 효율을 얻기 위하여 고장 분석을 실시한다. 고장 분석을 행하는 이유가 <u>아닌</u> 것은?

ⓐ 설비의 고장을 없애고 신뢰성을 향상시키기 위하여
ⓑ 설비의 고장에 의한 휴지 시간을 단축시켜 보전성을 향상시키기 위하여
ⓒ 설비의 보수 비용을 늘려 경제성을 향상시키기 위하여
ⓓ 설비의 가동 시간을 늘리고 열화 고장을 방지하기 위하여

28. 다음 보전 효율을 나타낸 것 중 맞는 것은?

ⓐ 보전 효율＝산출/투입
ⓑ 보전 효율＝수익/투자액
ⓒ 보전 효율＝제품 생산량/보전비
ⓓ 보전 효율＝보전비/제품 생산량

29. 설비 효율을 저하시키는 손실 계산에 대한 설명이 올바른 것은?

ⓐ 실질 가동률은 부하 시간에 대한 가동 시간의 비율이다.
ⓑ 시간 가동률은 단위 시간당 일정 속도로 가동하고 있는 비율이다.
ⓒ 속도 가동률은 설비의 이론 생산 능력과 실제 생산 능력의 비율이다.
ⓓ 성능 가동률은 속도 가동률에 시간 가동률을 곱한 수치이다.

30. 설비의 돌발 고장을 방지하기 위한 조치로서 적절하지 <u>않은</u> 것은?

ⓐ 설비를 사용하기 전에 점검을 실시한다.
ⓑ 고장에 대비하여 예비 설비를 보유한다.
ⓒ 충격, 피로의 원인을 없애고 규정된 취급 방법을 지킨다.
ⓓ 설비의 만성적인 부하 요인을 제거하고 개선점을 보완한다.

31. 보전 일지에서 얻을 수 있는 보전 정보가 <u>아닌</u> 것은?

ⓐ 이상(異常)의 징후 발생
ⓑ 이상 발생
ⓒ 개선 제안
ⓓ 보전 비용

32. 설비 특성을 유지하고 열화를 방지하는 단계별 대책으로 옳은 것은?

ⓐ 급유, 청소, 조정
ⓑ 열화 방지-열화 측정-열화 회복
ⓒ 열화 측정-개량 보전-급유
ⓓ 경향 검사-양부 검사-일상 보전

연 습 문 제 해 설

제 1 장 설비 관리 개론

1. 설비 관리란 유형 고정 자산의 총칭인 설비를 활용하여 기업의 최종 목적인 수익성을 높이는 활동을 말하는 것으로 설비 관리의 협의적 개념은 '설비 보전 관리'이며, 광의(廣義)의 개념은 설비 계획에서 보전에 이르는 '종합적 관리'를 의미한다.

2. 예방 보전이 지나치게 되면 너무 예방적으로 되어서 오히려 비용(cost)이 높아질 위험성이 있어 본래의 목표인 경제성이 상실되나, 비용을 쓰더라도 설비의 기능 저하, 기능 정지 등에 의한 손실인 생산 감소, 품질 저하, 수율 저하, 납기 지연, 안전 저하, 사기 저하 등 열화 손실이 크다면 예방 보전을 하는 편이 경제적이다. 예방 보전의 단점은 ① 경제적 손실이 크다. ② 돌발 발생이 생길 수 있다. ③ 보전 요원의 기술 및 기능이 약화된다. ④ 대수리 (overhaul) 기간 중에 발생되는 생산 손실이 크다 등이다. 보전 예방은 돌발 고장 등 보전이 필요 없도록 설계하는 것으로 보전비는 들지 않지만 설계비가 너무 과다하게 소요되어 설비비가 증대된다.

3. ㉯ ① – ③ – ② – ④

4. ㉰ 일상 보전

5. ㉰ 보전

6. ㉹ 제품 특성의 측정치

7. ㉯ 시스템의 개념 구성과 규격 결정 – 시스템의 설계 개발 – 제작 설치 – 운용 유지

8. ㉮ 사후 보전 – 예방 보전 – 생산 보전 – 보전 예방

9. ㉯ 보전 예방 : 고장이 없고 보전이 필요하지 않은 설비를 설계 또는 제작하는 설비 보전

10. ㉹ 검사 표준 설정 → PM 검사 계획 → PM 검사 실시 → 수리 요구 → 수리 검수 → 보전 기록 보고

11. ㉹ 종합적 생산 보전(TPM : total productive maintenance)

12. ㉯ 산출/투입

13. ㉯ 예비 설비의 필요

14. ㉮ 기업의 생산성 향상

15. ㉯ 유틸리티 설비

16. ㉯ 보전 자재 계획

17. ㉮ 직접 기능

18. ㉮ 설계

19. ㉯ 프로젝트 조직

20. ㉯ 설비의 특징

21. ㉯ 지역 분업

22. ㉯ 보전 작업의 계획이 생산 할당에 따라 책임을 져야 할 관리자에 의해 세워진다.

23. ㉺ 인적 구성과 그의 역사적 배경 – 기술 수준, 관리 수준, 인간 관계

24. ㉺ 고장 부품은 교체하지 않고 즉시 보전한다.

25. ㉺ 외주 업자를 이용하면 정보 유출이 되므로 해서는 안 된다.

26. ㉺ I.E적 연구

제2장 설비 계획

1. ㉮ 설비 배치의 종류 및 특징

① 기능별 배치(process layout, functional layout) : 일명 공정별 배치라고도 하는 이 배치는 주문 생산과 표준화가 곤란한 다품종 소량 생산일 경우에 알맞은 배치 형식으로 생산 효율을 극대화하기 위해서 운반 거리의 최소화가 주안점이 된다. 이 배치는 동일 공정 또는 기계가 한 장소에 모여진 형으로, 동일 기종이 모여진 경우를 갱 시스템(gang system)이라고 하고, 제품 중심으로 그 제품을 가공하는 데 소요되는 일련의 기계로 작업장을 구성하고 있을 경우에는 이를 블록 시스템(block system)이라고 한다. 생산량 Q에 비하여 제품 종류 P가 많은 다종 소량 생산의 경우에는 생산 설비를 생산, 밀링머신 등 기계의 종류별로 배치하는 것이 유리하다.

② 제품별 배치(product layout) : 일명 라인(line)별 배치라고도 하며 공정의 계열에 따라 각 공정에 필요한 기계가 배치되는 형식으로 예정 생산에 이용되며, 생산량이 많고 표준화되고 작업의 균형이 유지되며, 재료의 흐름이 원활할 경우 잘 이용된다. 이 배치에서 생산 효율을 최대화하기 위해서는 공정간의 공정 균형의 효율을 높여야 한다. 대량 생산 형태의 경우에는 제품이 완성될 때까지의 공정에 알맞도록 흐름 생산 형식으로 배치한다.

③ 제품 고정형 배치(fixed position layout) : 주재료와 부품이 고정된 장소에 있고 사람, 기계, 도구 및 기타 재료가 이동하여 작업이 행하여진다. 이 형은 작업이 수공구나 극히 간단한 기계로 행해지고 1개 혹은 극히 적은 수량만이 만들어지며, 주재료나 부품의 이동이 비용면에서 대단히 높으며, 작업자의 기량을 신뢰할 수 있을 때 주로 사용된다. 예를 들면 교량이나 선박 제작 때와 같이 1회의 대규모 사업에 많이 이용된다.

④ 혼합형 배치(combination layout) : 앞의 기능별 배치, 제품별 배치 및 제품 고정형 배치와의 혼합형으로, 기능별과 제품형이 혼합된 경우가 많다.

㉯ 설비 배치 순서

① 방침 설정 ② 입지 계획 ③ 기초 자료 수집 ④ 물건의 흐름 검토 ⑤ 운반 계획 ⑥ 건물 형식의 고찰 ⑦ 소요 설비의 산출 ⑧ 소요 면적의 산정 ⑨ 서비스 분야의 계획 ⑩ 배치의 구성 등

2. ㉮ 신뢰성(reliability) : '어떤 특정 환경과 운전 조건 하에서 어느 주어진 시점 동안 명시된 특정 기능을 성공적으로 수행할 수 있는 확률'이다. 이것을 쉽게 말하면 '언제나 안심하고 사용할 수 있다', '고장이 없다', '신뢰할 수 있다'라는 것으로 이것을 양적으로 표현할 때는 신뢰도라고 한다.

㉯ 보전성(保全性 : maintainability) : 보전에 대한 용이성(容易性)을 나타내는 성질로 양적으로 표현할 때 보전도라고 한다. 즉, '규정된 조건에서 보전이 실시될 때 규정시간 내에 보전이 종료되는 확률'을 말한다.

　　ⓒ 유용성(有用性 : availability) : 신뢰도와 보전도를 종합한 평가 척도로서 '어느 특정 순간에 기능을 유지하고 있는 확률'이다.

3. ㉮ 신뢰성 설계 시 고려 사항

항　　목	요　　목
1. 스트레스에 대한 고려	(1) 환경 스트레스 　온도, 습도, 압력, 외부 온도, 화학적 분위기, 방사능, 진동, 충격, 가속도 (2) 동작 스트레스 　전압, 전류, 주파수, 자기발열, 마찰, 진동
2. 통계적 여유	사용 부품의 규격에 대해서 충분한 여유가 있는 사용 조건
3. 부하의 경감	
4. 과잉도	기기나 부품을 여분으로 둔다.
5. 안전에 대한 고려	안전계수, 안전율
6. 신뢰도의 배분	서브 시스템에 대한 신뢰도의 배분
7. 결합의 신뢰도	결합 부분 : 나사 체결, 용접, 플러그와 잭, 납땜, 와이어로프, 압착 단자
8. 인간요소	(1) 사용상의 오 조작 문제 　페일 세이프(fail safe) : 고장이 일어나면 안전측에 표시하는 설계 　풀 프루프(fool proof) : 오조작하면 작동되지 않는 설계 (2) 인간 공학
9. 보전에 대한 고려	
10. 경제성	라이프 사이클 코스팅(life cycle costing) 설계, 제작, 운전, 안전의 총 비용을 최소로 하는 설계

　㉯ 신뢰성 향상의 착안점과 대책

　　① 착안점

　　　㉠ 초기 고장, 우발 고장, 마모 고장의 구분

　　　㉡ 기능 정지형 고장, 기능 열화형 고장, 품질 열화형 고장의 구분

　　　㉢ 열화 방지 활동 – 일상 보전(점검, 주유, 조정, 청소)

　　　㉣ 열화 측정 활동(예지 기술) – 설비 점검(불량 점검, 경향 점검)

　　　㉤ 열화 회복 활동 – 수리(예방 수리, 돌발 수리, 사후 수리)

　　② 대책

　　　㉠ 점검 · 검사 기준의 설정 개정(점검 부위, 개소, 항목, 주기)

　　　㉡ 윤활 관리, 급유 기준의 설비 개정(주기, 기름의 변질)

　　　㉢ 초기 조정, 청소의 철저 – 표준화

　　　㉣ 예비품 관리 기준의 설정 개정(발주점, 발주량)

ⓜ 예지 기술의 향상
- 오감에 의한 외관 점검 – 측정기(정량화)
- 분해 검사 기준(열화 측정)

ⓗ 부품 수명의 연장화

ⓢ 개량 보전, 예방 보전의 철저

ⓞ 도면의 개량

4. ㉮ 설비의 고장 분석 방법 : ① 상황 분석법, ② 특성 요인 분석법, ③ 행동 개발법, ④ 의사 결정법, ⑤ 변화 기획법

㉯ 대책

① 강도, 내력을 향상 – 재질, 방법의 변경

② 응력(stress) 분산 – 완충, 축경이 변하는 코너 또는 모서리의 R 부분

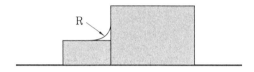

③ 안전율을 향상

④ 환경 개선 – 온도, 습도

⑤ 공구, 치구의 개선

⑥ 작업 방법, 조건의 개선

⑦ 예측 –고장에 상관성이 높은 항목을 골라서 일정치가 넘으면 경보가 울리도록 한다.

⑧ 검사 주기, 방법의 개선 등이 있다.

5. ㉮ 보전 계획에 필요한 요소

① 점검과 보전 계획 : 설비의 상태를 항상 정확하게 파악해야 이상적인 보전 계획을 수립할 수 있다. 그러나 현실적으로 설비의 상태를 완전히 파악해 놓는 것은 매우 곤란하므로, 설비의 상태를 파악하는 하나의 수단으로 일상 점검과 정기 점검을 실시한다. 일상 점검은 기계 운전 중에 행하는 것으로 설비 이상의 징후(진동·소음)를 고장 발생 이전에 발견하여 고장을 미연에 방지하는 것을 주된 목적으로 하고 있다. 또, 정기 점검이 기계 정지 중에 주로 행해지면 각종 계측기를 사용하여 설비의 정도 유지, 부품의 사전 교환을 목적으로 보전 요원을 중심으로 행해진다. 그러나 이러한 점검 검사가 막연히 행해지면 의미가 없으므로 각 설비마다 점검표(check list)를 작성하고 그 점검 결과를 자료로 저장하여 이 자료들을 해석하고 검토하여 교환 주기, 분해 점검 주기 등을 정확히 판단함으로써 보전 계획을 경제성이 높게 수립하는 것이 보전 요원에게 부여된 중요한 임무가 된다.

② 고장 관리와 보전 계획 : 고장에 대한 보전 시간은 보전 계획 수립 시 중요한 관리 목

표가 된다. 그렇지만 보전 시간만을 관리하면 보수 비용이 증가하므로 최근에는 고장 내용을 분석하고 그 고장 원인을 찾아 설비 개선을 통한 고장 재발 방지를 위하여 개량 보전이 널리 이용되고 있다.

③ 예비품 관리와 보전 계획 : 공사 시기를 맞추어 예비품을 준비해 두는 것이 설비 보전에서 불가결의 항목이다. 그 예비품에는 ① 부품 예비품 ② 부분적 세트(set) 예비품 ③ 단일 기계 예비품 ④ 라인 예비품 등이 있으며, 라인 예비품은 특수한 고장을 제외하면 없으나, 단일 기계 예비품은 전 공정에 영향을 미치는 동력 설비에서 많이 볼 수 있다.

④ 보전 계획을 수립하는 데 고려할 사항

① 생산 계획 : 먼저 생산 계획을 알 필요가 있다. 생산 계획이 전(前) 기간보다 증산 체제에 있는가, 또는 감산 체제에 있는가를 파악한다. 증산 체제에 있는 경우는 당연 고장에 의한 설비 휴지 시간의 단축을, 또 감산 체제의 경우에는 공장 조업 시간의 단축을 계획하였을 때 고장은 종래와 같이 관리하여야 한다. 예를 들어 종래 1일 8시간에 800개의 제품을 생산하던 공장이 있다고 하면 이 공장이 다음 기간에 20%의 증산 계획을 세울 경우 조업 시간을 연장해서 9.6시간에 960개의 제품을 생산하거나 조업 시간을 그대로 둔 채 8시간에 960개의 제품을 생산하거나 한다. 즉 종래 1시간당 100개 생산하던 것을 생산량/시간은 일정하게 하고 조업 시간을 연장했을 경우, 생산 계획이 설비에 미치는 영향은 변하게 된다. 조업 시간이 연장되었을 경우에는 연장된 시간에 비례하여 고장은 많아졌어도 생산량에는 문제가 없지만 가동 시간이 연장된 만큼 설비가 여분으로 마모되기 때문에 수리비가 증가한다. 또, 조업 시간을 그대로 8시간으로 했을 경우에는 특별히 다른 조건을 생각할 경우 고장 시간은 생산량/시간이 증가하므로 그만큼 감소하게 된다. 이와 같이 생산 계획은 정비 계획을 크게 좌우한다.

② 설비 능력 : 설비가 가동에서부터 일정 시간을 경과하여 안정 조업에 들어가도 가동 중 설비가 항상 만족하게 움직이지는 않는다. 운전자의 잘못된 조작으로 인하여 설비가 정지하는 경우도 있고, 설비가 고장이 나서 정지하는 경우도 있다. 그러므로 설비의 조업 상황과 능력을 알기 위해서는 설비의 가동률과 실제 가동률을 계산하여 설비 능력을 파악한다. 예를 들어 가동 중의 설비 고장과 작업 고장에 의한 설비 휴지 기간이 1개월에 10시간이라고 하면 실제 가동률 $= \dfrac{20일 \times 8시간 - 10시간}{20일 \times 8시간} \times 100 =$ 99.7%가 된다(단, 월 가동 일수 20일인 경우). 공장 측에서는 이러한 수치를 하나의 관리 목표로서 생산 계획을 세우며, 반대로 보전 측에서는 고장이나 수리에 의해 설비를 정지하는 시간이 한도를 넘지 않도록 보전 계획을 세워야 한다.

③ 수리 형태 : 설비에 따라서는 10분 전후에 점검ㆍ수리할 수 있는 것부터 수개월간 수리 기간이 소요되는 것도 있다. 그러므로 각 설비의 점검ㆍ수리에 어느 정도 시간이

필요한가를 과거의 경험에서 미리 알아둘 필요가 있다. 예를 들면, 이것을 기본으로 일상 점검은 공장 시동 전, 정지 후 및 중간 휴지 시간을 계획에 넣을 수 있다. 정기 점검 수치로 16시간 내에 수리 가능하면 공장 정지 후의 시간에 활용할 수 있으나 그 이상의 경우는 대수리 기간을 만들어 수리를 행한다.

④ 수리 요원 : 실제로 수리 계획을 작성할 경우 점검·수리 요원의 수가 제한되어 있다. 즉, 점검 수리 요원은 최소한으로 운영하기 때문에 집중(peak) 작업량을 억제해서 작업을 평균화하여 보전 계획을 세울 필요가 있다. 이와 같이 보전 계획을 세워도 실시 단계에서 계획과 같이 실행되는 과정에서 점검 결과 수리 시기를 조정하여야 한다. 더욱이 주기를 갖지 않는 돌발적인 작업이나, 계획에 들어 있는 것과 들어 있지 않은 보전 계획 때문에 항상 보전 계획의 수정이 필요하게 된다.

6. ㉮ 캘린더 시간 : 공휴일을 포함한 1년 365일

㉯ 조업(操業) 시간 : 잔업을 포함한 실제 가동 시간

㉰ 부하 시간 : 정미 가동 시간에 정지 시간을 부가한 시간(단위 운전 시간)

㉱ 무부하 시간 : 기계가 정지하고 있는 시간

㉲ 정지 시간 : 준비 시간, 대기 시간, 설비 수리 시간, 불량 수정 시간 등

㉳ 기타 시간 : 조업 시간 내에 전기, 압축기 등이 정지하여 작업 불능 시간이나 조회, 건강 진단 등의 시간.

㉴ 정미 가동 시간 : 기계를 가동하여 직접 생산하는 시간

7. ㉮ 초기 고장기 : 시간의 경과와 함께 고장 발생이 감소되는 고장률 감소형으로 결함을 가지고 있는 것은 고장을 일으키며, 비교적 높은 신뢰성을 가진 것만 남는다. 부품의 수명이 짧은 것, 설계 불량, 제작 불량에 의한 약점 등이 이 기간에 나타난다. 이 초기 고장기에는 예방 보전이 필요 없으며, 보전원은 설비를 점검하고, 불량 개소를 발견하면 이를 보전하며 불량 부품은 그때마다 교체한다.

㉯ 우발 고장기 : 이 기간은 고장 발생 패턴이 우발적이므로 예측할 수 없는 고장률 일정형으로, 많은 구성 부품으로 이루어진 설비에서 볼 수 있는 형식이다. 이 고장기를 유효 수명이라고 한다. 이 기간 동안에는 고장으로 인한 설비 정지 시간을 감소시키는 것이 가장 중요하므로 설비 보전원의 고장 개소의 감지 능력을 향상시키기 위한 교육 훈련과 고장률을 저하시키기 위해서 개선·개량이 절대 필요하며, 예비품 관리가 중요하다.

㉰ 마모 고장기 : 이 기간은 설비를 구성하고 있는 부품의 마모나 열화에 의하여 고장이 증가하는 고장률 증가형으로, 사전에 열화 상태를 파악하고 청소, 급유, 조정 등 일상 점검을 잘 해두면 열화 속도는 현저히 늦어지고 부품의 수명은 길어진다. 또한, 미리 어느 시간에서 마모가 시작되는가를 예지하여 사전 교체를 하면 고장률을 낮출 수 있다. 예방 보전의 효과는 마모 고장기에서 가장 높으며, 초기 고장기나 우발 고장기에서는 큰 효과가 없다.

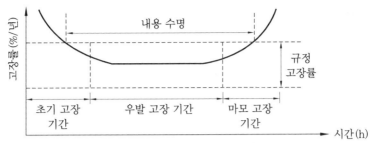

전형적인 설비의 고장률 곡선

8. 설비가 가동에서부터 일정 시간을 경과하여 안정 조업에 들어가도 가동 중 설비가 항상 만족하게 움직이지는 않는다. 운전자의 잘못된 조작으로 인하여 설비가 정지하는 경우도 있고, 설비가 고장이 나서 정지하는 경우도 있다. 그러므로 설비의 조업 상황과 능력을 알기 위해서는 설비의 가동률과 실제 가동률을 계산하여 설비 능력을 파악한다. 예를 들어 가동 중의 설비 고장과 작업 고장에 의한 설비 휴지 기간이 1개월에 10시간이라고 하면 실제 가

동률은 $\dfrac{20일 \times 8시간 - 10시간}{20일 - 8시간} \times 100 = 99.7\%$가 된다(단, 월 가동 일수는 20일인 경우).

공장 측에서는 이러한 수치를 하나의 관리 목표로서 생산 계획을 세우며, 반대로 보전 측에서는 고장이나 수리에 의해 설비를 정지하는 시간이 한도를 넘지 않도록 보전 계획을 세워야 한다.

9. ㉐ 업무가 독립적으로 되어 있는 듯하고 서로의 관계를 알기 어렵다.

10. ㉑ 블록 시스템이란 동일 기계를 한 장소에 배치한 설비 배치 시스템이다.

11. ㉓ ① 구역에서의 제품 생산은 제품 고정형 설비 배치가 적합하다.

12. ㉑ 신뢰성이란 일정 조건하에서 일정 기간 동안 고장 없이 기능을 수행할 확률을 나타낸다.

13. ㉐ 설비의 보수 비용을 늘려 경제성을 향상시키기 위하여

14. ㉑ 속도 가동률은 설비의 이론 생산 능력과 실제 생산 능력의 비율이다.

15. ㉑ MTTF(평균 고장 시간) : 사용 시간대 평균 고장 시간의 비율이다.

16. ㉑ 품질 상승에 따른 손실

17. ㉓ 유용성의 향상

18. ㉑ 조업 시간 고려

19. ㉓ ① 구역

20. ㉐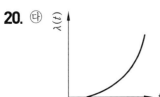

21. ㉯ 성능 가동률은 속도 가동률과 실질 가동률로 되어 있다.

22. ㉮ 초기 유동 관리

23. ㉮ (정미 가동 시간÷부하 시간)×100

24. ㉯ 87%

25. ㉮ $A = \dfrac{U}{U+D}$

26. ㉯ $R(t) = e^{-0.0001 \times 10}$

27. ㉱ 성능 가동률 $= \dfrac{\text{속도 가동률} \times \text{실질 가동률}}{\text{부하 시간} - \text{정지 시간}}$

28. ㉰ 평균 고장 시간

29. ㉰ 연평균 비교법

30. ㉯ 설비 교체의 경제 분석 방법이다.

31. ㉱ 투자 효율

32. ㉱ 초기 고장 예방

33. ㉮ 과거의 경험을 토대로 점검, 수리에 소요되는 시간으로 결정

34. ㉰ 단일 기계 예비품

제 3 장   설비 보전의 계획과 관리

1. PM을 크게 나누어 생각하면 예방 보전(preventive maintenance)과 생산 보전(productive maintenance)의 머리 글자 PM의 두 가지 중 일반적으로 PM 시스템이라고 할 경우에는 넓은 뜻에서의 PM, 즉 생산 보전 시스템을 가리키는 것이 보통이다. 생산 보전에서의 PM 시스템은 예방 보전이 중심을 이루고 있으며 예방 교체를 위한 예방 보전 검사나 정기 수리를 필요로 하고, 이 PM 활동은 중점주의에 입각해 진행, 경제성을 높이는 데 이바지하게 된다.

2. 최적 수리 주기를 보면, 단위 시간당 열화 손실은 시간(처리량)의 증대와 함께 증가한다. 한편, 단위 시간당 보전비는 수리 주기 시간을 길게 할수록 감소한다. 따라서 이 두 가지 비용의 합계 곡선(설비 비용)에서 구해지는 최소 비용점의 주기에서 수리하는 것이 가장 경제적이며, 가령 물리적으로는 조업이 가능해도 경제적으로 최소 비용점까지 설비 열화가 도달하였으면 수리의 한계점에 이르렀다고 보아야 한다. 따라서 이 점을 수리 한계라고 한다. 또한 설비의 열화가 수리 한계를 넘은 점까지 이른 상태는 정지하지 않았어도 고장이라고 보아야 한다. 이상과 같이 설비 보전은 가장 경제적인 보전, 다시 말하면 보전의 최적 방법(비용 최소, 이익 증대)을 추구하여 기업의 생산성을 향상시키고자 하는 것이다.

3. ㉮ 보전비를 사용하여 설비를 만족한 상태로 유지함으로써 막을 수 있었던 생산성의 손실을 기회 손실, 혹은 기회 원가(opportunity cost)라고 한다.

  ㉯ 열화 손실을 감소시키기 위해서는 보전비가 필요하며, 보전비를 사용하지 않으면 설비의 열화 손실은 증대되는 상반되는 경향이 있는 두 가지 요소의 조합(설비 비용의 합계)에서 최적 방법(최소 비용점)을 구한다.

4. 생산 계획에 입각한 보전의 목적과 목표를 구체적으로 설정하고, 이 목표를 달성할 수 있도록 설비 보전상의 중점 설비를 선정해야 한다. 또한 중점이 적은 설비들 중에서도 관리상 필요한 중점 개소를 선정한다. 중점 설비 분석을 위해서는 다음과 같은 사항들을 파악하여야 한다.

① 현 설비의 이론 능력, 최대 능력, 조건 능력, 기대 능력 등 파악

② 예비기의 유무로 휴지(정지) 손실의 영향이 큰 중점 설비 파악

③ 기준 생산량을 위배한 생산 감소 손실을 주는 것, 수리비가 큰 것 등 과거의 고장 통계 분석

④ 설비 열화가 품질 저하 또는 원단위에 미치는 영향이 큰 설비

⑤ 설비 환경과 작업 조건이 열화에 미치는 영향이 큰 설비

⑥ 안전상의 중점 설비

⑦ 중점도 설정 기준을 수립하여야 한다.

5.

> P : 생산량 감소 - - - - - - 감산량×(판매단가−변동비)=생산 감소 손실
> Q : 품질 저하 - - - - - - - 품질 저하품 판매 가격 차 손실, 회사의 신용 저하
> C : 원단위 증대 - - - - - - 원료비, 동력비, 노무비 등
> D : 납기 지연 - - - - - - - 일정 불안정에 따른 손실, 납기 지연의 손실, 신용 저하
> S : 안전 저하 - - - - - - - 재해 손실
> M : 환경 조건의 악화 - - - - 의욕 저하

6. ㉮ 설비 보전 표준 : 설비 열화 측정(점검 검사), 열화 진행 방지(일상 보전) 및 열화 회복 (수리)을 위한 조건의 표준이다.

㉯ 보전 작업 표준 : 표준화하기가 가장 어려우나 가장 중요한 표준으로 수리 표준 시간, 준비 작업 표준 시간, 분해 검사 표준 시간을 결정하는 것, 즉 검사, 보전, 수리 등의 보전 작업 방법과 보전 작업 시간의 표준이다.

㉰ 설비 검사 표준 : 설비 검사에는 입고 검사, 운전 중의 예방 보전 검사, 사후 검수가 있다. 이 중 예방 보전을 위해 하는 검사를 점검이라고 하며, 예방 보전을 위한 검사에도 몇 가지 종류가 있는데 이들 종류마다 표준서의 항목, 양식 등이 따로 규정되어야 한다.

7. ㉮ 정량 발주 방식 : 발주량은 일정하지만 발주 시기를 변화시키는 방식으로 주문점법이라고도 하는 이것은 재고량이 있는 양(주문점이라고 한다.)까지 내려가면 일정량만큼 보충 주문을 하고, 계획된 최고·최저의 사이에서 언제든지 재고를 보유해 나가는 방식이다.

㉯ 사용고 발주 방식 : 발주량과 발주 시기가 같이 변화하는 방식으로 최고 재고량을 일정량으로 정해 놓고 사용할 때마다 사용량만큼을 발주해서 언제든지 일정량을 유지하는 방식이다. 이 방식은 정량 유지 방식, 정수형 또는 예비품 방식이라고도 한다. 고가인 예비품으로 불출 빈도는 낮고, 돌발 고장 대책으로서 일정량을 재고로 두고 사용하면 사용한 양만큼 즉시 보충해 두는 것과 같은 경우에 널리 사용되는 방법으로 정량 발주 방식의 변형이라고도 할 수 있다.

㉰ 정기 발주 방식 : 발주량이 변화하고, 발주 시기는 일정한 방식인 방식은 발주 시기를 일정하게 하고, 소비 실적 및 예상의 변화에 따라 발주 수량을 그때마다 바꾸는 것이다.

8. ㉮ 주문점 : 보전용 자재의 상비품에 대해서는 '언제', '얼마나' 발주할 것인가 하는 주문점이라든가 주문량 등에 대한 표준을 결정해 두어야 하며, 정량 발주 방식(정량형)의 주문점 및 사용고 발주 방식(정수형)의 정수는 부품 단가와 불출 빈도에 따라서 다음 표와 같이 계산 구분을 설치하여 다음과 같은 계산에 따라 이루어진다.

주문점 계산 구분

단가 연 불출 횟수	3천~5천원 이하	3천~5천원 이상	비 고
4회 이상 3회 이하	정량형(Q_1) 정량형(Q_2)	정량형(Q_1) 정수형(N)	정규 분포 푸아송 분포

즉, 연 불출 횟수가 4회 이상인 것은 정량형(Q_1)이라 하고, 정규 분포의 고찰 방법에 따라 주문량을 산출한다. 또한, 동일한 정량형일지라도 단가가 5천원 이하로 저렴하다.

연 불출 횟수가 3회 이하인 것은 정량형(Q_2)이라 하고, 이것은 정수형과 마찬가지로 푸아송 분포의 고찰 방법에 따라 주문점 및 정수를 산출한다.

㉴ 주문량 결정 방법 : 정량 발주 방식에서는 1회당 주문량을 결정해야 한다. 주문량 산정의 기본 방식 중 중요한 것은 재고 유지비(재고 유지에 필요한 인건비, 재고 손실, 기타)와 조달비(물품 조달에 필요한 인건비, 통신비 기타)의 합계 비용을 최소로 하도록 주문량을 결정하는 일이다.

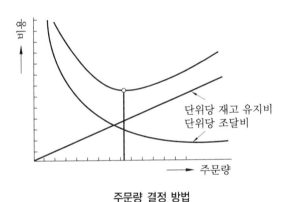

주문량 결정 방법

9. 설비 검사(점검), 설비 보전(일상 보전), 설비 수리(공작)의 세 가지

10. **보전 조직의 분류**

분 류	조직상	배치상
집중 보전	집 중	집 중
지역 보전	집 중	분 산
부분 보전	분 산	분 산
절충 보전	위의 것을 조합	위의 것을 조합

㉮ 집중 보전(central maintenance) : 공장의 모든 보전 요원을 한 사람의 관리자인 보전 부문의 장 밑에 두고, 모든 보전 요원을 집중 관리하는 보전 방식이다.

① 장점

㉠ 대 수리가 필요할 때 충분한 인원을 동원할 수 있다.

ⓛ 각종 작업에 각각 다른 기능을 가진 보전 요원을 배치하기 때문에 담당 정도의 유연성이 좋다.

ⓒ 긴급 작업, 고장, 새로운 작업을 신속히 처리한다.

ⓔ 특수 기능자는 한층 효과적으로 이용된다.

ⓜ 보전에 관한 책임이 확실하다.

ⓗ 자본과 새로운 일에 대하여 통제가 보다 확실하다.

ⓢ 보전 요원의 기능 향상을 위한 훈련이 보다 잘 행해진다.

② 단점

① 보전 요원이 공장 전체에서 작업을 하기 때문에 적절한 관리 감독이 어렵다.

② 작업 표준을 위한 시간 손실이 많다.

③ 일정 작성이 곤란하다.

④ 작업 의뢰에서 완성까지의 시간이 많이 소요된다.

⑤ 보전 요원이 생산 근로자보다 우선순위를 갖게 된다.

㉯ 지역 보전(area maintenance) : 공장의 각 지역에 보전 요원이 배치되어 그 지역의 예방 보전 검사, 급유, 수리 등을 담당하는 보전 방식이다.

① 장점

㉠ 보전 요원이 쉽게 생산 근로자에게 접근할 수 있다.

ⓛ 작업 지시에서 보전 완료까지 시간적인 지체를 최소로 할 수 있다.

ⓒ 보전 감독자와 보전 요원이 각 설비에 능통하고 예비 부품의 요구에 신속히 대처할 수 있다.

ⓔ 생산 라인의 공정 변경이 신속히 이루어진다.

ⓜ 근무 교대가 유기적이다.

ⓗ 보전 요원들은 생산 계획, 생산상의 문제점, 특별 작업 등에 관하여 잘 알게 된다.

② 단점

㉠ 대 수리 작업 처리가 어렵다.

ⓛ 지역별로 보전 요원을 여분으로 배치하는 경향이 있다.

ⓒ 배치 전환, 고용, 초과 근로에 대하여 인간 문제나 제약이 많다.

ⓔ 실제적인 전문가를 채용하는 것이 어렵다.

㉰ 부분 보전(departmental maintenance) : 공장의 보전 요원을 각 제조 부문의 감독자 밑에 배치하여 보전을 행하는 보전 방식이다.

① 장점

지역 보전의 장점과 유사하나 보전 요원이 제조 부문의 감독자 밑에 배속되어 생산 할당에 따라 책임을 져야 할 관리자에 의하여 작업 계획이 수립되며, 인사 문제도 지역 보전보다 양호하다.

② 단점
ㄱ 제조 감독자들이 보전 업무에 대한 지식 능력이 없다.
ㄴ 제조 감독자들은 생산 계획을 만족시키기 위해서 보전 작업을 무시하는 경우가 발생할 수 있다.
ㄷ 보전 책임이 분할된다.
ㄹ 보전비에 대한 예산 책정이 어렵고 관리도 곤란하다.
④ 절충 보전(combination maintenance) : 이 보전은 지역 보전 또는 부분 보전과 집중 보전을 조합시켜 각각의 장점을 살리고 단점을 보완하는 보전 조직이다.

11. ㉡ 생산 계획

12. ㉯ 예비품에 대한 특별한 관리가 필요하다.

13. ㉮ 보전 표준 설정

14. ㉯ 전문 기술을 갖춘 기술자가 필요하다.

15. ㉱ 보전 요원이 생산 작업에 대하여 우선순위를 가질 수 있다.

16. ㉮ 규격, 사양서

17. ㉯ 검사 표준

18. ㉮ 고장 발생 빈도가 낮은 장비의 보전 작업 표준을 설정한다.

19. ㉱ 자연 열화

20. ㉱ 열화 지연

21. ㉡ 원단위 증대 – 재해 손실

22. ㉡ 전 손실 금액은 수리 주기에 의해 수리 한계를 알 수 있다.

23. ㉱ 열화 손실과 보전비의 합이 최소일 때

24. ㉮ 0.5일

25. ㉱ 최소 비용점 주기

26. ㉡ 경제적 비용

27. ㉱ 최소 교체 주기

28. ㉱ 정확한 자료 축적

29. ㉮ 표준화(계획) – 실행하여 그 결과 검토(체크) – 적당한 처치(수리)

30. ㉡ 열화 손실이 보전비보다 많아질 때

31. ㉱ 제품 불량 및 수율(收率)의 감소

32. ㉣ 원재료 불량이 품질에 영향을 미치는 상태를 파악한다.

33. ㉯ 환경 조건의 악화로 인한 자연 손실

34. ㉰ 열화의 회복

35. ㉮ 일상 보전

36. ㉰ 프로세스 공업의 연속 생산 방식

37. ㉮ 여력 관리

38. ㉮ 여러 공정에 공통적으로 사용될 자재

39. ㉮ 보관, 보충의 책임한계가 분명하여 종점 관리가 가능하다.

40. ㉯ 2궤법(2-bin methode)

41. ㉯ 구매, 창고 경비의 최대 확보

42. ㉣ Time Base법(T.B법)

43. ㉮ 30(개)

44. ㉰ 49

45. ㉮ 529개

46. ㉰ 업무가 독립적으로 되어 있는 듯하고 서로의 관계를 알기 어렵다.

47. ㉮ 작업 측정

제 4 장 공장 설비 관리

1. ㉮ 기호 : 분류한 사항에 대하여 간단명료하고 구분하기 쉽도록 하기 위하여 숫자, 문자, 그림, 색 도형 등과 같은 기호를 사용한다.

① 뜻이 없는 기호법

1 : 선반   2 : 연삭기   3 : 밀링

② 뜻이 있는 기호법

ㅅ : 선반   ㅇ : 연삭기   ㅁ : 밀링

③ 혼용법 : 위 두 가지 기호법을 혼용하는 것

㉯ 각종 기호법

① 순번식 기호법 : 뜻이 없는 기호법과 같이 종류, 크기, 형태 등에 관계없이 배치순, 구입순으로 1, 2, 3 등과 같이 기호를 표기하는 것

② 세구분식 기호법 : 연속 번호 중에서 일정 범위의 숫자를 하나의 종류에 해당시킨다.

1~50 : 선반 51~100 : 연삭기 101~150 : 밀링

③ 십진 분류 기호법 : 도서 분류법과 같이 표기하는 것

④ 기억식 기호법 : 뜻이 있는 기호법의 대표적인 것으로서 기억이 편리하도록 항목의 이름 첫 글자라든가, 그밖의 문자를 기호로 한다. L : lathe(선반), G : grinding(연삭기), M : milling(밀링)

2. ① 설비에 대한 개략적인 크기 ② 설비에 대한 개략적인 기능 ③ 설비의 입수 시기 및 가격 ④ 설비의 설치 장소 ⑤ 1품목 1장 원칙으로 설비 대장에 기입

3. ㉮ 계측 관리 : 과학적이고 합리적인 계측을 위해 계측에 관한 모든 문제를 계획적으로 해결하기 위함.

㉯ 지그·고정구 관리 : 생산 계획에 입각해서 필요한 때에 적합한 종류의 치공구류를 필요량에 맞게 현장에 공급할 수 있도록 수리·보전·보관 및 조달하고 조직적으로 계획·통제·조정·실시하는 데 있다.

4. ① 효율이 높은 혁신적인 에너지 변환 방식을 채택할 것, ② 현재 방식에서 에너지 사용의 효율을 높일 것

5. ① 폐열의 이용에는 연도 가스의 이용, 배기, 드레인의 회수 등이 있다. 보일러의 경우 절탄기에서 보일러 급수를 예열하고 공기 예열기에서 연소용 공기를 가열하면 연소 온도가 상승하고 보일러 효율도 상승한다.

② 평로나 균열로 등에서는 벽돌을 쌓은 잠열실이 이용되고, 강재 가열로에서는 타일제나 금속제의 열교환기가 사용된다.

6. ① 완전 연소를 도모하여 매연 발생을 근본적으로 차단한다. ② 발생하는 매연을 집진기 등을 설치하여 제거한다.

7. ㉣ 설비의 설치 장소를 기입한다.

8. ㉰ 설비에서 생산되는 생산량을 파악할 수 있다.

9. ㉯ 개별 설비마다 눈에 잘 띄는 곳에 설비 대장을 비치한다.

10. ㉯ 사무적인 처리는 어려워지나 착오가 적다.

11. ㉰ 설비의 구매자

12. ㉣ 계측기의 가격

13. ㉯ 계측기의 크기, 색상, 디자인 등을 검토하여 선정한다.

14. ㉮ 검출부, 지시부, 기록부, 경보부, 조절부

15. ㉯ 다이얼 게이지

16. ㉮ $\dfrac{1\text{로트에 대한 시간(주체 작업 시간}+\text{부수 작업 시간}+\text{여유 시간)}}{1\text{로트(lot) 내의 제품 수}}$

17. ㉯ 주문점과 같다.

제 5 장 종합적 생산 보전

1. 동기 부여 관리, 다시 말해서 소집단의 자주 활동에 의하여 생산 보전을 추진해 설비 LCC (life cycle cost)의 경제성 추구를 목적으로 하기 위함.

2. ① 설비의 효율화를 위한 개선 활동 : 효율화를 저해하는 6대 로스를 추방할 것

② 작업자의 자주 보전 체제의 확립 : 설비에 강한 작업자를 육성하여 작업자의 보전 체제를 확립할 것

③ 계획 보전 체제의 확립 : 보전 부문이 효율적 활동을 할 수 있는 체제를 확립할 것

④ 기능 교육의 확립 : 작업자의 기능 수준 향상을 도모할 것

⑤ MP 설계와 초기 유동 관리 체제의 확립 : 보전이 필요 없는 설비를 설계하여, 가능한 한 빨리 설비의 안전 가동을 할 것

3. ㉮ TPM의 특징 : TPM의 특징은 '제로(0) 목표'에 있다. 즉, '고장 제로', '불량 제로'의 달성을 의미하며 이를 위하여 '예방하는' 것이 필수 조건이다. 또한, TPM의 이념은 '예방 철학'에 있다고 볼 때 고장, 불량이 발생하지 않도록 예방하기 위해 사전에 조처를 하는 것을 말한다.

㉯ TPM의 목표 : TPM의 목표는 크게 나누면, ① 맨·머신·시스템을 극한 상태까지 높일 것, ② 현장의 체질을 개선할 것의 두 가지이다.

㉰ TPM 추진 방법 : 전사적 추진 기구로서는 최고 경영자를 중심으로 한 종합적 PM 추진 위원회의 설립이 바람직하나, 공장 단위로 추진할 때는 공장장을 중심으로 한 PM 추진 위원회와 그 산하 기구로서 각과, 각계에 PM 분과위원회 등을 설치하여 구체적으로 추진하고, 현장 제일선의 추진 기구를 조직화한다. PM 추진위원회나 분과위원회에서 심의, 검토하여야 할 내용은 다음과 같다.

① 공장의 철저한 PM 방침과 목표량의 심의

② 사용 부문, 보전 부문, 스태프 부문의 PM 실시 계획

③ 공장 내 PM 활동의 통일 조정과 수준 향상 대책 검토

④ PM 의식의 고취, PM 서클 활동 상황 체크

⑤ PM 교육에 관한 사항

⑥ 월별, 기별 보전 종합 성적과 차월, 차기에 반영할 사항의 검토 등이다. 특히 보전 부문, 생산 부문, 설비 계획의 설계 부문 등 관련 활동을 보다 종합적으로 충실히 하기 위한 프로젝트 주제 선정이 중요하다

4. ㉮ 고장 로스 : 돌발적 또는 만성적으로 발생하는 로스이며, 효율화를 저해하는 최대 요인으로 고장 제로를 달성하기 위하여 다음의 7가지 대책이 필요하다.

① 강제 열화를 방치하지 않는다. 예를 들어, 급유할 곳에 급유를 하지 않으면 과열을 일으키고, 덜거덕거림을 방치해 두면 다른 부위의 덜거덕거림을 일으키며 고장의 원인이 된다. 이와 같이 인위적으로 열화를 촉진시키는 것을 강제 열화라고 한다.

② 청소, 급유, 조임 등 기본 조건을 지킨다.

③ 바른 사용 조건을 준수한다.

④ 보전 요원의 보전 품질을 높인다. 부품 등을 교환한 것이 부착 방법 또는 수리 방법이 좋지 않아 고장이 발생되는 경우가 있으므로 이와 같은 보전 실수가 일어나지 않도록 보전 기능을 향상시켜 보전 품질을 높인다.

⑤ 긴급 처리만 끝내지 말고, 반드시 근본적인 조치를 취한다.

⑥ 설비의 약점을 개선한다.

⑦ 고장 원인을 철저히 분석한다. 발생 원인, 사전 징후의 유무, 점검 방법의 좋고 나쁨, 대책 수립 방법 등을 검토하여 같은 기종, 비슷한 기종의 고장 재발 방지에 활용한다.

㉯ 작업 준비·조정 로스 : 작업 준비 및 품종 교체, 공구 교환에 의한 시간적 정지 로스로서 조정을 줄이기 위해서는 조정의 메커니즘을 연구하여 피할 수 있는 조정은 가능한 한 피해야 한다.

① 오차의 누적에 의한 것 : 예를 들면, 지그(jig)의 정밀도가 좋지 않거나 설비의 정밀도가 관리되어 있지 않아 정밀도가 낮은 부분이 누적되기 때문에 필요한 조정이다.

② 표준화의 미비에 의한 것 : 가공 기준면의 통일, 측정 방법, 수식화 등의 표준화가 이루어지지 않았을 때 생기는 조정이다.

㉰ 일시 정체 로스 : 예를 들면, 공작물이 슈트(chute)에 막혀서 공전하거나, 품질 불량 때문에 센서가 감지하여 일시적으로 정지 또는 설비만 공회전하는 경우의 순간 정지 로스로, 공작물을 제거하거나 리셋(reset)하는 등 간단한 처치로 설비는 정상적으로 작동하며, 설비의 고장과는 본질적으로 다르다. 일시 정체에 대한 대책은 다음 3가지가 중요하다.

① 현상을 잘 볼 것

② 미세한 결함도 시정할 것

③ 최적 조건을 파악할 것

㉱ 속도 로스 : 속도 로스란 설비의 설계 속도와 실제로 움직이는 속도와의 차이에서 생기는 로스이다. 예를 들면, 설계 속도로 가동하였을 때 품질적·기계적 사고가 발생하면 속도를 감소시켜 가동하는 경우 감속에 의한 로스가 발생하는데 이를 속도 로스라 한다. 이 속도 로스는 설비의 효율에 영향을 주는 비율이 높으므로 충분한 검토가 요구된다.

㉲ 불량·수정 로스 : 주로 공정 중에 발생하는 불량품에 의한 불량 로스로 불량 중에서도 돌발 불량은 비교적 원인을 파악하기 쉬우나 만성적으로 발생하는 불량은 원인 파악이 어려워 방치되는 경우가 많다. 불량에 대한 대책은 다음과 같다.

① 원인을 한 가지로만 규정하지 말고 생각할 수 있는 요인에 대해 모든 대책을 세울 것

② 현상 관찰을 충분히 할 것

③ 요인 계통을 재검토할 것

④ 요인 중에 숨은 결함의 체크 방법을 재검토할 것

5. TPM에서는 설비의 가동 상태를 측정하여 설비의 유효성을 판정한다. 즉, 유효성은 설비의 종합 효율로 판단된다(종합 효율＝시간 가동률×성능 가동률×양품률). 양품률은 총 생산량 중 재가공 또는 공정 불량에 의해 발생된 불량품의 비율을 나타낸 것이다.

6. 돌발형은 예를 들면 지그가 마모되어 정밀도가 유지되고 있지 않기 때문에 불량이 발생하거나, 또 주축의 진동 발생으로 치수의 산포가 크게 되어 급격히 조건이 변함으로써 발생한다. 만성형은 원인이 하나인 경우가 적고 원인을 명확히 파악하기 힘들므로 혁신적인 대책, 즉 종래와는 다른 새로운 대책이 요구된다.

7. 자주 보전(autonomous maintenance)이란 작업자 개개인이 '자기 설비는 자신이 지킨다'는 목표를 갖고 자기 설비를 평상시에 점검, 급유, 부품 교환, 수리, 이상의 조기 발견, 정밀도 체크 등을 행하는 것이다. 자주 보전의 진행 방법은 다음과 같다.

① **단계(step) 방식으로 진행시킨다.**

우선 한 가지 일을 철저히 하고, 어느 수준에 도달한 후 다음 단계로 이행한다.

② **진단을 실시한다.**

단계마다 수준의 진단을 받은 후 다음 단계로 이행한다.

③ **직제 지도형으로 한다.**

자주 보전에 행하는 모든 작업은 직제에서 하는 일로 되므로 중복 소집단 조직을 취한다. 즉, 말단 서클의 리더반과 그 한 단계 위의 조장으로 하나의 서클을 형성하며, 또 몇 사람의 조장과 계장으로 하나의 서클을 형성한다. 그러므로 각 서클의 활동 상황을 검토하면서, 동시에 약한 점을 보강하고 지도를 받는 것이 바람직하다.

④ **활동판을 활용한다.**

㉠ 행동 내용과 계획 진도표

㉡ 행동 방침 · 생각을 나타낸다.

㉢ 성과 기록

  • 6대 로스(불량, 고장, 일시 정체)의 추이

  • 종합 효율 · 시간 가동률 · 성능 가동률의 추이

  • 보전 횟수의 추이

  • 작동유 · 윤활유 보충량 추이

  • 청소 시간 추이

㉣ 중점 과제

  • 무엇을, 지금 왜 하는가?

  • 다음 과제는 무엇인가?

㉤ 반성할 점

  • 고장 발생 시 반성과 원인

- 무엇을 발견하지 못했는가?
- 그것은 왜인가?
- 앞으로는 어떻게 할 것인가?

  ⓑ 개선 사례와 이상 발생 사례

  ⓐ 이상 추출 건수

  이상과 같이 활동판을 활용함으로써, 서클 활동의 현재 상황을 알 수 있고 앞으로의 과제를 알 수 있도록 한다.

⑤ 전달 교육을 한다.

 리더는 서클 전원에 대한 전달 교육 수단으로 원 포인트·레슨을 하는 것이 매우 효과적이다.

⑥ 모임을 갖는다.

  ㉠ 모임의 성패는 리더에게 달려 있다.

  리더는 무엇을 의제로 할 것인지, 그리고 목적, 개선 목표, 개선점, 효과 예측 등을 사전 검토해 두는 것이 중요하다.

  ㉡ 반드시 보고서를 쓴다.

8. ㉮ 설비의 이상 발견과 개선 능력

  ① 설비의 이상 유무를 발견할 수 있다.

  ② 급유의 중요성을 이해하고 정확한 급유 방법, 급유한 결과의 점검 방법을 알고 있다.

  ③ 청소(점검)의 중요성을 이해하고, 정확한 방법을 알고 있다.

  ④ 칩(chip)·냉각제의 비산 방지 극소화가 중요하다는 것을 이해하고 개선할 수 있다.

  ⑤ 스스로 발견한 이상을 복원, 혹은 개선할 수 있다.

 ㉯ 설비의 기능·구조 이해와 이상 원인 발견 능력

  ① 기구상 유의점을 이해할 수 있다.

  ② 성능 유지를 위한 청소 점검을 할 수 있다.

  ③ 이상의 판단 기준을 알고 있다.

  ④ 고장 진단을 어느 정도 할 수 있다.

 ㉰ 설비와 품질 관계를 이해하고 품질 이상의 예지와 원인 발견 능력

  ① 현상을 물리적으로 볼 줄 알고 특성 품질과 성능 관계를 알고 있다.

  ② 설비의 정밀도 점검과 불량 원인을 알 수 있다.

 ㉱ 수리할 수 있는 능력

  ① 부품의 수명을 알고 교환할 수 있다.

  ② 고장의 원인을 추정하고 긴급 처리를 할 수 있다.

  ③ 오버홀 시 보조할 수 있다.

9. ㉱ 치공구의 잘못된 조작에 의한 조정 손실

10. ㉮ 과부하로 인한 축의 절단

11. ㉮ 사용에 의한 열화

12. ㉮ 강제 열화를 방치한다.

13. ㉭ 재고 손실

14. ㉭ 설비 효율을 최고로 하는 것을 목표로 생산의 경제성을 높이고 설비의 계획, 사용, 보전 등의 전 부문에 걸쳐 행하는 기업의 전 직원이 참여하는 설비 보전

15. ㉯ TPM(종합적 생산 보전)

16. ㉭ 열화 유지

17. ㉭ 요인 계통 재검토

18. ㉭ 속도 저하 로스 극대화

19. ㉮ 로스의 발생량을 정확하게 측정할 것

20. ㉯ 생산 개시 시점으로부터 안정화될 때까지의 사이에 발생하는 로스는 일시 정체 로스이다.

21. ㉰ 열화 방지

22. ㉭ 현장 체질 개선

23. ㉯ 작업자를 보전 전문 요원으로 활용한다.

24. ㉮ 고장 로스

25. ㉲ BM 설계와 유동 관리 체계의 확립

26. ㉮ 운전 조작의 오류(miss)를 방지한다.

27. ㉰ 설비의 보수 비용을 늘려 경제성을 향상시키기 위하여

28. ㉰ 보전 효율＝제품 생산량／보전비

29. ㉰ 속도 가동률은 설비의 이론 생산 능력과 실제 생산 능력의 비율이다.

30. ㉯ 고장에 대비하여 예비 설비를 보유한다.

31. ㉲ 개선 제안

32. ㉯ 열화 방지－열화 측정－열화 회복

1. 예 방 점 검 표

예방점검표

	부장	과장	계장	계획	실행

설비관리번호

설비명

규격

No.	점검부분	점검주기	점검부분		점검내용	측정기	합격기준	실행 점검 계획 및 실행											
			운전	정지				1	2	3	4	5	6	7	8	9	10	11	12

2. 설비 및 기계 장치 PM 평가표

설비 및 기계 장치 PM 평가표

결 재	담 당	부서장

설비관리번호		사용부서 및 설치장소	
설 비 명		설치연월일	

구분	항 목	평		점		평 가 기 준
생산성	사용 상황		4	2	1	사용 현황이 80% 이상인 경우 : 4 사용 현황이 50% 이하인 경우 : 1
	고장이 난 경우 대체 설비의 유무	5	4	2	1	대체 설비가 전혀 없는 경우, 혹은 있어도 그 수가 대단히 증가하는 경우 : 5 타 공장을 이용할 수 있을 경우 혹은 대체 설비가 있어도 그 수가 대단히 증가하는 경우 : 4 대체 설비가 있을 경우 혹은 그 수가 약간 증가하는 경우 : 1
	전용도(유사 종류의 제품을 만들 경우)		4	2	1	100~75% : 4, 75~35% : 2, 35~0% : 1
	고장이 난 경우 다른 기계에 미치는 영향	5	4	2	1	공장 전체에 영향을 미치는 것 : 5 다분히 영향을 미치는 것 : 4 그 기계가 정지할 뿐인 경우 : 1
품질성	고장 발생 빈도		4	2	1	항상 품질 문제를 일으키고 있을 경우 : 4
	고장 1건당 손실 금액의 정도		4	2	1	최종 공정에 가까운 정도 및 고가의 재료를 사용하는 정도
	해당 설비에 의한 공정이 제품의 최종 품질에 미치는 영향	5	4	2	1	결정적인 영향을 미칠 경우 : 5
보전성	고장 발생 빈도		4	2	1	월 4회 이상의 경우 : 4 월 1회 이하의 경우 : 1
	고장시 수리 비용		4	2	1	대형 기계, 정밀 기계 : 4
	고장시 수리를 위한 정지 시간		4	2	1	정지 시간 10시간 이상의 경우 : 4 정지 시간 1시간 이내의 경우 : 1
안전성	고장난 경우 작업 환경에 미치는 영향	5	4	2	1	인명에 영향을 미치는 경우 : 5 작업을 정지해야 할 경우 : 4 영향이 별로 없는 경우 : 1
기타	제조 이후 경과 연수		4	2	1	5년 미만 : 4, 8년 이상 : 1

비 고	도 수		평가등급	A, B, C, D
	종합 평점			

3. 설비 일일 점검 카드

설비 일일 점검 CARD

일련번호																																			
설비관리번호	설 비 명														기 간 20 년 월 일 ~ 월 일 점 검 제 반 장 제 장 과 장 부 장														공 정 명 제				
항목 No. \ 일 요일	1	2	3	4	5	6	7	8	9	10	11	12	13	14	15	16	17	18	19	20	21	22	23	24	25	26	27	28	29	30	31	제	V X	V Ⓥ ☒ ◯
1																																		
2																																		
3																																		
4																																		
5																																		
6																																		
7																																		
8																																		
9																																		
10																																		
11																																		
12																																		
13																																		
14																																		
15																																		
16																																		
소 요 시 간 (분)																																		
담 당 자 (인)																																		
확 인 인																																		
비 고																																		

V : 양호   X : 기계 정지 후 수리 가능   Ⓥ : 운전 중 수리 가능

☒ : 긴급 상태   ◯ : 사용 가능

4. 급유점검표(일일)

급 유 점 검 표 (일일)

일련번호				기 간		20 년 월 일~ 일		결재	반장	계장	과장	부장
설비관리 번호		설 비 명				공정명						

No. 항 목 \ 일 요일	1	2	3	4	5	6	7	8	9	1	11	1	1	1	15	16	17	1	19	2	2	2	2	2	2	2	2	2	2	3	3	계 V X Ⓥ 🅇 ○
1																																
2																																
3																																
4																																
5																																
6																																
7																																
8																																
소 요 시 간 (분)																																
담 당 자 (인)																																
확 인																																

비 고

V : 양호   X : 기계 정지 후 수리 가능   Ⓥ : 운전 중 수리 가능

🅇 : 긴급 상태   ○ : 사용 가능

5. 점검결과보고서

점검결과보고서 20 년 월 일	확인	점검자	반 장	계 장	과 장

설비관리번호	설 비 명	규 격	설 치 장 소
완료요구일자	년 월 일	완 료 일 자	년 월 일

No.	점 검 내 용	측 정 구	점검결과
01			
02			
03			
04			
05			
06			
07			
08			
09			
10			
11			
12			
13			
14			
15			
16			
17			
18			

※ 문제점 및 요구 사항

6. 설비 사고(개선·공사완료) 보고서

사 고 설비 개 선 보고서 공사완료	관리부서	반 장	보전요원	계 장	과 장	부 장	공장장

설 비 관 리 번 호		설 비 명		규 격		설 치 장 소	

작 업 자		접수시간		완료시간		작업시간	

현 상			현장	담 당	계 장	과 장

원 인		사고자(사용부서의 의견)

작 업 내 용		

근 본 대 책		관 리 부 서 의 의견
전 달 사 항		
지 시 사 항		

No.	품목(항목)·소모 자재	수 량	단 위	구 분
1				
2				
3				
비 고				

시 공 비			자 재 비					공 사 비	
작업별	공수	공 임	재 료 비	규 격	수 량	단 가	금 액	내 역	금 액
사 상								재 료 비	
선 반								공 임	
세이퍼								공사원가	
밀 링								외 주 비	
용 접									
판 금								합 계	
목 공								비 고	
도 장									
전 공									
배 관									
잡 역									
계									

공 수			자 재					비 고
작업별	예상공수	소요공수	재 료 명	규 격	단 위	수 량	실소요량	
사 상								작업자 :
선 반								작업일자 :
세이퍼								/ ～ /
밀 링								
용 접								
판 금								
목 공								
도 장								
전 공								
배 관								
잡 역								
계								

7. 제작·수리·설치 신청서

발 → 수 → 발

접 수 No. : _____

발 행 No. : _____
발 행 일 : 20   년   월   일

*발행〈요청〉부서는 굵은 선 이외의 부분을 해당 부서에 기입하여 부서입재를 득한 후 원본 및 복사본 2장을 해당부서로 회송한다. 복사본 내면 요청부서로 1장만 회송한다. 에 결재를 득해당부서 원본은 굵은 선 내용을 기입하여

제작 수리 설치 **신 청 서**					수 신	담 당	과 장	부 장	공장장	이 사
수 신	부	과	실							
발 신	부	과	실 (TEL.)		발 신					
품명(공사명)					규 격			수 량		
용 도					예상금액			근거문서		
요구일자	접수일	준 비 기 간		작 업 기 간		완 료 예 정 일				
/	/	/ ~ /		/ ~ /		/ ~ /				
비 고										

8. 제작·수리·설치 공사카드

발 → 수

접 수 No. : _____

발 행 No. : _____
발 행 일 : 20   년   월   일

제작 수리 설치 **공 사 카 드**					수 신	담 당	과 장	부 장	공장장	이 사
수 신		부	과	실						
발 신		부	과	실 (TEL.)	발 신					
품명(공사명)					규 격			수 량		
용 도					예상금액			근거문서		
요 구 일 자	접수일	준 비 기 간		작 업 기 간		완 료 예 정 일				
/	/	/ ~ /		/ ~ /		/ ~ /				
비 고										

9. 작업지시서

작 업 지 시 서						공 정		
발행No. : _____ 발 행 일 : 20 년 월 일								
						계 장	과 장	부 장
품명(공사명)				규 격				
요 청 부 서		작 업 부 서		수 량				
접 수 일	준 비 기 간		작 업 기 간		납 기	인 도 확 인		확 인
/	/ ~ /		/ ~ /		/	/ 인수자		
비 고								

10. 개인별 작업 기록 카드

개인별 작업 기록 CARD

소속 :　　　　　　　성명 :

년　월　일	ST No.	작　업　명	착수시간	종료시간	비　고

11. 설비 사고 보고서

설비 사고 보고서

No. :

대표이사	공장장	관리부장	생산부장	생산과장

년   월   일

과 장	
계 장	
담 당	

설 비 명	
공 정	
사고월일·시간	
상 황	
원 인	
처 리	
처리 완료 인	월 일 제 예상 미정
대 책	
손실 금액·시간	
관련 사항	

구분	항목	번호
(1)설비구분	생 산 설 비	1
	활 동 설 비	2
	보 조 설 비	3
(2)개소	본 체 정 지 부	1
	본 체 회 전 부	2
	부 속 부 품	3
	전 기 기 기	4
	계 기 계 장	5
	배 관 배 선	6
	기 타	7
(3)원인	재 료 불 량	1
	구 조 불 량	2
	제 작 불 량	3
	고 정 불 량	4
	수 입 불 량	5
	수 리 지 연	6
	취 급 불 량	7
	환 경 불 량	8
	과 실	9
	자 연 열 화	10
(4)수리	사 내 수 리	1
	외 주 수 리	2
(5)사고별	돌 발 사 고	1
	점 진 사 고	2
	예 측 사 고	3
	정 비 점 검	4
(6)작업기간	작업지장 대 1 일 이상	1
	작업지장 중 1/2 일 이상	2
	작업지장 소 1시간 이상	3
	작업지장 없음	4
(7)손실분류	P	1
	Q	2
	C	3
	D	4
	S	5
	M	6
(8)운전시간	500 H	1
	1,000 H	2
	2,500 H	3
	5,000 H	4
	7,000 H	5
	10,000 H	6
	15,000 H	7
(9)사용연수	1년 이상	1
	3년	2
	5년	3
	10년	4
	15년	5

찾 아 보 기

설비보전을 위한
설비관리공학

2009년 1월 20일 1판 1쇄
2023년 1월 10일 1판 5쇄

저 자 : 차홍식 · 박은서 · 공성일
펴낸이 : 이정일

펴낸곳 : 도서출판 **일진사**
www.iljinsa.com
(우) 04317 서울시 용산구 효창원로 64길 6
전화 : 704-1616/팩스 : 715-3536
등록 : 제1979-000009호 (1979.4.2)

값 14,000 원

ISBN : 978-89-429-1088-5